"十三五"国家重点图书 ｜ 高新纺织材料研究与应用丛书

U0149866

# 聚四氟乙烯
# 过滤材料

郭玉海　张华鹏　朱海霖　陈建勇　唐红艳 ◎ 等著

中国纺织出版社有限公司

# 内 容 提 要

本书系统介绍了编写团队多年来在聚四氟乙烯微孔膜的制备、表面改性及应用方面的研究成果，重点涉及聚四氟乙烯平板微孔膜和聚四氟乙烯中空纤维膜的制备与加工技术、制备参数对微孔膜结构与性能的影响、拉伸成孔与热定型机理、膜结构与性能调控，聚四氟乙烯微孔膜的亲水与超疏水改性及其对膜结构与性能的影响，基于聚四氟乙烯微孔膜的膜吸收、膜蒸馏、膜渗透蒸馏等在脱盐、废水处理和食品加工等领域的应用研究。

本书可供纺织、材料、环保、化工、食品等相关行业和专业的工程技术人员、科研人员及院校师生阅读参考。

## 图书在版编目（CIP）数据

聚四氟乙烯过滤材料／郭玉海等著 . -- 北京：中国纺织出版社有限公司，2022.8

（高新纺织材料研究与应用丛书）

"十三五"国家重点图书

ISBN 978-7-5180-9307-6

Ⅰ . ①聚… Ⅱ . ①郭… Ⅲ . ①聚四氟乙烯—过滤材料

Ⅳ . ① TB34

中国版本图书馆 CIP 数据核字（2022）第 006098 号

---

责任编辑：孔会云　特约编辑：蒋慧敏　责任校对：王花妮
责任印制：王艳丽

---

中国纺织出版社有限公司出版发行
地址：北京市朝阳区百子湾东里A407号楼　邮政编码：100124
销售电话：010—67004422　传真：010—87155801
http://www.c-textilep.com
中国纺织出版社天猫旗舰店
官方微博 http://weibo.com/2119887771
唐山玺诚印务有限公司印刷　各地新华书店经销
2022年8月第1版第1次印刷
开本：710×1000　1/16　印张：20.5
字数：310千字　定价：128.00元

---

# 前　言

采用乳液聚合的聚四氟乙烯分散树脂为原料，经过糊状挤出和拉伸膨化等机械加工方式制备的聚四氟乙烯微孔膜是膨体聚四氟乙烯（expanded PTFE，ePTFE）中的一种，它具有聚四氟乙烯材料所固有的耐高低温、耐化学腐蚀、阻燃、低摩擦系数和表面惰性等特点，同时具有丰富的多微孔结构、低密度、可压缩等特征，被广泛应用于分离过滤、防水透湿服装、低压密封、生物相容等应用领域，在纺织、化工、医药、食品、环保、建筑、能源、电子、生物医学、航空航天等多个领域具有广泛的应用。以美国高尔（Gore）公司为首的国外公司早在20世纪70年代就开始研发生产聚四氟乙烯微孔膜制品，经过近50年的发展，目前如美国戈尔（Gore）、丹纳（Pall）、康宁（Corning）、唐纳森（Donaldson）、通用电气（GE eVent）、德国默克（Merck）、日本住友（Sumitomo）、日本大金（Daikin）等国外知名公司均在不同应用领域生产和供应聚四氟乙烯微孔膜制品。我国在20世纪80年代就开始研究开发聚四氟乙烯微孔膜制品，目前国内已经有几十家公司可以生产，部分产品达到国际先进水平，应用领域也从最初的纺织服装不断扩大到工业应用的各个细分领域。

国内外许多高校和科研院所的研究和开发人员在聚四氟乙烯微孔膜的制备、改性、应用及其原料、加工、结构、性能等方面进行了深入广泛的探究，本书作者团队从20世纪90年代开始参与和从事我国聚四氟乙烯微孔膜相关领域的研究开发工作，承担了多项国家级和省部级项目，获得多项国家级和省部级科技奖励，获授权发明专利50余件，发表学术论文100余篇，指导硕博士论文40余篇。本书内容是作者团队的部分研究成果的总结与提炼。

全书共分4章，第1章在介绍聚四氟乙烯平板微孔膜的制备、加工和应用进展的基础上，分析了拉伸倍数、拉伸速度、拉伸温度、热定型温度与时间等制备参数对膜结构与性能的影响；基于有限元分析和横向拉伸试验，分析了制备参数对膜结构与性能非均匀性的影响规律，提出PTFE平板微孔膜横向拉伸均匀性的调控与品质提高方法。

第2章在总结PTFE中空纤维膜制备技术研究进展和加工技术的基础上，给出了糊状挤出原料及配方、挤出设备参数和拉伸、定型参数对中空纤维膜的结构与性能的影响规律。为进一步提高中空纤维膜的过滤性能，降低膜的孔径，提高膜的孔隙率，提出了包缠法制备非对称结构PTFE中空纤维膜的方法，研究了包缠膜制备参数和包缠方法对包缠膜收缩性和剥离强度的影响，实现了非对称PTFE中空纤维膜的无缝包缠和无胶黏结，验证了所制备非对称PTFE中空纤维膜在气固和液固分离中的优异分离性能。

第3章在综述PTFE微孔膜亲水改性和超疏水改性研究进展、对比各种改性方法的基础上，首先提出了物理吸附与表面聚合亲水性聚合物亲水改性方法，以及改性条件对膜亲水性能的影响，分析了PTFE微孔膜的物理吸附机制。系统研究了PTFE微孔膜表面聚合聚乙烯醇（PVA）、共聚合丙烯酸—苯乙烯磺酸钠P（AA-co-Nass）、氨丙基三乙氧基硅烷（APTES）杂化PVA、氮丙啶Sac-100交联聚丙烯酸（PAA）、双胺基有机硅交联PAA亲水复合膜的表面结构、表面性能及其抗污性，为PTFE亲水微孔膜在固液分离领域的应用奠定了基础。进一步研究了溶胶凝胶法和热处理法对PTFE微孔膜超疏水改性后膜结构与性能的变化规律，为PTFE微孔膜在膜蒸馏、膜吸收及膜渗透蒸馏等过程中的应用奠定了基础。

第4章系统研究了真空膜蒸馏、空气间隙式膜蒸馏、太阳能气隙式膜蒸馏在海水脱盐淡化中的应用、渗透蒸馏在茶多酚浓缩中的应用、膜蒸馏在印染反渗透浓水及垃圾渗滤液深度处理上的应用，探讨了膜结构与性能、操作参数等对膜蒸馏产水通量、截留率等过滤性能、膜污染与稳定性、产水指标效果的影响规律，并进一步探索了膜吸收法在$CO_2$去除和再生上的初步应用。

本书是在众多研究和开发人员共同努力下完成的。在试验与分析方面，王峰、李成才、徐欢、王永军、金王勇、刘鸣、李玖明、王红杰、岳程、丁闫保、张娇娇、王燕敏、靳辉、乔稳、胡超、谢琼春、沈奕骏、薛思快、代百会、梅德俊、王捷琪、马训明、阳建军、张乐伟、陈锋、刘加云、段国波、胡剑安等著者课题组的硕士和博士研究生付出了艰辛的努力；本书中的样品试制、试验装置搭建、废水样品提供、装置稳定性测试等内容，得到浙江格尔泰斯环保特材科技股份有限公司、东大水业集团有限公司等单位，以及夏前军、郝新敏、来侃、陈美玉、陈晓美、傅叶明、吴益尔、姜学梁、杨建林、朱琪琪、王宝忠、徐淦芳、徐志梁等的大力支持，在此一并表示感谢。

由于时间仓促与作者水平所限，书中难免存在疏漏和欠缺，恳请读者批评指正。

著者

2021年10月

# 目　　录

# 第1章 聚四氟乙烯平板微孔膜制备关键技术研究

## 1.1 概述

聚四氟乙烯（PTFE）是一种物理化学性能非常优良的高分子聚合物，双向拉伸PTFE微孔膜是在PTFE分散树脂中添加少量润滑剂的情况下，经过机械拉伸制得的。PTFE微孔膜具有PTFE树脂的所有特性：耐酸碱、耐老化、憎水、摩擦系数极低、难黏和较宽的使用温度范围。经过双向拉伸制备的PTFE微孔膜具有由微原纤和节点形成的多孔结构，孔径为0.1～5μm，每平方毫米的面积上约有上千万个微孔，孔隙率高达80%以上，这种微孔结构决定了薄膜特殊的性能，成功应用于功能服装、环保除尘、食品、医疗、过滤、密封等领域。

### 1.1.1 PTFE平板微孔膜的应用进展

20世纪60年代，美国杜邦（DuPont）公司首先用单向拉伸方法制得PTFE拉伸膜[1-2]，但其微孔的大小、孔隙率、膜的强度都不是十分理想。此后，美国Gore公司于1976年率先发明了双向拉伸PTFE微孔膜[3-5]，从而极大地促进了PTFE微孔膜的发展。继美国之后，日本以及欧洲的很多国家也进行了研制工作，其中日本在这方面的研究取得了很大进展，并申请了多项专利[6-7]。但由于各国对制备技术保密，到目前为止，还只有几家公司生产销售PTFE微孔膜，像Gore、Pall、Mill—pore、Whatman、Gelman、DDS、Dominick、Sartorius和日本Sumitomo等，其中以美国Gore公司的Gore-Tex®专利产品销售量最大，该公司生产2000多种相关产品，1998年销售额已高达60亿美元[8]。

在应用方面，Gore公司率先将PTFE微孔膜与织物黏合后作为防水透湿的功能面料，成功地解决了防水与透湿两者不可兼得的难题而风靡市场。PTFE微孔膜层压织物不仅有极佳的防水透湿性能，且由于其微孔极细，纵向多呈弯曲状，大大减弱了膜内外两侧空气间的对流，因而PTFE微孔膜层压织物还兼有防风、保暖的功能。Gore公司于20世纪70年代率先将PTFE与聚氨酯（PU）的复合膜与织物黏合后作为防水透湿功能面料，目前成为户外服装、防护服及欧美军队的重要装备品之一。近年来，Gore公司为降低湿阻抗等级，提高透湿指数，推出纯PTFE复合面料。就防水、透气、耐洗涤等综合指标而言，以Gore公司的产品为最优。

在过滤和分离技术领域，Gore公司倡导使用PTFE微孔膜，如控制工业污染的过滤袋、医用器械的无菌隔离、半导体工业中的气体交换元件和家用真空吸尘器等。另外，PTFE的化学惰性和耐热稳定性更拓宽了其应用领域，无论是置于苛刻的化学环境下还是暴露于高温条件下，或是要求生物兼容性及低化学可萃取的场合，PTFE微孔膜均被视为理想的材料。在工业高温除尘领域，美国Gore公司和Donaldson公司的PTFE平板微孔膜最为著名。PTFE微孔泡点膜需要精准控制泡点（即最大孔径）、厚度、透气量等指标，其主要用于食品和医药领域的除菌。尤其是厚度在50~80μm的泡点膜，被美国Donaldson公司和日本Sumitomo公司垄断。用于水过滤的PTFE微孔膜是在泡点膜的基础上进行亲水改性，用于废水净化、食品、医药、除菌[9]等领域，目前由Sumitomo公司垄断该产品。

此外，由于PTFE微孔膜还具有很好的抗血栓能力和生物相容性，不会引起机体的排斥，同时PTFE微孔膜具有多微孔结构，用作医用材料易使人体内纤维组织的成纤细胞穿过孔隙生长，从而使PTFE微孔膜与组织"合二为一"，因此PTFE微孔膜在生物医学领域的应用越来越广泛，并受到医学工作者的重视。目前Gore公司的PTFE微孔膜已成功用于多种康复解决方案，包括用于软组织再生的人造血管和补片以及血管、心脏、普通外科和整形外科的手术缝合等。

我国从20世纪70年代以后也开始了研制PTFE微孔膜的工作，但长期以来一直停留在单向拉伸工艺。"七五"期间，原轻工部列题，"八五"攻关，由北京塑料研究所等单位研究开发了幅宽0.5m的单向拉伸PTFE薄膜，并解决了一些复合上的问题。同时，解放军总后勤部军需装备研究所、上海纺织科学研究院、上海大宫新材料有限公司、上海凌桥环保设备厂、宁波昌琪氟塑料制品有限公司、宁波登天氟材料有限公司、原化工部及上海科委组织的上海塑料研究所等单位也展开了研究。并于1989年开发出幅宽0.5m的双向拉伸PTFE微孔膜，1990年开发出幅宽1.2m的工业用PTFE微孔膜。此后，解放军总后勤部军需装备研究所于1997年底建成国内第一条宽幅双向拉伸PTFE微孔膜生产线和年产300万米层压织物的复合生产线。目前，在浙江宁波和湖州、河南、上海等地拥有双向拉伸PTFE微孔膜生产线数十条[10]。在应用方面，经过近几年的努力，已在环保除尘、功能服装等领域得到广泛应用。如在中常温环保除尘领域，用于电子、医药、医院等的室内空气净化；高温领域，在电厂、冶金、垃圾焚烧等高温尾气烟尘处理上则应用较少，根本原因是薄膜品质差以及所需要的耐高温支撑材料性能存在缺陷等。目前，国内生产的PTFE平板膜大多用于除尘领域，与美国Donaldson产品比较，厚度偏薄（一般低于10μm，Donaldson公司的产品厚度为12～20μm），因此滤膜使用寿命短。我国PTFE滤膜的加工工艺和设备是在服装膜和除尘膜基础上发展而来，因此尚未有成熟的泡点膜、亲水膜加工技术，我国在泡点膜加工和亲水改性等技术方面需要重点研发[11]。

## 1.1.2　PTFE平板微孔膜制备技术研究进展

PTFE微孔膜的制备方法有很多种。主要有：萃取成孔剂成孔法，如Lo等[12]通过在PTFE中添加成孔剂NaCl，并将PTFE制成薄膜，然后再利用加热水洗的方法将NaCl除去，NaCl留下的空位即形成空隙，这种方法制成的微孔膜孔径最小为0.1μm。Zhang等[13]采用$ZnAc_2$和NaCl作为成孔剂制备了PTFE微孔膜，孔径在100～200nm。天津工业大学Huang等[14-15]采用PTFE分散树脂在PVA辅助下浇筑成膜，通过烧结分解PVA方法制备了PTFE微孔膜，在冷拉之后形成微孔增加。总体而言，成孔剂法和辅助成膜法制备的PTFE微孔膜虽然孔径很小，但孔隙率很低。Xiong等[16]采用PTFE乳液/PVA溶液静电纺丝烧结法制备了PTFE纳米纤维膜，Kang等[17]采用PTFE乳液/PVA作为纺丝液，制备了含有$Fe_2O_3$催化剂的PTFE纳米纤维膜。静电纺丝法制备PTFE纳米纤维膜的力学性能较差，一般要在纺丝载体如PVA的辅助下进行，纯PTFE纳米纤维的形成借助高温烧结分解纺丝载体，制备流程较长，产量较低。

美国杜邦公司首次采用单向拉伸法制备PTFE微孔膜[18]，但此法难以精确控制PTFE分离膜的孔径及孔隙率。随后，美国Gore公司采用双向拉伸法制备膨体PTFE微孔膜[19-22]，通过快速拉伸未烧结的PTFE挤出带，然后再对拉伸后的薄膜进行热定型处理，以提高其强度和固定其孔结构来制备PTFE微孔膜，该方法制成的微孔膜由于具有特殊的孔结构，是目前制备高性能PTFE微孔膜的主要方法，制备过程中可对PTFE分离膜的孔径、孔隙率及力学性能进行有效控制，自此PTFE双向拉伸微孔膜得以大规模生产。继美国以后，日本、瑞士、德国、英国也开展了研制工作，其中日本在这方面的研究取得了很大进展，除与Gore公司合作外，还自行研制了多层、多孔、半烧结的PTFE薄膜。

目前，虽然双向拉伸成型工艺已经成功地应用于PTFE微孔膜的生产，但研究人员发现，在制备PTFE微孔膜的过程中，不同工艺条件下生产的PTFE微孔膜的结构性能，特别是膜的微孔结构有着很大差异。例如，Tanaru[23]通过控制PTFE烧结的程度，制备了最大孔径0.3μm的微孔膜。Bacino[24]通过纵向和横向拉伸制备了最大孔径不超过0.125μm的微孔膜。文献[25]报道了孔径低达0.01μm的PTFE微孔膜制备方法，该薄膜是通过拉伸未烧结的PTFE，随后在没有强制的情况下烧结，然后再经二次高速拉伸而得到，薄膜孔隙率为10%~50%。我国台湾中原大学James Huang等[26]在300℃下通过拉伸PTFE基带至400%~800%，然后在340~380℃温度下将膜的一面烧结5~15s，而另一面冷却处理，制备了一种非对称的多孔膜，膜的孔径为0.03~1.0μm，孔隙率为20%~70%。日本京都大学Ken-ichi Kurumada等[27]通过机械拉伸工艺制备了PTFE微孔膜，发现该膜具有微细原纤连接岛状结点的周期结构，而这种结构的形成与拉伸工艺有关。结点随着横向拉伸倍数的增加而减小，而纵向拉伸倍数的增加对其影响不大，随着拉伸速率的提高，原纤的长度增加，而结点的宽度保持在90μm附近，变化不大。日本京都大学Kitamura等[28-29]研究了热定型过程中PTFE平板膜微观形貌的演变，指出PTFE平板膜原纤节点结构在其熔点以下具有可逆性，故未经热定型的平板膜受热后尺寸不稳定，易发生热收缩；经过高温热处理后，平板膜的微孔结构稳定，且力学性能改善。另外，在制备PTFE微孔膜的过程中，所选择树脂的性能不同，对薄膜结构性能也有着重要影响。文献[30]报道，适合制备拉伸微孔膜的PTFE原料必须在347℃有显著的熔融吸收峰，并且在稍低于这个温度处伴随着一个稍高或稍低的吸收峰。

我国的研究人员在PTFE生料带技术的基础上，开发了双向拉伸PTFE微孔膜技术，目前在双向拉伸薄膜的工业化上取得了很大进展，并解决了国内双向拉伸PTFE薄膜技术中存在的诸多问题，这对打破国际上对我国技术封锁和产品市场垄断，促进我国PTFE微孔膜的研究和应用都具有重要意义。

20世纪90年代以来，我国的科研人员对PTFE微孔膜的双向拉伸成型技术进行了深入研究，基本掌握了PTFE膜的制备规律。同时，在研制过程中还探讨各种工艺因素与薄膜结构性能之间的关联性，为优化薄膜生产工艺条件、提高薄膜的品质起到了一定的促进作用。田普锋[31]将PTFE树脂通过糊膏挤出、高温拉伸、热定型等工艺制备了PTFE微孔膜，研究了拉伸工艺对微孔膜结构和孔性能的影响，同时还分析了热定型对微孔膜收缩率、烧结度和结晶性的影响，初步探讨了糊膏流动机理和微细纤维的形成机理，采用扫描电镜分析了挤出、拉伸过程中PTFE形态的变化和纤维—结点的微观结构形态。郝新敏[32]等也研究了双向拉伸工艺对PTFE薄膜结构的影响。结果表明：横向扩幅倍数、纵向拉伸倍数和热固化温度越高，PTFE薄膜孔隙率和孔径越大；横向扩幅速度越高，薄膜孔隙率越大，孔径就越小。陈珊妹等[33]研究了拉伸条件对微滤膜孔性能的影响以及拉伸过程中PTFE微孔膜微孔结构的变化，得出：在不同机械操作阶段，微孔膜形态结构有着显著的差别；在拉伸微孔膜的整个生产工艺过程中，拉伸条件影响微孔膜的厚度、平均孔径和最大孔径等所有有关孔性能的指标；在整个PTFE微孔膜的制备过程中，热定型温度对薄膜的使用性能有着深远的影响。殷英贤[34]认为，PTFE薄膜在加工过程中，随着定型温度的升高，PTFE的结晶度有降低的趋势，同时结晶度的变化将影响薄膜的透湿性能和力学性能。郭玉海、郝新敏[35]等经研究发现，由常规的双向拉伸方法制得的薄膜的孔径为0.3～5μm，难以生产孔径在0.3μm以下的薄膜，他们采用双层共拉伸加工技术减小PTFE微孔膜的孔径大小和分布范围[36]，从而使其具有截留细颗粒，如细菌、粉尘等的特性，拓展了膜的应用范围。

在PTFE微孔膜应用中，膜的孔径大小、分布及形态是要考虑的重要指标。例如，在分离过滤应用中，它们是截留凝胶或粒子的能力和通量大小的决定因素；在服装上，它们是影响层压织物防水透湿性能的重要因素。因此，近年来有许多文献研究了薄膜的孔结构与薄膜的使用性能的关系。张慧峰等[37]利用具有不同结构参数的PTFE微孔膜，选择不同性质的气体，研究其透过行为与膜的厚度、孔结构之间的关系。结果表明，气体以努森扩散和黏性流动的形式透过膜孔，且透过系数与气体分子量的0.5次方成反比，与膜厚度成反比。单孔透过系数与孔半径成3.6次方的关系。沈宏庆[38]研究了PTFE微孔膜的防水透湿机制，建立了薄膜防水和透湿模型，得到了薄膜形态结构和防水透湿性间的内在关系。郭玉海[39]研究了PTFE覆膜防水透湿功能面料的黏合剂，确定了采用国产901黏合剂。此后，张建春等[40]提出了层压复合织物透湿的基本理论和PTFE微孔膜的复合工艺，确定了浆点上胶的粘接方式，创建了PTFE层压织物防水透湿模型，并建立了年产300万米层压织物的复合生产线。防水透湿性能是PTFE防水透湿层压织物的重要性能指标。周小红[41]在理论上阐述了多孔膜防水透湿织物的湿传机理，并预测了在不同环境温度下，多孔膜防水透湿织物的透湿率和结构特征。为了解决PTFE微孔膜层压织物的弹性问题，黄机质[42-43]等采用双层共拉伸PTFE/PU的方法来提高膜的弹性，结果表明这种方法是可行的。当PTFE的纵向拉伸比是200%，横向拉伸比为850%，PU薄膜的厚度为0.03mm时，PTFE/PU复合膜的纵横向弹性回复率分别是82.1%和88.6%，孔隙率是78.0%，平均孔径是0.382μm，水蒸气的透过率是9330 g/（m²·24h）。殷英贤[44]也研究了通过在PTFE薄膜上涂敷一层亲水透气聚氨酯，来弥补PTFE微孔膜弹性不足，同时认为，由于汗渍和油垢能够被吸附在聚氨酯膜上，以避免堵塞微孔，从而确保了防水透湿织物具有长久的防水透湿效果，使PTFE/PU复合膜具有更广的推广应用价值。此外，郝新敏[45]在系统研究PTFE薄膜形态结构、传质模型和防护机理的基础上，研制了PTFE/PU选择性渗透膜和透湿舒适型生化防护材料，采用与PU共同拉伸、共同固化技术，研制出了PTFE/PU选择性渗透膜，并系统研究了其防病毒、透湿、防水等性能，结果表明：防病毒性能＞99%，透湿量＞10000g/（m²·24h），从根本上解决了病毒防护与透湿之间的矛盾。

任钟旗、张卫东等[46-48]系统研究了PTFE微孔膜覆膜滤料的除尘过滤性能，对不同过滤方向和不同进粉浓度等操作条件对过滤性能的影响进行了研究。结果表明，PTFE薄膜复合滤料遵循表面过滤机理，过滤时滤膜的微观结构不会发生改变，其过滤阻力主要集中在滤料表面所形成的滤饼层上。进口粉尘浓度对滤饼层结构的影响较小，膜的孔径、孔隙率、厚度等结构参数对滤饼层的结构基本没有影响，而粉尘颗粒大小对滤饼层结构及其过滤压降有着显著影响。PTFE覆膜滤料可以有效地截留2.5～10μm的微细粉尘，过滤效率可达99.999%以上，且反清洗后PTFE覆膜滤料的残余压降很小，PTFE薄膜较针织毡、非织造布等传统滤料具有明显的优势。陈观福寿等[49, 21]采用PTFE微孔膜和PTFE短纤维非织造布制备了纯PTFE除尘滤料，与未覆PTFE微孔膜滤料相比，PTFE覆膜滤料能使粉尘过滤从常规的深层过滤变为表面过滤，从而使过滤效率提高一个数量级，PM10的实验室过滤效率达到99.999%，PM2.5的过滤效率达到99.95%以上，几乎实现零排放，其使用寿命可达10年以上，耐pH范围0～14，完全不氧化、不水解。

我国的科研及生产人员经过多年的技术攻关已经基本解决了双向拉伸PTFE薄膜制备、生产及应用技术中存在的诸多问题，并取得了巨大进展。但与国外同类产品比较，薄膜在结构和性能上仍存在较大差异，主要表现在以下几个方面。

（1）PTFE微孔膜制备和加工工艺流程较长，膜结构与性能演化规律比较复杂，对制备参数与膜结构及性能之间的内在关系研究和积累不够，造成膜孔径均匀度差，孔径分布宽[50]，结构与性能可控性不够；

（2）PTFE微孔膜的横向拉伸过程本身的非均匀性变形[51]导致微孔膜厚度均匀性、孔径和性能均匀性较差[52]，薄膜的均匀性和品质有待进一步提高；

（3）产品结构单一，国内PTFE微孔膜主要集中在服装用和除尘用膜，服装用膜的耐用性、除尘用膜的高效低阻性能及耐磨性仍有待进一步提高，对水过滤用膜、除菌用高泡点膜、医疗防护用高效低阻用膜等高品质薄膜，还有待进一步开发和提高[11]。

浙江理工大学郭玉海研究课题组在双向拉伸PTFE微孔膜的研究、开发和应用领域进行了多年研究，与原总后军需装备研究所及浙江格尔泰斯环保特材有限公司进行多年的产学研合作研究与开发，在PTFE平板微孔膜结构与性能调控、品质均匀性控制、表面改性及PTFE微孔膜应用方面取得了系列研究成果，本章将重点介绍在PTFE平板微孔膜制备过程中制备参数与膜结构的内在关系，以及薄膜均匀性控制等方面的主要研究成果。

### 1.1.3　PTFE平板微孔膜加工技术概述

对于PTFE薄膜而言，生产工艺主要有压延、车削和拉伸等，其中只有拉伸薄膜才具有良好的微孔结构[53]。制备PTFE微孔膜的传统工艺是将一定比例的PTFE粉料和助挤剂混合后，经过挤出、压延、干燥、拉伸、烧结、冷却等一系列工艺，最后制得多孔材料。在传统工艺的基础上，又研制出了制备PTFE微孔膜的改进方法，如不同温度下的多次拉伸法、无应力烧结拉伸法等。

PTFE拉伸微孔膜的制备工艺流程，如图1–1所示[54-60]。

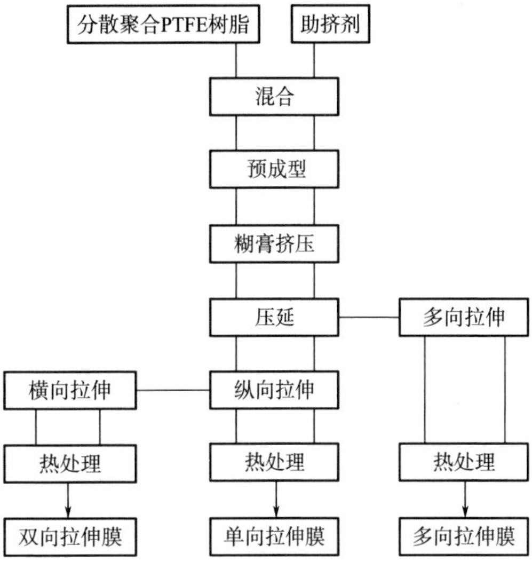

图1–1　PTFE拉伸微孔膜的制备工艺流程

（1）原料与混合

聚四氟乙烯平板微孔膜采用高结晶度、高分子量乳液聚合PTFE分散树脂为原料，经过润滑剂混合、预成型、糊膏挤出、压延、拉伸和热定型等主要步骤制备而成。所制备的聚四氟乙烯微孔膜具有原纤—结点状的多微孔结构，由于拉伸微孔膜比重较小，体积比相同质量的PTFE产品大2 ~ 3倍，因此又称膨体聚四氟乙烯（expanded polytetrafluoroethylene，ePTFE）。

用于制备拉伸微孔膜的PTFE树脂必须选用分散树脂粉末（fine powder），要求结晶度高（≥98%），分子量在200万 ~ 1000万。分散树脂粉末的初级粒子直径为

0.2～0.3μm，经凝聚后次级粒子直径为500μm左右，如图1-2所示。为避免树脂结团或过早纤维化，PTFE分散树脂在运输过程中应避免剧烈震动，应在干燥、低温环境下（小于19℃）储藏。

图1-2　PTFE分散树脂粉末

PTFE高聚物数均分子量大多在数百万到千万之间，熔融时黏度很高（380℃时运动黏度为$10^{10}$～$10^{11}$Pa·s），流动性很差。PTFE微孔膜加工时将PTFE树脂粉末与助挤剂（石油醚、溶剂油、石蜡油等）按比例混合（一般质量比为100：18～25）成均匀糊状，为避免树脂粒子发生原纤化，混合过程中不能剧烈搅拌，一般采用V型旋转混合器进行混合。混合后的原料在35～60℃的烘箱内静置一段时间（熟化），使树脂粉末与液体润滑剂充分混合[61-62]。经混合后的PTFE树脂粉末形成糊膏粉末状，使树脂黏度降低，容易被挤出。

（2）预成型与挤出

将混合好的物料（糊状物料）在预成型压坯机上预制成圆柱形坯料，压坯预成型一方面可以去除混合后原料中的空气，另一方面可以压制出能够装入柱塞挤出机料筒中的坯料。压坯时压头移动速度一般在75mm/min左右，以保证空气可以缓慢溢出，保持压力在1.5～3.5MPa，一般坯料直径比料筒直径小0.5～2mm，以方便装入挤出机料筒。

采用柱塞挤压成型工艺将坯料通过柱塞挤出机形成棒状或片状坯料（图1-3）。坯料通过前后辊等速度的压延机压延，在一定的压力下，将PTFE坯料压延成一定厚度和宽度的压延薄膜（基带）。

（3）拉伸

PTFE压延膜再经过单向拉伸、双向拉伸或多向拉伸，制备出PTFE微孔薄膜。双向拉伸是在

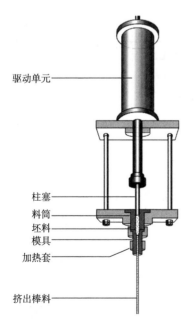

驱动单元

柱塞
料筒
坯料
模具
加热套

挤出棒料

图1-3　柱塞挤出机糊状挤出

一定的温度和设定的速度下，同时或逐次在垂直的两个方向（纵向、横向）进行的拉伸。同时双向拉伸是指将片材在一台拉伸机内同时完成纵向、横向拉伸、热处理等工序，同时双向拉伸产品总体质量好，但设备复杂、价格昂贵，生产成本高；逐次拉伸法是将压延膜分别经过纵向、横向两次拉伸完成取向过程的方法，大多数是采用先纵向拉伸，然后再横向拉伸。目前广泛采用的是逐次拉伸法，该方法的主要优点是产品性能容易控制，操作较方便，拉伸后可在同一台拉伸机内完成必要的热处理，生产速度最高。

　　整个生产工艺中拉伸工序对膜结构与性能的影响尤为重要，PTFE纵向拉伸如图1-4所示。PTFE压延膜1从退膜辊2上退下后喂入牵伸辊3，薄膜被加热到可拉伸的温度。牵伸辊3和4的温度和直径都相同，它们之间用一个齿轮箱连接并可调节它们之间的相对速度。牵伸辊4的速度大于牵伸辊3，从而使膜在隔距4间得到拉伸。通过调节牵伸辊温度、牵伸辊3和4的速度差、牵伸辊4的速度，可以控制拉伸温度、拉伸倍数和拉伸速度三个最重要的拉伸工艺参数。拉伸后的膜离开牵伸辊4后进入温度可调的定型辊5，在5处热定型。控制辊6可以沿定型辊5的表面移动，从而控制膜的热定型时间，然后膜进入冷却辊7进行冷却，最后成品膜进入收膜辊8得到纵向（单向）拉伸微孔膜。

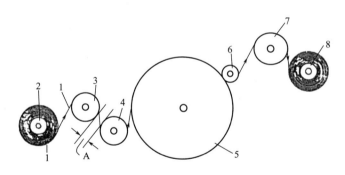

图1-4　PTFE纵向拉伸示意图

1—压延膜　2—退膜辊　3，4—牵伸辊　5—定型辊　6—控制辊　7—冷却辊　8—收膜辊

　　单向拉伸微孔膜孔隙率较低，在垂直于拉伸方向上的强度较小，幅宽窄而应用受到限制。为提高膜的孔隙率、横向强度，使膜达到要求的宽度，对纵向拉伸膜进行横向拉伸、热处理（热定型）以制得双向拉伸膜，横向拉伸加工过程如图1-5所示。纵向拉伸膜经过预热阶段后，在一定温度、扩张角的拉伸区内进行横向拉伸或扩幅，然后在幅宽略有减小的情况下热定型。

（4）热定型

热定型的目的是消除膜在拉伸过程产生的内应力、减少膜的收缩率、提高膜的尺寸稳定性，并使膜的微孔结构保持下来。热定型的温度一般高于预热及横向拉伸段温度。热定型通常在烘箱中加热，空气中淬冷。与纵向拉伸微孔膜相比，经横向拉伸和热定型后的双向拉伸膜，膜的厚度变薄，密度减小（孔隙率增加），横向拉伸强度提高。

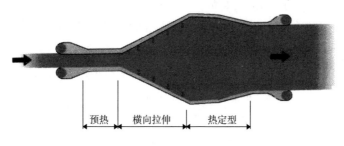

预热　横向拉伸　热定型

图1-5　横向拉伸和热定型示意图

## 1.2　制备参数对PTFE平板膜微孔结构的影响

双向拉伸法制备PTFE平板膜的工艺参数主要包括纵向拉伸比（$R_y$）、横向拉伸比（$R_x$）、热定型温度和时间。

### 1.2.1　双向拉伸工艺参数的影响

通过调节纵向拉伸比（$R_y$）和横向拉伸比（$R_x$），获取不同微孔结构的平板膜，$R_y$及$R_x$分别由式（1-1）、式（1-2）计算得到：

$$R_y = \frac{L_{y1} - L_{y0}}{L_{y0}} \times 100\% \qquad (1-1)$$

式中：$L_{y1}$为纵向拉伸后平板膜的长度；$L_{y0}$为基带的长度。

$$R_x = \frac{L_{x1} - L_{x0}}{L_{x0}} \times 100\% \qquad (1-2)$$

式中：$L_{x1}$为横向拉伸后平板膜的宽度；$L_{x0}$为纵向拉伸后平板膜的宽度。

表1-1为不同$R_y$条件下制备的PTFE平板膜微孔结构的定量分析数据，表1-2为图1-6中的样品说明，图1-6为PTFE平板膜的FESEM照片。

表1-1　纵向拉伸比（$R_y$）对平板膜微孔结构的影响（$R_x=0$，热定型温度360℃，时间1min）

| $R_y$ | 最大孔径/μm | 平均孔径/μm | 孔隙率/% |
|---|---|---|---|
| 150 | 0.52 | 0.32 | 26.0 |
| 250 | 1.30 | 0.76 | 56.0 |

　　由表1-1可知，随着$R_y$增加，PTFE平板膜的最大孔径、平均孔径及孔隙率均增加。这一规律的内在原因可通过分析纵向拉伸过程中平板膜表面形貌的变化得出。从图1-6中可观察到，经过预成型、推压及压延后，PTFE树脂颗粒在热和力作用下相互聚集，表现为基带表面的致密结构，未呈现出微孔（图1-6中A）。基带经过纵向拉伸后，树脂发生晶型转变，形成原纤节点结构，且原纤沿拉伸方向取向（图1-6中B、C）。同时，随着$R_y$增加，原纤伸长，节点减小，导致最大孔径、平均孔径及孔隙率增加。

表1-2　样品说明

| 样品编号 | $R_y$/% | $R_x$/% | 热定型温度/℃ | 热定型时间/min |
|---|---|---|---|---|
| A | 0 | 0 | 360 | 1 |
| B | 150 | 0 | 360 | 1 |
| C | 250 | 0 | 360 | 1 |
| D | 150 | 100 | 360 | 1 |
| E | 150 | 300 | 360 | 1 |
| F | 150 | 500 | 360 | 1 |
| G | 250 | 100 | 360 | 1 |
| H | 250 | 300 | 360 | 1 |
| I | 250 | 500 | 360 | 1 |

　　图1-7及图1-8反映了$R_x$对平板膜微孔结构的影响。由图可知，当$R_y$为150%或250%时，随着$R_x$的增加，平板膜的最大孔径及平均孔径先降低后增加，孔隙率单调增加。这一规律也可通过图1-6解释：纵向拉伸后再经横向拉伸，节点沿横向发生劈裂，形成新的原纤，且由于横向作用力迫使纵向拉伸时形成的原纤发生倾斜，由此新、旧原纤就构成了交错的网状微孔结构（图1-6中E、H），促使最大孔径及平均孔径减小；随着$R_x$持续增加，原纤进一步伸长（图1-6中F、I），导致最大孔径及平均孔径增加；横向拉伸过程中，节点因持续劈裂而减小，故孔隙率单调增加。

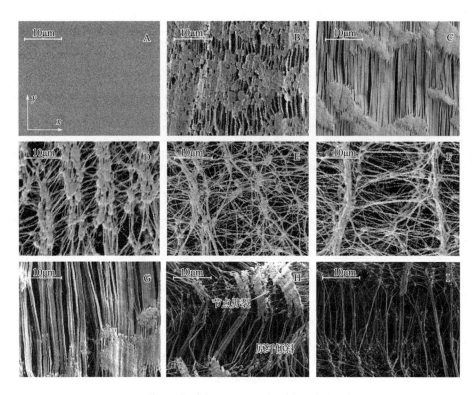

图1-6　基带及平板膜的FESEM照片（样品说明见表1-2）

因此，双向拉伸可实现原纤纵横两方向的交错排列，制备孔隙率大且孔径小的分离膜，在孔径和孔隙率的控制中具备显著优势。

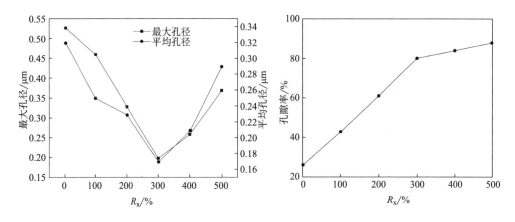

图1-7　$R_x$对平板膜微孔结构的影响

$R_y$=150%，热定型温度360℃，时间1min

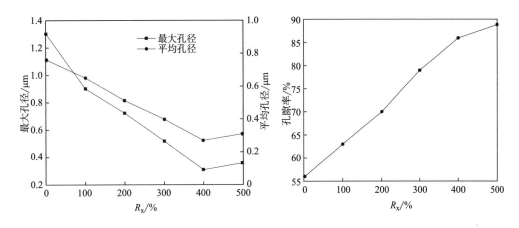

图1-8　$R_x$对平板膜微孔结构的影响

$R_y=250\%$，热定型温度360℃，时间1min

对比图1-7及图1-8还可发现，当纵向拉伸比$R_y=150\%$时，平板膜的最大孔径及平均孔径在$R_x=300\%$时最小；当$R_y=250\%$时，平板膜的最大孔径及平均孔径在$R_x=400\%$时最小。这一规律的内在原因可从图1-6E、H中的表面形貌分析得出。$R_y$较低时，原纤较短，横向拉伸时倾斜速度较快，导致平板膜的最大孔径及平均孔径减小的速度较快。因此，横向拉伸过程中原纤倾斜程度与其自身长度及$R_x$有关，原纤长度越短，$R_x$越大，倾斜程度越大。在实际生产过程中，可同时控制$R_y$及$R_x$，以获得纵横向原纤交错的微孔结构，制备孔隙率高同时孔径又小的分离膜，这也进一步说明了双向拉伸法优越性。

纵向拉伸后的横向拉伸中，除节点劈裂、原纤倾斜等表面形貌变化外，平板膜的厚度随$R_x$提高先增加后减小（图1-9），表现出负泊松比性质。横向拉伸过程中出现负泊松比的原因可能是[63-64]：横向拉伸促使节点劈裂，引起原有原纤的倾斜，而这一倾斜带动节点在厚度方向（Z轴）发生旋转，直接表现出平板膜厚度增加，体现出负泊松比的特征；当$R_x$持续增加，节点基本完全原纤化，导致厚度降低。具体详见图1-10中的双向拉伸过程示意图。

由图1-9还可以看出，当$R_x$相同、$R_y$较低时，平板膜较厚。产生这一现象的原因是：较低的$R_y$条件下得到的原纤较短，在横向拉伸时较短的原纤倾斜程度较高，导致平板膜厚度较厚。

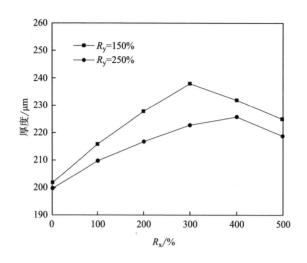

图1-9　$R_x$对平板膜厚度的影响

热定型温度360℃，时间1min

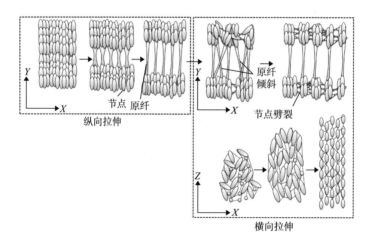

图1-10　双向拉伸过程中平板膜的原纤及节点变化示意图

## 1.2.2　热定型工艺参数的影响

图1-11及图1-12分别反映了热定型温度及时间对平板膜微孔结构的影响。图1-13为热定型前后平板膜的FESEM照片。

由图1-11可知，当温度由300℃升高至360℃时，分离膜的最大孔径由0.1μm增加至0.2μm，平均孔径由0.08μm增加至0.17μm，孔隙率由71.3%升至80.1%；

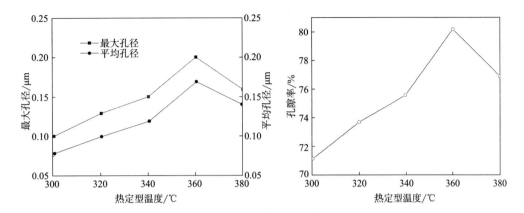

**图1-11　热定型温度对平板膜微孔结构的影响**

$R_y=150\%$，$R_x=300\%$，热定型时间1min

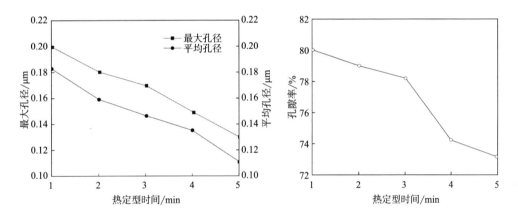

**图1-12　热定型时间对平板膜微孔结构的影响**

$R_y=150\%$，$R_x=300\%$，热定型温度360℃

当温度升高至380℃时，最大孔径降至0.16μm；平均孔径降至0.14μm，孔隙率降至76.9%。这是因为随着温度升高，部分原纤受热断裂，引起微孔变大［图1-13（a）~（c）］，孔隙率升高；当温度超过360°，PTFE树脂熔融引起节点变大［图1-13（d）］，导致微孔减小，孔隙率降低。

由图1-12可知，随着时间延长，分离膜的最大孔径、平均孔径及孔隙率均降低。这是因为PTFE树脂在长时间的高温定型中熔融，引起节点变大［图1-13（e）（f）］，进而导致微孔减小，孔隙率降低。

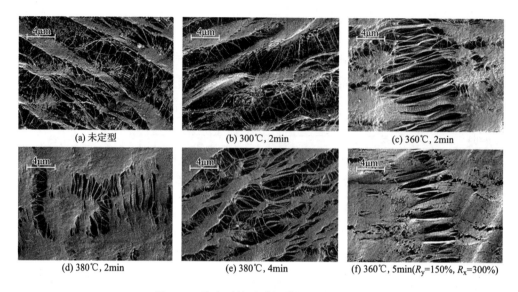

(a) 未定型　　　　　　　(b) 300℃, 2min　　　　　　　(c) 360℃, 2min

(d) 380℃, 2min　　　　　　(e) 380℃, 4min　　　　(f) 360℃, 5min($R_y$=150%, $R_x$=300%)

图1-13　热定型前后平板膜的FESEM照片

## 1.3　PTFE平板微孔膜的拉伸均匀性分析

### 1.3.1　PTFE平板微孔膜横向厚度均匀性

为了研究在横向拉伸过程中，拉伸工艺对PTFE薄膜的厚度均匀性影响，在薄膜加工生产线上截取横向拉伸的薄膜实样，对实样进行了厚度测量，并计算了厚度拉伸比。图1-14是PTFE微孔膜厚度和厚度拉伸比的横向分布图。

从图1-14中可以看出，左右两边薄膜的厚度最小，分别为19μm和20μm，而中间的薄膜厚度为36μm，在整个横向拉伸方向上，薄膜厚度呈现出两边薄中间厚的特点。同时还可以看出，在拉伸过程中，各个部分受到的拉伸是不同的，最大厚度拉伸比为6.3（两边部分），而最小厚度拉伸比为3.2（薄膜的中间部分），平均厚度拉伸比为4.5。由此可以看出，在横向拉伸过程中，沿横向拉伸方向上薄膜各部分受到的横向拉伸是不均匀的，横向拉伸是不均匀拉伸过程。

### 1.3.2　PTFE平板微孔膜横向微孔结构均匀性

为了测试不同部分PTFE微孔膜的微孔结构差异，分别在薄膜横向拉伸方向上左中右薄厚差异明显的部分测试孔径。表1-3是不同位置PTFE薄膜的孔径分布，图1-15是PTFE微孔膜的孔径在横向上的分布曲线。

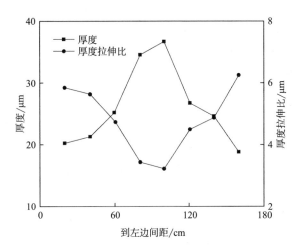

图1-14　PTFE微孔膜厚度和厚度拉伸比的横向分布

表1-3　不同位置PTFE薄膜的孔径分布

| 测量位置/cm | | 平均孔径/μm | 最小孔径/μm | 最大孔径/μm | 孔隙率/（个·cm$^{-2}$） |
|---|---|---|---|---|---|
| 距左边的距离 | 60 | 0.408 | 0.216 | 0.579 | $11.2 \times 10^9$ |
| | 90 | 0.256 | 0.152 | 0.434 | $7.03 \times 10^9$ |
| | 120 | 0.403 | 0.315 | 0.569 | $10.49 \times 10^9$ |

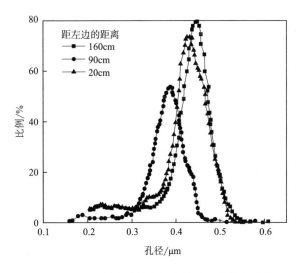

图1-15　PTFE微孔膜的孔径在横向上的分布曲线

由表1-12和图1-15可以看出，薄膜中间部分（90cm处）平均孔径为0.256μm，孔隙率7.03×10⁹个/cm²，而两边缘部分（160cm和20cm处）的平均孔径分别为0.408μm和0.403μm，孔隙率分别为11.2×10⁹和10.49×10⁹个/cm²。图1-16是不同部分薄膜表面电镜照片，从图1-16（a）（b）可以看出，两边缘部分薄膜表面均粗糙，孔径大，孔隙大；由图1-16（c）可以看出，中间部分薄膜表面粗糙小，孔径小，孔隙小。其原因是：薄膜的横向拉伸是一种非均匀的拉伸，因此造成薄膜厚度上的不均。沿横向拉伸方向上各部分受到的拉伸倍数不同，薄膜实际厚度拉伸比呈两边大中间小的分布。陈珊妹[65]通过对PTFE薄膜SEM的解析，得出拉伸倍数的增加使结点的长度、宽度和面积均明显减小，而原纤长度上明显增加，并且原纤排列的规整度明显降低，这就导致了薄膜孔径的不均匀。同时，拉伸比大，必然造成较多的PTFE分子滑移、片晶滑动、原纤形成，同时也使得更多原纤因应力集中而断裂，从而造成两边的微孔孔径大，孔隙率高。这也与文献[28]报道的随着拉伸比的提高，微孔膜孔隙率和孔径都增加的结论是一致的。

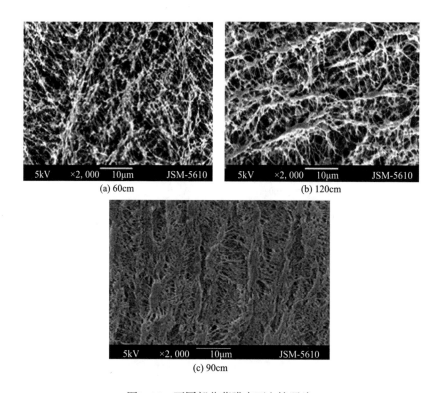

（a）60cm

（b）120cm

（c）90cm

图1-16 不同部分薄膜表面电镜照片

### 1.3.3　PTFE平板微孔膜横向结晶结构均匀性

#### 1.3.3.1　DSC分析

在图1-17的DSC曲线中，PTFE在346℃出现放热峰，此峰是结晶峰，所对应的温度为结晶温度（$T_c$），是由升温引PTFE结晶结构转变为无定型相形成的。图1-18是根据DSC测量计算出的沿横向拉伸方向薄膜结晶度和熔融焓的变化曲线。从图中可以看出，边缘部分的薄膜结晶度为60%，中间部分的薄膜结晶度为75%，而且薄膜的结晶度随着距两边缘距离的增加而增大。

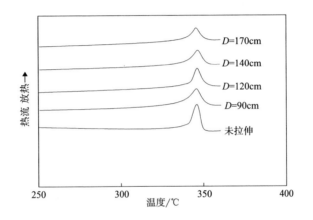

图1-17　横向拉伸后的PTFE薄膜沿横向不同位置的DSC曲线

$D$—距薄膜左边的距离

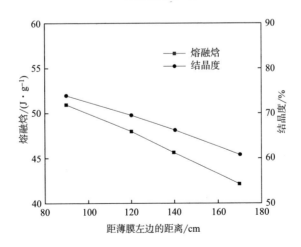

图1-18　沿横向拉伸方向不同位置薄膜的结晶度、熔融焓变化曲线

#### 1.3.3.2 XRD分析

图1-19是横向拉伸方向上不同位置薄膜材料的X射线衍射图。由图可见，在$2\theta$为16.1°、18.3°处有明显的衍射峰。其中$2\theta=16.1°$为非晶散射峰的中心，$2\theta=18.3°$为结晶峰的中心位置，而且结晶部分的图形和非晶部分的图形有一部分是重合的。同时由图1-19可以看出，沿横向拉伸方向上不同位置薄膜在18.3°处结晶主衍射峰强度（由高到低依次为1→2→3→4）和峰面积也表现出明显的差异。

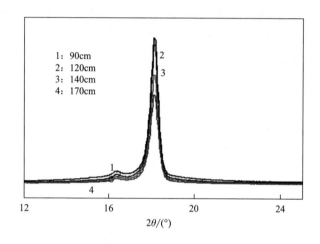

图1-19　横向拉伸后的PTFE薄膜沿横向不同位置的XRD图谱

将X射线衍射图进行分峰处理，然后按$X_c=I_c/(I_c+0.66I_a)$计算结晶度，其中，$I_a$为非结晶峰的衍射强度；$I_c$结晶峰的衍射强度[66]。

图1-20是不同位置薄膜结晶度随宽度的变化曲线。可以看出，PTFE薄膜的结晶度沿横向拉伸方向从中间到边缘呈递减的趋势，这说明在制备过程中，沿着横向拉伸方向PTFE的结晶结构受到破坏的程度不同。从图1-20可见，边缘部分的薄膜结晶度为72%，中间部分的薄膜结晶度为85%，而且薄膜的结晶度随着距两边缘距离的增加而增大。

在薄膜横向拉伸方向上，由边缘向中间结晶度逐步升高。拉伸使PTFE的结晶度降低，可能的原因是，在横拉阶段出现分子滑动、片晶滑移、无定型区的破坏和取向，同时也存在着晶区的破坏，结晶度减小。而且实际拉伸比越大，就会有更多分子滑移、片晶滑动、原纤形成，也会使原有晶态结构的破坏更严重[67]，因而结晶度减小程度较大。横向拉伸后的薄膜在横向拉伸方向上结晶度的不均匀分布，是由于不均匀的横向拉伸使横向上不同位置的薄膜受拉程度不同，如前所述，两边的拉伸比大，因而会有更多分子滑移、片晶滑动、原纤形成，也会使原有晶态结构的破坏更严重，因而结晶度减小程度较大。

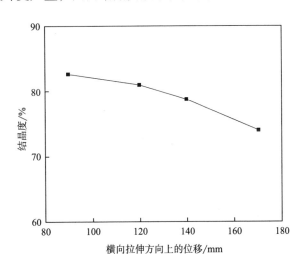

图1-20　横向拉伸方向上不同位置薄膜结晶度的分布曲线

## 1.3.4　PTFE平板微孔膜表面润湿性及黏结性能不匀

图1-21是在横向拉伸方向上不同位置薄膜与水的接触角情况，图1-22是在横向拉伸方向上不同位置薄膜与水的接触角变化曲线。实验发现，拉伸后PTFE微孔膜与水的接触角高达149.6°，而PTFE塑料的接触角仅为108°。由图1-21可以看出，PTFE薄膜两边（20cm和160cm）的接触角分别为148.1°和149.6°，而中间部分（100cm）的接触角最小为135.1°。这说明沿横向拉伸方向薄膜的润湿性能不同，中间部分的润湿性要优于两边的。

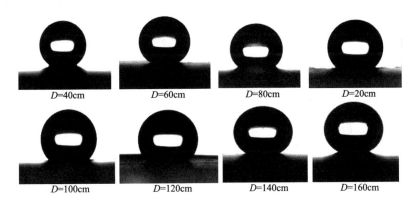

图1-21　在横向拉伸方向上不同位置薄膜与水的接触角
D—距薄膜左边的距离

21

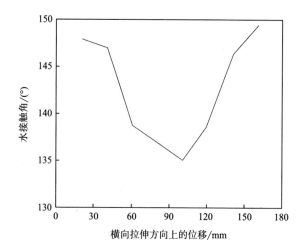

图1-22　在横向拉伸方向上不同位置薄膜与水的接触角变化曲线

由以上DSC和XRD测试结果可知，横向拉伸的薄膜由边缘向中间的结晶度逐步升高，因此，薄膜的密度也由边缘向中间逐步升高，薄膜的表面能也是由边缘向中间逐步升高。表面能的差异最终导致薄膜表面越向中间部分，与水的接触角越小，润湿情况越好。

另外，对于低表面能材料，表面与水的接触角还将随着表面的粗糙程度和空隙率的增加而递增[68]。最早研究粗糙表面润湿性问题的Wenzel和Cassie[69]等分别提出了两个表观接触角和表面粗糙特性的关系式。Cassie在研究织物疏水性能时，提出了一种表面粗糙新模型（空气垫模型），提出接触面由两部分组成，一部分是液滴与固体表面突起直接接触，另一部分是与空气垫接触。根据Cassie模型公式可知，提高空气垫部分所占比例，将会增强膜表面的拒水性能。由前面的分析可知，非均匀横向拉伸造成两边的孔径、孔隙率较大，表面较粗糙，而中间部分的孔径、孔隙率较小，因而由边缘越向中间薄膜的润湿情况越好。

薄膜表面粗糙程度和结晶度的不同，造成润湿性能的差异，进而直接影响微孔膜与面料的黏结强度。表1-4是PTFE微孔膜层压织物的剥离强度，从表中可以看出，PTFE薄膜中间部分与面料的黏结强度为6.23N/2.5cm，两侧部分的黏结强度分别为5.33N/2.5cm和5.24N/2.5cm，黏结强度由中间向两边逐渐减小。

表1-4　PTFE微孔膜层压织物的剥离强度

| 距薄膜左边的距离/cm | 剥离强度/（N/2.5cm） |
| --- | --- |
| 10 | 5.33 |

| 距薄膜左边的距离/cm | 剥离强度/（N/2.5cm） |
| --- | --- |
| 30 | 5.74 |
| 60 | 5.81 |
| 90 | 6.23 |
| 120 | 6.01 |
| 150 | 5.62 |
| 170 | 5.24 |

## 1.4　PTFE平板微孔膜横向拉伸形变机制分析

图1-23是在170℃下对纵向拉伸后的基带进行横向拉伸的变形图。

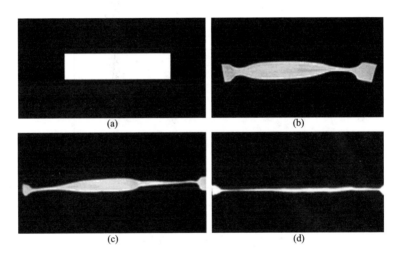

图1-23　170℃下对纵向拉伸后的基带进行横向拉伸的变形图
（a）是未拉伸的基带，（b）到（d）的拉伸比逐渐增大，拉伸速率100mm/s。

从图1-23中可以看出，拉伸时，首先出现"拉伸阶梯"点，这就是"细颈"拉伸的特点，而且两边的拉伸总是先于中间部分。随着拉伸进行，"细颈"点逐渐由两边向中间扩展。同时还可以看出，随着拉伸的进行，整个试样都发生了变形，宽度变小，厚度变薄。这是由于对于结晶倾向较大的聚合物，在拉伸过程中有"阶梯拉伸"的问题。即在拉伸过程中，会出现若干个突然被拉伸到最大倍数的"细颈"，即拉伸起点。随着拉伸过程的进行，"细颈"逐渐向两侧扩展，直至整个材料全部被拉伸。PTFE是半结晶聚合物，在横向拉伸基带过程中，不但有"细颈"现象，而且还具有非均匀拉伸的特点。

### 1.4.1 拉伸过程的有限元模拟

本节要模拟的是PTFE基带在横向拉伸过程中的拉伸形变。纵向拉伸后的PTFE基带在横向拉伸过程中主要经历的是黏弹塑性变形，即在弹性阶段和塑性阶段都有黏性，为简化模拟计算，忽略黏性，利用大变形弹塑性的本构关系进行数值模拟。材料的性能参数：弹性模量3.0MPa，泊松比选取0.2。

#### 1.4.1.1 有限元分析模型的建立

利用有限元分析软件ANSYS对PTFE的拉伸形变行为进行模拟。材料的屈服和硬化特性由材料的应力—应变曲线决定，材料的应力—应变曲线如图1-24。

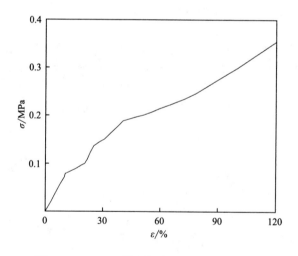

图1-24 170℃下横向拉伸的应力—应变曲线

拉伸速率100mm/s

考虑到对称性仅取二分之一对称部分进行计算，结果利用对称命令生成整个模型。几何模型的长度为40mm，宽度为10mm，厚度为120μm，模型共划分单元4000个。左端约束其$X$方向的位移，右端约束其$Y$方向的位移；在右端施加$X$方向的位移载荷20mm，详见图1-25。薄膜在拉伸过程中结构发生大变形，塑性变形还会导致材料非线性，所以在分析选项中将NLGEOM、自适应下降、线性搜索、二分法等非线性分析选项打开。

图1-25　有限元计算模型

### 1.4.1.2　有限元模拟模型验证

对横向拉伸基带主要研究沿$X$方向的位移状态，位移分布可通过位移等值面图来表示，模拟计算结果如图1-26所示。从图中可以看出，从中间向两边的位移是逐渐增大的，在靠近薄膜两端附近出现"细颈"现象。

图1-26　位移分布图（变形图）

将有限元的结果与拉伸实验的结果进行比较，可以看出，有限元计算结果与实际拉伸试样的变形规律是一致的，从而证明了有限元数学模型建立的正确性，这为下面通过有限元模拟薄膜在拉幅机内大形变下的位移分布提供了可能。

### 1.4.2　拉幅机内横向拉伸过程的有限元模拟

在拉幅机内拉伸的PTFE微孔膜模型如图1-27所示。本节主要研究的内容是在横向拉伸过程中拉伸位移和拉伸应力的分布情况，讨论纵向拉伸后的基带在170℃下横向拉伸过程中的形变机制。考虑到问题的对称性，取其二分之一作为模拟究对象，最后结果由对称生成。其中，几何模型的原始长度60cm，原始宽度20cm，厚度120μm。对实体进行网格划分后，共生成4800个单元（图1-27）。双向逐次拉伸是在基础膜

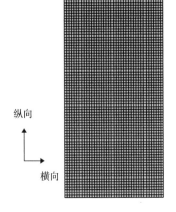

纵向

横向

图1-27　有限元计算模型

25

经过纵向拉伸后，再在拉幅机内进行横向拉伸的，纵向拉伸后薄膜在进行横向拉伸前需进行一次加热，使得薄膜内部的分子结晶均匀，所以本文对分析拉幅机内薄膜横向拉伸状况做如下假设：

（1）薄膜不可压缩；

（2）由于惯性、重力、表面空气牵引力引起的力可以忽略不计；

（3）假设薄膜在（$x$，$y$）平面上，薄膜在伸长的平面流动场中，速度$v_x$与$v_y$与$z$轴无关；

（4）由于薄膜很薄，假设温度在整个薄膜上是均匀分布的；

（5）假设薄膜是以（$x$，$y$）平面为对称面，既薄膜厚度一半的平面总是与（$x$，$y$）平面重合。

### 1.4.2.1　横向拉伸过程中薄膜的横向应力分布

图1-28和图1-29是薄膜在横向拉伸过程中横向应力的分布状态和分布规律图。从图中可以看出，在横向拉伸过程中，横向拉伸方向上的拉伸应力呈两边大中间小分布。同时，由图1-30可以看出，在拉伸过程中，中间部分受到的横向拉伸应力逐渐增加。这是因为，随着横向拉伸的进行，由于材料的应变硬化效应导致材料厚度减薄区继续形变的应力增大，而使横向拉伸应力逐渐由两边向中间传递。从而使沿横向各部分的薄膜受拉程度（实际拉伸比）趋于一致，产品的各项性能指标均向好的方向发展。文献[70]报道了随着横向拉伸比的增大（薄膜沿着纵向运动），薄膜的横向拉伸强度随之提高，横向断裂伸长率减小，横向厚度偏差

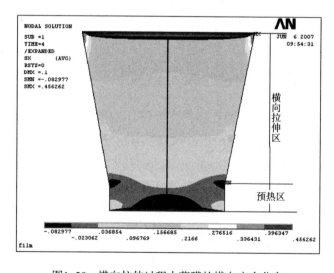

图1-28　横向拉伸过程中薄膜的横向应力分布

也大幅减小。因此，提高拉伸倍数有利于薄膜的厚度均匀。

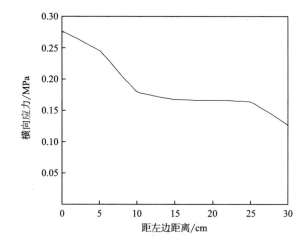

图1-29　横向拉伸过程中沿薄膜横向的横向应力分布曲线
距离拉幅机入口55cm处的模拟结果

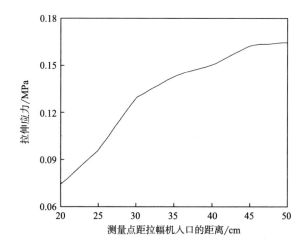

图1-30　横向拉伸过程中沿纵向的中间部分的横向应力变化曲线

### 1.4.2.2　横向拉伸过程中薄膜的横向位移分布

图1-31是横向拉伸过程中横向拉伸方向上不同位置材料的位移分布状况图。由图1-31可以看出，沿横向拉伸方向上薄膜中间部分的拉伸位移小于两边的。图1-32是距离拉幅机入口55cm处的有限元模拟得到的横向位移分布曲线。从图1-32可以看出，沿横向拉伸方向不同部分的薄膜因拉伸产生的横向位移不同，这说明，不同位置的薄膜受拉程度不同，从薄膜的中心到两边是逐渐减小的，两边

的实际拉伸倍数较大，而越靠近薄膜的中心，其实际拉伸倍数越小，这势必造成薄膜的横向厚度呈中间厚两边薄的不均匀分布，这与前面的实验结果是一致的。

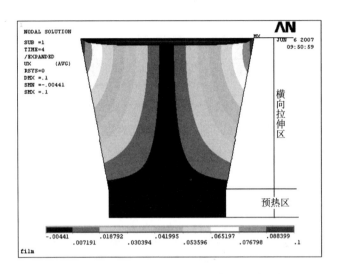

图1-31　横向拉伸过程中薄膜的横向位移分布

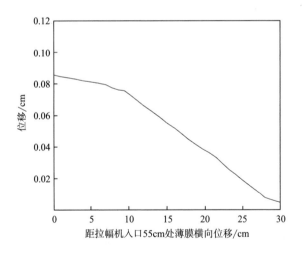

图1-32　横向拉伸过程中沿薄膜横向的横向位移分布曲线

### 1.4.3　弓曲现象的有限元分析

本节有限元模拟所采用的几何模型、材料模型、材料参数以及处理器的相关设置与1.4.1节相同。图1-33给出了有限元模拟拉幅机内薄膜拉伸成型过程中网格的变化情况，其中图1-33（a）是拉伸前的薄膜初始网格，图1-33（b）是在拉伸时的网格形变。由图可以看出，在拉伸过程中的网格形变行为，同时还可以看出在拉伸过程中出现的弓曲现象。其中，弓曲现象在预热阶段和横向拉伸的开始阶段时，薄膜出现了负弓曲（凸形线），然后随着拉伸的进行，弓曲线又变成直线，之后又变为正弓曲（凹形线），并随着距离拉幅机入口距离的增加，正弓曲率也是逐渐增加的。

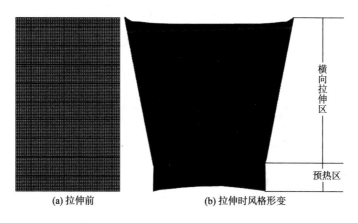

(a) 拉伸前　　　　　　　　(b) 拉伸时风格形变

图1-33　横向拉伸前后薄膜的网格形变

为了验证有限元模拟结果，通过在实际的生产线上测量，得出弓曲形变在拉伸过程中的变化规律，并和模拟的结果进行了比较，结果如图1-34所示，由图可以看出，模拟结果与实验结果吻合得很好，充分说明了所采用的有限元算法的有

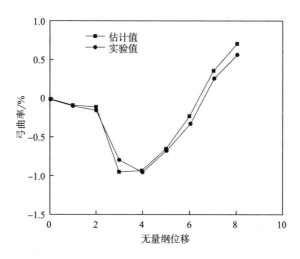

图1-34　几何弓曲在横向拉伸过程中的变化规律

无量纲位移是指测量点距拉幅机入口的距离与入口处薄膜宽度的比值

效性和精度。

　　图1-35是在横向拉伸过程中薄膜的纵向应力分布，由图可以看出，在横向拉伸过程中，薄膜除受沿横向的拉伸应力外，由于横向拉伸产生的纵向收缩，还存在沿纵向的收缩应力，纵向应力使薄膜发生沿纵向的移动，产生纵向位移。图1-36是在横向拉伸过程中薄膜的纵向位移分布，从图中可以明显地看到，不同部分薄膜的纵向位移是不同的，由中间向两边各部分的位移是逐渐减小的。这是由于靠近夹具的部分，受到的束缚作用较大，而越向中间部分，这种束缚越小，结果使薄膜两边纵向位移小而中间大，从而造成弓曲现象。

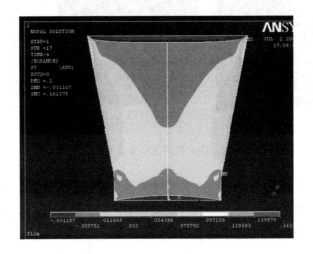

图1-35　横向拉伸过程中薄膜的纵向应力分布

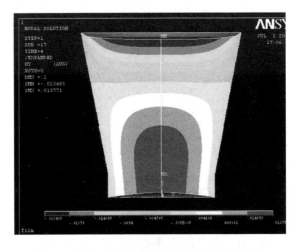

图1-36　横向拉伸过程中薄膜的纵向位移分布

## 1.5　制备参数对PTFE平板微孔膜结构均匀性的影响及调控

### 1.5.1　横向拉伸温度对PTFE平板微孔膜厚度和微孔结构的影响

在相同的拉伸速度（80mm/s）下，采取140°C和170°C拉伸温度制备幅宽为1800mm的薄膜，选取距薄膜左边缘不同距离处测量薄膜厚度，测试结果如图1-37所示。由图可见，在两种温度下拉伸的PTFE薄膜均表现为两侧薄、中间厚。这是由于在拉伸作用力下，原纤从PTFE树脂颗粒中拉出，随着作用力的增加，原纤长度增大，薄膜变薄。当原纤变得不可再伸长时，作用力向基带中间区域依次传递，继而基带中间部分被拉伸。因此，双向拉伸的PTFE薄膜呈现两侧薄、中间厚的趋势。

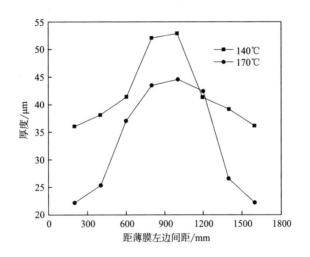

图1-37　拉伸温度对薄膜厚度的影响

基带宽度250mm，厚度120μm

由图1-37还可看出，140℃下拉伸，薄膜在距左边800mm左右骤然增加，较厚区域长度明显低于170℃下拉伸的薄膜。这是由于原纤伸长导致薄膜厚度降低，但是其伸长强烈依赖拉伸的温度；在140℃拉伸温度下拉伸时，原纤尚未完全伸长，拉伸应力就向基带的中间区域传递，最终导致中间区域的厚度突然增加，并且原纤伸长明显低于高温下拉伸的薄膜。

在相同的拉伸速度（80mm/s）下，采取140℃和170℃拉伸温度制备幅宽为

1800mm的薄膜，选取距薄膜左边缘不同距离处测量薄膜的微孔结构，测试结果如图1-38所示。由图可见，在薄膜的横向拉伸方向上，在距离边缘相同的区域，高温下拉伸的薄膜孔径普遍较大；在相同的拉伸温度下，距离薄膜边缘较近区域（300mm）的孔径也普遍高于中间区域（900mm）。薄膜孔径的大小与厚度相互对应，薄膜厚度小的区域，因纤维伸长大，孔径也大，反之亦然。

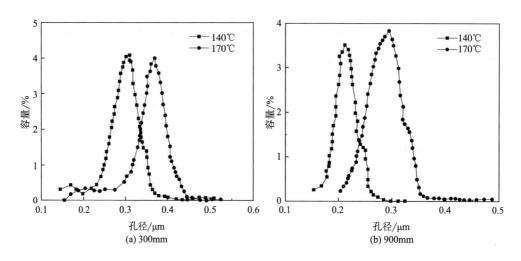

图1-38 横向拉伸温度对薄膜孔径的影响

基带宽度250mm，厚度120μm

## 1.5.2 横向拉伸速率对PTFE平板微孔膜厚度和微孔结构的影响

在相同的拉伸温度（170℃）下，分别采取30mm/s和80mm/s两种速度对PTFE基带进行横向拉伸，制备幅宽为1800mm的薄膜，薄膜横向拉伸方向上的厚度变化如图1-39所示。由图可见，快速拉伸使薄膜较厚区域长度小；而低速拉伸造成薄膜边缘过渡伸长，不能对基带中央区域进行有效拉伸，因此较厚区域长度大。选取距薄膜左边缘300mm和900mm处测量薄膜孔径，测试结果如图1-40所示。由图可见，距薄膜左边缘300mm的区域内，低速（30mm/s）拉伸制备的薄膜孔径（平均孔径0.462μm）远大于高速（80mm/s）拉伸制备的薄膜孔径（平均孔径0.383μm）；而在薄膜中央区域（900mm），其变化规律则相反。

这是因为，在一定的温度条件下，聚合物的松弛时间是一定的；随着拉伸速率的提高，观察时间变短，微观上表现为分子链解缠和晶片之间滑移困难，宏观上则表现为试样抗形变能力的增加和屈服强度的提高。在不同的拉伸速率下，拉

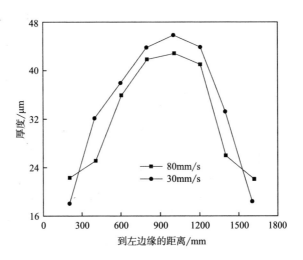

图1-39　拉伸速率对薄膜厚度的影响

基带宽度250mm，厚度120μm

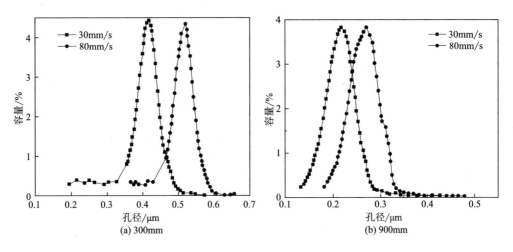

图1-40　横向拉伸速率对薄膜孔径的影响

基带宽度250mm，厚度120μm

伸速率影响应力的传递，高速拉伸时，由于材料的应变硬化以及速率敏感效应，导致材料厚度减薄区继续形变的应力增大，应力快速向基带中央传递，使薄膜横向方向上厚度和微孔结构趋于一致；而在低速下拉伸，首先将基带两侧拉伸，原纤被牵出，继而伸长。当原纤完全伸长后，应力才向基带中间传递，因此，造成薄膜两侧孔径大，厚度薄。

文献[71]报道，在生产PTFE微孔膜时，要得到孔率高、孔率与厚度均匀、尺寸稳定的微孔膜，拉伸速率是关键因素之一。通常要有较高的拉伸速率，如果拉伸速率太低，薄膜将出现不均匀现象，而且也不能形成有效的微孔结构。同时，横向拉伸速率还受拉伸温度的影响。在35～327℃之间，靠近低温区时，存在一个极大的拉伸速度，当超过它时，膜将断裂；同时也存在一个极小的拉伸速度，低于它时，膜也将断裂，或者拉出的膜强度小；靠近高温区时，只要确定最低拉伸速度就可以了。

### 1.5.3 热定型温度对PTFE平板微孔膜结构及尺寸稳定性的影响

为了测定不同热定型温度对薄膜结构性能的影响，选取300℃、320℃、340℃、360℃、370℃、390℃作为热定型温度，分别测量在各个定型温度下的弓曲、孔参数和热收缩率，结果如图1-41～图1-43所示。

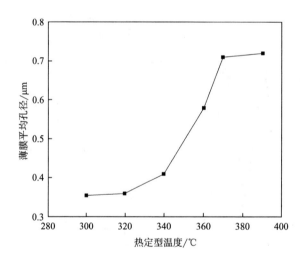

图1-41　薄膜平均孔径和热定型温度的关系

图1-41是薄膜平均孔径和热定型温度关系。由曲线可以看出，热定型温度越高，平均孔径越大，这是由于温度升高，薄膜的结晶度下降，无定型区增加。而薄膜成孔是发生在无定型区的，无定型区增大为孔径的发展提供了空间。在较高的温度下，定型的薄膜的节点比较大，节点之间的距离较宽。节点与节点之间是以微纤维在膜内相互连接的，微纤维之间的空隙即为孔洞，最终薄膜孔径是微纤维纵横交错叠加的结果，微纤维之间的空隙大小决定孔径的大小。单位体积内节点的数量少，微纤维之间的空隙大，孔径必然大。同时实验还发现，随着热定型温度的升高，孔径分布宽度增大，孔径均匀性变差。

图1-42是在150℃下、30min时测得薄膜热收缩率与热定型温度的关系。从图

中可以看出，随着热定型温度的升高，热收缩率是明显下降的。这是由于在热定型阶段，温度越高，薄膜热收缩越大，所得的薄膜尺寸越稳定。

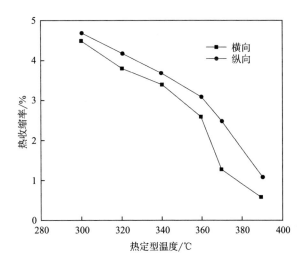

图1-42　薄膜热收缩率和热定型温度的关系

实验发现，在横向拉伸过程中，弓曲现象在热定型阶段会进一步增大，同时热定型温度对弓曲形变产生很大的影响。图1-43是热定型温度对弓曲形变的影响。可见，提高热定型温度将增加弓曲形变，因为热定型温度升高将导致薄膜硬度降低，加工过程中的收缩率增加，此时横向拉伸产生的纵向应力和收缩使薄膜的变形位移进一步增加，从而增大弓曲变形。

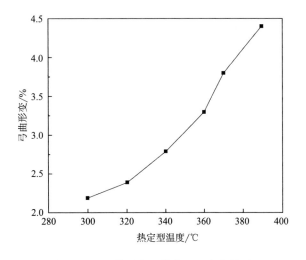

图1-43　弓曲形变和热定型温度的关系

图1-44是薄膜的厚度与热定型温度的关系。从图中可以看出，随着热定型温度的升高，薄膜的厚度是逐渐减小的。这是由于热定型时，微细纤维以及节点会发生熔合回缩，使薄膜内部在厚度方向上的空隙减小，从而造成薄膜的厚度减小。并且温度越高，微细纤维以及节点的回缩越严重，薄膜的厚度减小得越大。

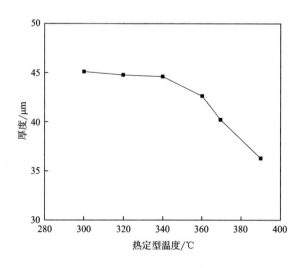

图1-44　薄膜厚度与热定型温度的关系

### 1.5.4　PTFE平板微孔膜均匀性调控

本章1.3部分结果表明，在横向拉伸方向上薄膜各部分由于受拉伸程度的不同，造成实际拉伸倍数由中间向两边逐渐增大，中间的实际拉伸最小，最终导致薄膜横向拉伸方向上结构和性能的不均匀。通过1.4部分的有限元分析，发现双向拉伸成型的PTFE平板微孔膜在横向拉伸过程中，横向拉伸应力是由两边逐渐向中间传递的，由于拉伸应力传递和材料响应的滞后性，造成横向拉伸应力在横向拉伸方向上呈两边大中间小的分布，从而导致拉伸的不均匀性。

本节分析了横向拉伸过程中的拉伸温度和速率对薄膜拉伸形变的影响，发现在薄膜厚度变化相同情况下，升高温度可降低拉伸应力；在对PTFE膜施加相同应力的情况下，提高拉伸温度可增加薄膜的变形速率，使膜的厚度变薄；提高拉伸速率，有利于改善薄膜的均匀性。

根据上述研究结果，提出和实现了以下改善薄膜均匀性的方法：

（1）在横向拉伸过程中，使拉伸温度在横向上呈中间大两边小的梯度分布。在实际生产过程中可采用单元面积小、按一定规律相互排列的点状卤素灯加热元件对材料进行加热，同时又由于光穿透薄膜时存在"亮度衰退"规律，因此设定传感器将反映厚度变化的光亮度信号变为电信号反馈到点状加热元件，使点状加热元件产生相应温度，依此控制薄膜的厚度，达到均匀目的；

（2）通过提高薄膜在拉幅机内的纵向移动速率（即车速），来提高横向拉伸速率，改善薄膜的均匀性；

（3）热定型过程对薄膜的结构和性能产生重要影响。在热定型过程中，由于薄膜温度高、硬度小，由横向拉伸产生的纵向应力所造成的弓曲形变在热定型阶段变得更加严重。因此根据弓曲发生机制，在不影响薄膜其他结构和性能的前提下，应尽量降低热定型温度，以减小弓曲形变。

# 参考文献

［1］GORE ROBERT W. Process for producing porous products：US, 3953566［P］. 1976-04-27.

［2］GORE ROBERT W. Very highly stretched PTFE and process：US, 3962153［P］. 1976-06-08.

［3］GORE ROBERT W. Porous products and process therefor：US, 4187390［P］. 1980-02-05.

［4］GORE ROBERT W. Process for producing porous products：US, 4902423［P］. 1976-04-27.

［5］NAKAMURA A, NAKASHIMA S. Polytetrafluoroethylene porous film: US, 5510176A［P］. 1996-04-23.

［6］TANARU SHINJI, TANAKA OSAMU, NISHIBAYASHI HIROFUMI. Polytetrafluoroethylene porous film and preparation and use thereof：US, 5234739［P］. 1988-02-23.

［7］TETSUO SHIMIZU, KAZUTAKA HOSOKAWA. Porous film of polytetrafluoroethylene and preparation thereof：US, 5143783［P］. 1992-09-01.

［8］陈珊妹，李敖琪. 双向拉伸PTFE微孔膜的制备及其孔性能［J］. 膜科学与技术，2003，23（2），19-21.

［9］郭玉海，张华鹏，张建春，等. 一种空气除菌用聚四氟乙烯薄膜材料的制备方法：中国，ZL200510061828.9［P］. 2005-10-06.

［10］郭玉海，张建春，张旭东. 聚四氟乙烯薄膜防水透湿层压织物的研究［J］. 北京纺织，1998，19（4）：12-15.

［11］郭玉海，朱海霖，王峰，唐红艳，张华鹏. 聚四氟乙烯滤膜的发展及应用［J］. 纺织学报，2015，36（9）：149-153.

［12］LAWRENCE Y LO, DWIGHT J THOMAS. Microporous asymmetric polyfluorocarbon membranes：US, 4863604［P］. 2001-06-16.

［13］Y ZHANG, Q GE, L YANG, et al. Durable superhydrophobic PTFE films through the introduction of micro- and nanostructured pores［J］. Appllied Surface Science, 2015, 339: 151 -157.

［14］HUANG QL, XIAO CF, FENG XS, et al. Design of super-hydrophobic microporous polytetrafluoroethylene membranes［J］. New Journal of Chemistry, 2013, 37: 373- 379.

［15］QING LIN HUANG, CHANG FA XIAO, XIAO YU HU. A novel method to prepare hydrophobic poly（tetrafluoroethylene） membrane, and its properties［J］. J. Mater. Sci. 2010, 45: 6569-6573.

［16］J XIONG, P HUO, F K KO. Fabrication of ultrafine fibrous polytetrafluoroethylene porous membranes by electrospinning［J］. J. Mater. Res. , 2011, 24: 2755-2761.

［17］W KANG, F LI, Y ZHAO, et al. Fabrication of porous $Fe_2O_3$/PTFE nanofiber membranes and their application as a catalyst for dye degradation［J］. RSC Adv. , 2016, 6: 32646 -32652.

［18］HARTIG MJ. Structural panel of ribbed structures of thermoplastic resin: US, 3664906A［P］. 1972-05-23.

［19］KRANZLER TL, MOSELEY JP. High strength porous PTFE sheet material: US, 5641566A ［P］. 1997-07-08.

［20］MORTIMER WP, DEL NC. Polytetrafluoroethylene film: US, 4985296［P］. 1991-01-15.

［21］HUBIS DE, ELKTON MD. Method for manufacturing highly porous, high strength PTFE articles: US, 4478665［P］. 1984-10-23.

［22］SASSA RL, BAILEY CE. Expanded polytetrafluoroethylene tubular container: US, 4830643 ［P］. 1989.

［23］TANARU, SHINJI, TANAKA, et al. Polytetrafluoroethylene porous film and preparation and use thereof: EP, 0525630A2［P］. 1996-02-28.

［24］BACINO, JOHN. Porpous PTFE film and a manufacturing method therefore: US, 5476589 ［P］. 2001-05-14.

［25］YAMAZAKI, ETSUO. Production of porous sintered PTFE products: US, 4110392［P］. 2003-07-19.

［26］HUANG LAMES, WILLIAM, CHOU DAVID. Asymmetric porous polytetrafluoroethylene membrane and process for preparing the same: US, 6852223［P］. 2002-01-12.

［27］KEN ICHI KURUMADA, TAKETO KITAMURA, NAOHIRO FUKUMOTO, et al. Structure generation in PTFE porous membranes induced by theuniaxial and biaxial stretching operations［J］. Journal of Membrane Science , 1998, 149 : 51-57.

［28］KITAMURA T, OKABE S, TANIGAKI M, et al. Morphology change in polytetrafluoroethylene

（PTFE），porous membrane caused by heat treatment［J］．Polymer Engineering & Science, 2000, 40：809-817.

［29］KITAMURA T, KURUMADA KI, TANIGAKI M, et al. Formation mechanism of porous structure in polytetrafluoroethylene （PTFE） porous membrane through mechanical operations［J］．Polymer Engineering & Science, 1999, 39：2256-2263.

［30］MORIYAMA Y, SUZUKI S, YOSHIMURA A, et al. Porous polytetrafluoroethylene material：US, 4760102［P］．1988-07-26.

［31］田普锋．聚四氟乙烯拉伸微孔膜的制备、结构与性能［D］．西安：西北工业大学，2006.

［32］郝新敏，张建春，郭玉海，等．拉伸工艺对膨体PTFE薄膜微孔结构的影响［J］．膜科学与技术，2004，25（4）：26-29.

［33］陈珊妹．膨体聚四氟乙烯微孔滤膜孔结构的扫描电镜图像解析［J］．化学物理学报，2005，18（2）：228-232.

［34］殷英贤．聚四氟乙烯/聚氨酯复合膜的研制［D］．北京：北京服装学院，2003.

［35］XINMIN HAO, JIANCHUN ZHANG, YUHAI GUO. Study of new protective clothing against SARS using semi-permeable PTFE/PU membrane［J］．European Polymer Journal, 2004, 40（4）：673-678.

［36］GUO YUHAI, CHEN JIANYONG, HAO XINMIN, et al. A novel process for preparing ePTFE micro-porous membrane through ePTFE/ePTFE co-stretching technique［J］．Journal of Materials Science, 2007, 42（6）：2081-2085.

［37］张慧峰，张卫东，石冰洁，等．膨体聚四氟乙烯膜气体透过行为的研究［J］．北京化工大学学报，2003，30（4）：369-410.

［38］沈宏庆．聚四氟乙烯微孔膜层压织物防水透湿机理的研究［D］．上海：东华大学，1997.

［39］郭玉海．聚四氟乙烯薄膜防水透湿层压织物工艺技术研究［D］．天津：天津工业大学，1997.

［40］张建春，黄机质，郝新敏．织物防水透湿原理与层压织物生产技术［M］．北京：中国纺织出版社，2003.

［41］周小红．多孔膜复合防水透湿织物湿传递特性的实验与理论研究［D］．上海：东华大学，2005.

［42］JIZHI HUANG, JIANCHUN ZHANG, XINMIN HAO, et al. Study of a new novel process for preparing and co-stretching PTFE membrane and its properties［J］．European Polymer Journal, 2004, 40（4）：667-671.

［43］黄机质．聚四氟乙烯膜拉伸成孔机理及其弹性复合膜研究［D］．上海：东华大学，2008.

［44］殷英贤．聚四氟乙烯—聚氨酯复合膜的工艺探讨［J］．纺织学报，2004，25（4）：36-38.

［45］郝新敏．选择性渗透膜材料、传质模型及生化防护机理的研究［D］．上海：东华大学，2004.

［46］任钟旗，郭玉海，刘君腾，等．聚四氟乙烯（PTFE）微孔膜在大气除尘过程中的应用［C］.// 第四届环境与发展中国（国际）论坛论文集．北京：现代教育出版社，2008：386-388.

［47］张卫东，苏海佳，高坚．袋式除尘器及其滤料的发展［J］．化工进展，2003，22：380-384.

［48］王庚．膨体聚四氟乙烯（ePTFE）覆膜滤料过滤性能的研究［D］．北京：北京化工大学，2002.

［49］陈观福寿，朱小云，黄斌香．高性能聚四氟乙烯覆膜滤料的制备与性能研究［J］．上海纺织科技，2012，40（9）：15-17，31.

［50］王永军．聚四氟乙烯微孔薄膜的拉伸形变机制及均匀性研究［D］．杭州：浙江理工大学，2008.

［51］王永军，郭玉海，张华鹏．PTFE薄膜的横向非均匀拉伸行为研究［J］．高分子材料科学与工程，2008，24（12）：141-144.

［52］郭玉海，张华鹏，王永军．PTFE 薄膜横向拉伸变形行为及其有限元分析［J］．化工学报，2008，59（5）：1315 -1319.

［53］HUBISC DANIEL E. Method for manufacturing highly porous and high strength PTFE articles：US，4478665［P］．1984-10-23.

［54］郑军．聚四氟乙烯微孔薄膜的表面改性及其黏结性能的研究［D］．杭州：浙江理工大学，2005.

［55］张建春，黄机质．服用聚四氟乙烯共同拉伸膜的热定型机理［J］．东华大学学报（自然科学版），2006，32（4）：84-87.

［56］王亮梅，王锐兰，钟明强．医用膨体聚四氟乙烯膜材料的制备［J］．水处理技术．2004，30（2）：236-240.

［57］陈旭，回素彩．聚四氟乙烯烧结成型的制备工艺［J］．塑料工业，2005，33（10）：456-459.

［58］黄机质，张建春．服用聚四氟乙烯共同拉伸膜的热定型机理［J］．东华大学学报（自然科学版），2006，32（4）：145-151.

［59］田中修，楠见智男，浅野纯，等．聚四氟乙烯多孔膜及其制造方法：中国，1102748A［P］，1995-05-17.

［60］包素文．聚四氟乙烯多孔膜的制备方法及产品：中国，1193060A［P］，2001-02-07.

［61］缪京媛，叶牧. 氟塑料加工与应用［M］. 北京：化学工业出版社，1987.

［62］郝新敏，杨元，黄斌香. 聚四氟乙烯微孔膜及纤维［M］. 北京：化学工业出版社，2011.

［63］CADDOCK BD, EVANS KE. Microporous materials with negative poisson's ratios：I. Microstructure and mechanical properties［J］. Journal of Physics D-Applied Physics, 1989, 22：1877–1882.

［64］EVANS KE, CADDOCK BD. Microporous materials with negative poisson's ratios：II. Mechanisms and interpretation［J］. Journal of Physics D-Applied Physics, 1989, 22：1883–1887.

［65］张志梁，陈珊妹. 扫描电镜用于PTFE拉伸微孔膜的形态结构研究［J］. 化学物理学报，2003，16（2）：151–155.

［66］莫志深，张宏放. 晶态聚合物结构和X射线衍射［M］. 北京：科学出版社，2003：200–210.

［67］TAKETO I. Formation mechanism of porous structure in polytetrafluoroethylene （PTFE） porous membrane through mechanical operations［J］. Polymer Engineering and Science, 1999, 39（11）：2258–2263.

［68］JILIN ZHANG, JIAN LI, YANCHUN HAN. Superhydrophobic PTFE surfaces by extension［J］. Macromolecule Rapid Communication, 2004, 25：1105–1108.

［69］王庆军，陈庆民. 超疏水表面的制备技术及其应用［J］. 高分子材料科学与工程，2005，21（2）：65–68.

［70］杨伟. 双向拉伸聚丙烯加工过程中凝聚态结构的研究［D］. 成都：四川大学，2002.

［71］田普锋，寇开昌，丁美平，等. 聚四氟乙烯拉伸微孔膜的制备［J］. 化工新型材料，2005，33（12）：81–83.

# 第2章　PTFE中空纤维膜制备技术研究

## 2.1　概述

### 2.1.1　PTFE中空纤维膜制备研究进展

高分子中空纤维膜是分离膜的一种，具有自支撑性、比表面积大、装填密度高、柔韧性好等优点，根据中空纤维膜的孔径大小，可分为中空纤维微滤膜（MF）、中空纤维超滤膜（UF）、中空纤维纳滤膜（NF）、中空纤维反渗透膜（RO）等；根据膜材料的不同，则包括聚偏氟乙烯（PVDF）、聚醚砜（PES）、聚砜（PS）、聚丙烯腈（PAN）、聚氯乙烯（PVC）、聚乙烯（PE）、聚丙烯（PP）等，主要应用于医药、化工、建筑、纺织、造纸、石化、食品等行业的矿泉水净化、生产生活用水净化、医药提纯、果汁浓缩、造纸电镀化工等污水处理与回收、城市污水回用等。

根据应用环境不同，对膜材料的耐溶剂性、耐酸碱性、耐氧化性、耐微生物性、生物相容性等提出了不同的要求。例如，对于超微滤中空纤维膜，PS多用于较好水质的处理过程（如纯水制备）、血液透析、气体分离等领域，PE、PP、PVC多用于水净化领域（如自来水处理等）；PES的适应性较强，可适用于水净化、中水回用等领域；PVDF适应性最强，可适用于水净化、中水回用、工业废水处理等领域。PS不耐硝酸和硫酸等强酸、不耐强氧化剂，PE、PP、PVC耐氧化性差、耐热性差，PVDF耐氧化性、耐碱性稍差。

中空纤维膜的制备方法主要包括纺丝法和浇铸/涂覆成膜法。按照膜孔形成原理，又可分为相分离法（PI）和熔融拉伸法（MSCS），相分离法又分为溶剂/非溶剂相分离法（NIPS）和热致相分离法（TIPS）。其中溶液纺丝相分离法是制备中空纤维膜最常用的方法，目前的PVDF、PES、PS、PAN等中空纤维多采用这种方法制备，通过液—液或固—液相转变产生膜孔。聚丙烯和聚乙烯中空纤维则采用熔融纺丝拉伸法，通过拉伸方法产生膜孔。浇铸/涂覆成膜法则适合制备增强型中空纤维膜。虽然热致相转换法（TIPS）制备的膜丝强度高于非溶剂相转换法（NIPS）制备的膜丝，目前采用纺丝相转换法制备的中空纤维膜膜丝强度普遍不够高。增强型中空纤维膜的膜丝强度取决于编织增强体，但存在浇筑膜分离层在摩擦后与增强体分离的问题。

PTFE中空纤维膜具有和PTFE一样的耐酸、耐碱、耐溶剂、抗氧化、耐高温的性能，与PVDF、PS、PES、PVC、PP材质的中空纤维膜相比，可以更好地应用在苛刻的过滤、清洗和使用环境中，应用前景广泛。国外已成功开发出PTFE中空纤维膜，主要包括美国Gore的ePTFE和日本住友的Poreflon等，Gore的产品成功应用于氯碱行业盐水的精制以及医疗领域[1]，住友的产品成功应用于MBR技术，并广泛应用于工业及生活污水的处理。近几年，国内对PTFE中空纤维膜的研究已经开始，并初步掌握了PTFE中空纤维膜的制备技术和控制工艺，例如，浙江理工大学的郭玉海[29-30, 32, 34]等已经研发出PTFE中空纤维膜的制备工艺，目前已经投产，并进行工业化生产。

PTFE树脂由于高的熔融黏度及在溶剂中难溶解[2]，无法采用纺丝相转换法[3]或熔融拉伸法[4]进行PTFE中空纤维膜的制备。目前PTFE中空纤维膜的制备主要有两种方法。一种是采用载体纺丝的方式制备中空纤维，纺丝液中加入致孔剂，纺丝后溶出或置换出致孔剂，并烧结分解纺丝载体，形成带有微孔的PTFE中空纤维膜。日本Kawai等[5]采用海藻酸钠纺丝载体，采用湿法纺丝方式，通过纺丝后烧结和硫酸/硝酸氧化方法，制备了PTFE中空纤维膜，该中空纤维膜孔隙率较低（20%左右），纺丝载体用量较大。天津工业大学Huang等[6-9]采用PVA作为纺丝载体，以湿法纺丝方式，通过硼酸交联凝胶作用和$CaCO_3$与树脂粒子之间的界面空隙作用，制备了PTFE中空纤维膜。纺丝法制备PTFE中空纤维膜强度还不够高，为提高孔隙率，有时还需要辅助后道拉伸，目前还处于实验室研究阶段。

制备PTFE中空纤维膜的另一种方法和制备PTFE平板微孔膜类似，即采用糊状挤出—拉伸—定型法。该方法制备的PTFE中空纤维膜具有强度高、孔隙率和孔径可控性好、易于工业化生产等特点，是目前PTFE中空纤维膜制备和加工的主要方法，美国Gore和日本住友等公司均采用该方法商业化生产PTFE中空纤维膜。

PTFE中空纤维膜的结构与性能决定了其使用性能，而其结构与性能由原料性质、挤出过程和拉伸及定型参数等决定。国内外研究人员和工程技术人员在PTFE

中空纤维膜的制备、结构与性能优化及其相互关系方面进行了大量研究，为采用挤出—拉伸法制备的PTFE中空纤维膜的应用奠定了良好基础。国外如日本住友公司在20世纪70年代就申请了多个PTFE中空纤维膜挤出和拉伸专利[10-13]，由于中空纤维膜为单向一次拉伸，孔隙率不够高，Gore公司在挤出装置上进行改进，制备出了高孔隙率的PTFE中空纤维膜[14]。Richard等[15]采用旋转芯棒方式，提高芯棒与物料之间的剪切力，以提高膜的孔隙率。为了解决单次拉伸法制备的PTFE中空纤维膜过滤精度（孔径）和通量（孔隙率）之间的矛盾，日本住友公司在2004年申请了具有非对称结构过滤用PTFE中空纤维膜过滤材料[16]，通过过滤层制备参数和工艺优化，制备出孔径在5～50nm的高孔隙率PTFE中空纤维膜[17]。为了提高水通量，GE公司申请了亲水改性PTFE中空纤维膜[18]。在基础研究方面，加拿大UBC大学Hatzikiriakos研究组[19-27]对PTFE分散树脂糊状挤出过程的流变行为以及其对挤出过程和挤出物性能的影响进行了深入研究，探究了润滑剂种类、表面张力、分子量、黏度及挤出模具参数（锥角、长径比和压缩比等）对挤出过程和挤出物性能的影响，建立了考虑树脂结构演化（结构因子）的分散PTFE树脂糊状挤出的流变学本构方程，用数值分析了挤出过程中PTFE树脂的结构演化和流动规律。Arash等[28]研究了拉伸时润滑剂和拉伸条件对PTFE中空纤维膜结构与性能的影响，研究发现，拉伸时润滑剂的存在可以明显降低拉伸温度，制备出具有较高拉伸强度、孔隙率、孔径和较小收缩率的中空纤维膜。增加拉伸温度和倍数，降低拉伸速度，可以制备出孔隙率较大的纤维膜。

国内对挤出—拉伸法制备PTFE中空纤维膜的研究和开发较晚，2010年后，浙江理工大学、国家海洋局天津海水淡化与综合利用研究所、中国科学院大连化物所、中国科学院生态环境科学研究中心等研究人员先后对挤出—拉伸法PTFE中空纤维膜的制备和应用进行了大量研究。浙江理工大学郭玉海研究团队从PTFE中空纤维膜制膜设备[29-31]、制备工艺[32-35]和孔径优化[36-37]等多方面进行了系统研究，联合浙江东大水业有限公司实现了批量化生产，并在膜蒸馏、膜吸收、废水处理和空气净化等方面进行了系统性应用研究[38-40]。国家海洋局天津海水淡化与综合利用研究所刘国昌等[41-44]研究了制膜拉伸条件对膜结构与性能的影响，研究发现200～320℃热处理后有助于提高挤出物强度，提高拉伸速率，降低孔径，提高孔隙率，增加倍数，则孔径和孔隙率均增加。中国科学院大连化物所曹义鸣等[45]研究了PTFE中空纤维膜的制备方法及其作为膜接触器在高浓度氨氮废水及真空膜蒸馏上的应用研究。中国科学院生态环境科学研究中心Li等[46]研究了拉伸条件对膜结构及膜蒸馏性能的影响。四川大学周明等[47]研究了润滑剂用量对膜结构与水通量的影响，优化了助挤润滑剂的配比。

## 2.1.2　PTFE中空纤维膜加工技术

挤出—拉伸法制备PTFE中空纤维膜一般采用高结晶度、高分子量和高压缩比的PTFE分散树脂作为原料，经过混料→熟化→过筛→预成型→糊状挤出→纵向拉伸→热定型工艺流程进行。

采用V型混合器或滚动瓶子将PTFE分散树脂、助挤剂（润滑油）按质量比10∶3左右混合，一般润滑油的质量分数为15%～25%。混合后的树脂一般在22℃以上熟化一定时间，以保证润滑油均匀渗透，可选在60℃下熟化24h制备PTFE糊料。

采用压坯机（图2-1）将糊料预成型[48]，得到中空状坯料，预成型压力一般在2～3.5MPa，保压1min左右，压头移动速度一般不超过75mm/min。大多采用一端压坯形式的压坯机，为保证润滑油分布均匀，坯料密度均匀，也可以采用两端压坯方式的压坯机。压头直径一般比压坯料筒直径略小（0.08mm），以保证糊料中的空气可以在压坯时逸出。压坯坯料直径一般略小于挤出料筒直径，以保证挤出填料方便。

压坯后坯料经柱塞挤出机[49]（挤出装置示意图如图2-2所示）挤出后成为中空管，再经纵向拉伸和热定型后得到中空纤维膜。挤出时口模温度可以采用加热套进行温度控制，挤出口模温度一般在50～60℃。挤出机口模对挤出物及中空纤维膜的结构和性能有重要影响，口模参数主要包括锥角、压缩比和长径比三个主要参数。口模锥角大多在10°～70°，压缩比（坯料横截面积与挤出中空管横截面积之比）$RR = (D_m^2 - D_t^2)/(D_t - D_p)$ 一般在100～1000，压缩比过小，树脂纤维化不够，压缩比过高，则挤出困难。长径比为口模直径段长度和挤出管直径之比，一般在5∶1～10∶1。

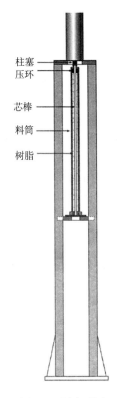

图2-1　预成型压坯机示意图

柱塞
压环
芯棒
料筒
树脂

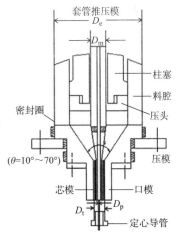

套管推压模
$D_e$
$D_m$
柱塞
料腔
压头
密封圈
($\theta$=10°～70°)
压模
芯模
口模
$D_t$
$D_p$
定心导管

图2-2　挤出装置示意图
$D_e$，$D_t$—料腔和口模的内径
$D_m$，$D_p$—芯棒和芯模的外径

## 2.2 制备参数对PTFE中空纤维膜结构的影响

PTFE中空纤维膜制备主要包括混料压坯、挤出中空管、单向拉伸及热定型四个关键工序。制备参数主要有润滑剂种类与含量，挤出口模锥角$\theta$、压缩比$RR$、长径比$L/D$，拉伸比$R_s$、拉伸温度及速度、热定型温度及时间等。

### 2.2.1 润滑剂种类及配比对膜结构的影响

原料采用美国杜邦605XTX PTFE分散树脂和埃克森美孚Isopar M、G、H润滑剂，埃克森美孚系列润滑剂的相关参数见表2-1。

表2-1 ISOPAR™异构烷烃溶剂相关参数

| 润滑剂种类 | 黏度/<br>（mPa·s） | 表面张力/<br>（mN·m$^{-1}$） | 初馏点/℃ | 相对挥发速度<br>（$n$-BuAc=100） | 芳香烃含量/%<br>（质量分数） |
|---|---|---|---|---|---|
| Isopar M | 2.7 | 26.6 | 223 | <1 | 0.05 |
| Isopar H | 1.29 | 24.9 | 178 | 9 | 0.001 |
| Isopar G | 1.0 | 23.5 | 160 | 18 | 0.001 |

在挤出速度60mm/min、$RR$=70、$L/D$=20、$\theta$=40°，拉伸倍数100%，拉伸速度5%/s，拉伸温度250℃，烧结温度320℃，烧结时间2min条件下，对比润滑剂含量和种类对制备的PTFE中空纤维膜结构与性能的影响。

在润滑剂含量低于20%时，挤出压力较大，超过20%时，挤出压力随润滑剂含量变化不大[34, 45]。Isopar G作为润滑剂在挤出过程中平均挤出压力低，主要原因是Isopar G的表面张力低，润湿性能好，因此润滑剂在树脂间分布得更均匀，降低了树脂间和树脂与模具间的摩擦，使平均挤出压力低[34]。

润滑剂种类和配比与孔径、泡点压强、孔隙率和水通量关系曲线如图2-3、图2-4所示。

从图2-3、图2-4中可以看出，用Isopar G作为润滑剂得到的PTFE中空纤维膜的平均孔径小、孔隙率大、水通量高。主要原因是：Isopar G的表面张力低，润滑剂在树脂中的润湿性好，树脂在挤出过程中纤维化均匀，在拉伸过程中，纤维易被均匀地从节点中拉出，节点变小，因此得到的膜孔径小、孔隙率大、水通量高。润滑剂配比由16%升高至24%时，孔隙率、水通量均是先上升后趋于平缓，平均孔径曲线先降低后上升，且在配比为20%时达到最小值。当润滑剂含量由16%增加至

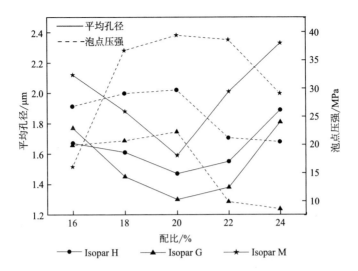

图2-3　润滑剂种类与配比对膜孔径和泡点压强的影响

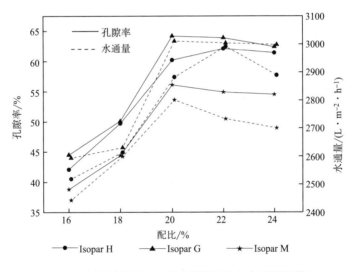

图2-4　润滑剂种类与配比对膜孔隙率和水通量的影响

20%时，随着润滑剂含量的增加，树脂的摩擦阻力变小，更多的纤维被拉出，节点宽度变小，因此孔径变小、孔隙率增大。同时，润滑剂配比的增加，会大大改善因挤出压力过高导致膜破裂的不足。当润滑剂含量由20%增加至24%时，润滑剂的含量达到"饱和"状态，虽有部分润滑剂在挤出过程中渗出，但管坯中仍含有较多的润滑剂，管坯呈现透明状，导致在进一步拉伸过程中，微纤维在残余润滑剂作用下更容易从结点中拉出，因此膜的孔径变大、孔隙率减小。

不同条件下制备的PTFE中空纤维膜如图2-5所示。图2-5（a）～（c）为采用

Isopar H润滑剂、配比分别为16%、20%、24%时的中空纤维膜微孔形态；（d）~（f）为采用Isopar G润滑剂、配比分别为16%、20%、24%时的中空纤维膜微孔形态；（g）~（i）为采用Isopar M润滑剂、配比分别为16%、20%、24%时的中空纤维膜微孔形态。图中箭头所示是膜节点处，圆圈所示是膜孔区域。所有照片均为中空纤维膜内壁。

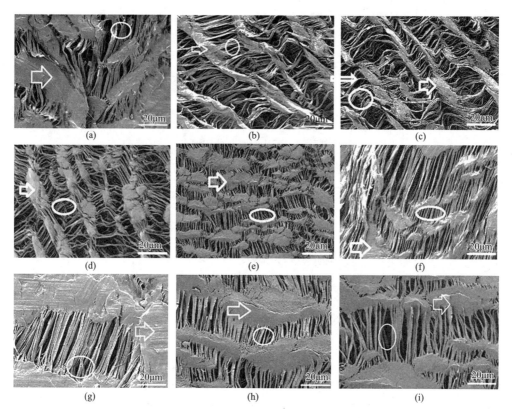

图2-5　不同的润滑剂种类和配比下制备的PTFE中空纤维膜内表面形貌

从图2-5（a）（d）（g）可以看出，润滑剂配比较低时，膜节点较粗，孔径大，孔隙率较低。从图2-5（c）（f）（i）可以看出，润滑剂配比较高时，纤维被拉长，节点宽度小，膜孔径大，孔隙率低。从图2-5（b）（e）（h）可以看出，由配比为20%所得到的中空纤维膜的节点小、微孔结构均匀、纤维细密，膜孔径小，孔隙率大。对比由同一配比、不同种类润滑剂所得到的SEM图可以看出，由Isopar G得到的中空纤维膜中的纤维结构更均匀，节点横向分裂明显，膜孔径最小、孔隙率最大。

## 2.2.2　挤出口模参数对膜结构的影响

挤出口模中的锥角$\theta$、压缩比$RR$均与PTFE树脂的流变行为和树脂粒子结构演化密切相关[20]。口模长径比在10～20范围内变化时，PTFE中空纤维膜平均孔径有减小的趋势，孔隙率有增加的趋势，在$L/D$为20左右时，制备的中空纤维膜孔径最小，孔隙率最大[35]，本节中制备中空纤维膜口模长径比$L/D$均为20。

表2-2为$\theta$、$RR$对单向拉伸过程中空纤维膜微孔结构的影响。由表中数据可见，当恒定压缩比为410，$\theta$由30°升高至60°时，最大孔径由1.30μm下降至1.10μm，平均孔径由0.81μm降至0.66μm，孔隙率基本不变[31]。锥角过小时（10°），膜孔径很小，但孔隙率也很低；锥角过大时（70°），挤出压力过大，树脂在强剪切作用下产生的微纤维易断裂，孔径反而增加，孔隙率则变化不大[35]。

表2-2　$\theta$、$RR$对中空纤维膜微孔结构的影响

| 样品 | $\theta$/（°） | $RR$ | 最大孔径/μm | 平均孔径/μm | 孔隙率/% |
|------|------|------|------|------|------|
| A | 30 | 410 | 1.30 | 0.81 | 51.6 |
| B | 60 | 410 | 1.10 | 0.66 | 51.0 |
| C | 30 | 550 | 0.30 | 0.27 | 46.0 |

注　拉伸倍数200%、拉伸温度150℃、拉伸速度5m/min、热定型温度360℃、热定型时间1min。

图2-6所示是中空纤维膜SEM照片。锥角$\theta$对中空纤维膜微孔结构的影响规律可通过分析图2-6中空纤维膜的形貌变化解释。对比图2-6中A、B可知，样品A中的原纤较长，因此最大和平均孔径较大。$\theta$增加，PTFE树脂受到的剪切力越高，致使树脂颗粒之间嵌合程度提高，导致中空管密度增加。在拉伸时，密度较大的中空管将产生较少较短的原纤。此外，挤出过程中，径向方向上分布的PTFE分散树脂受到的剪切力不同，外侧受力比内侧大，致使拉伸时外侧产生较少较短的原纤，内侧产生较多较长的原纤。随着$\theta$的增加，内外表面原纤差异化程度加重，原纤长度差距增大，但对整体影响小，因此孔隙率基本不变。

对比表2-2中的样品A、C数据可知，当压缩比$RR$由410提高至550时，最大孔径由1.30μm降至0.30μm，平均孔径由0.81μm降至0.27μm，孔隙率51.6%降至46.0%。

从图2-6中空纤维膜的微观形貌角度可揭示出发生上述变化的内在原因。由图可知，样品C中的原纤较短，节点较大，因此其最大孔径、平均孔径及孔隙率较低。$RR$增加提高了挤出头中PTFE分散树脂受到的压力[22]，导致中空管密度升高。高密度中空管在后续单向拉伸过程中，内部的分散树脂不易发生晶型转变，

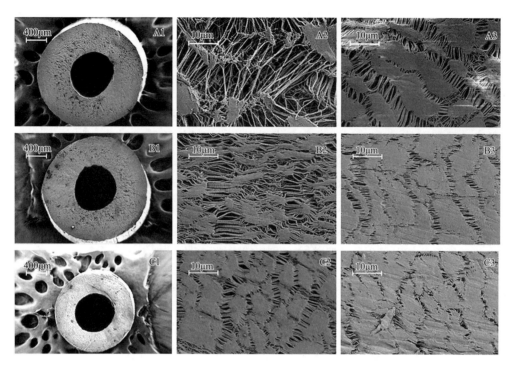

图2-6 中空纤维膜SEM照片

A：$\theta=30°$，$RR=410$；B：$\theta=60°$，$RR=410$；C：$\theta=30°$，$RR=550$；数字1、2、3分别代表截面、内表面、外表面；
$R_s=200\%$，拉伸温度150℃，速度5m/min；热定型温度360℃，时间1min

形成的原纤数量少，且长度较短，最终导致中空纤维膜的最大孔径及平均孔径减小，孔隙率降低。

## 2.2.3 单向拉伸制备参数对膜结构的影响

### 2.2.3.1 拉伸倍数$R_s$

表2-3反映了拉伸倍数$R_s$对PTFE中空纤维膜微孔结构的影响。由表中数据可知，随着$R_s$提高，PTFE中空纤维的最大孔径、平均孔径及孔隙率均明显增加。

表2-3 $R_s$对中空纤维膜微孔结构的影响

| 样品 | $R_s$/% | 最大孔径/μm | 平均孔径/μm | 孔隙率/% |
|---|---|---|---|---|
| A | 100 | 0.09 | 0.07 | 22.0 |
| B | 200 | 1.10 | 0.66 | 51.0 |
| C | 500 | 3.00 | 2.02 | 80.0 |

注 $\theta=60°$，$RR=410$，拉伸温度150℃，速度5m/min，热定型温度360℃，时间1min。

拉伸倍数对中空纤维膜微孔结构的影响规律可从中空管（图2-7）及中空纤维膜（图2-8）的微观形貌角度予以解释。

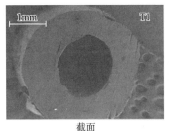 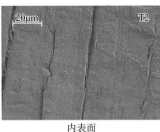 

　　　　截面　　　　　　　　　　　　内表面　　　　　　　　　　　　外表面

图2-7　PTFE中空管FESEM照片

$\theta=60°$，$RR=410$

单向拉伸前，中空管截面为致密结构（图2-7）。挤出过程中，PTFE树脂在热和剪切力作用下相互聚集，呈致密结构。拉伸后，树脂中的折叠链晶片转变为伸直链，形成PTFE原纤[50-51]，且基本沿拉伸方向排列，未发生转变的树脂形成PTFE节点（图2-8）。正是这种原纤和节点的周期性排列构成了PTFE中空纤维膜的微孔。当$R_s$=100%时，原纤长度为2～8μm（图2-8A），当$R_s$提高至500%时，对应的原纤长度增加至40～60μm（图2-8C），可见随着$R_s$的提高，中空管受到的拉伸作用力提高，促使更多的树脂颗粒发生晶型转变，直接导致原纤长度增加，同时节点尺寸减小，最终引起最大孔径、平均孔径及孔隙率增加。

因此，PTFE中空纤维膜孔结构的变化总是伴随着原纤和结点的变化，拉伸比$R_s$是中空纤维膜微孔结构的一个重要控制因素。

### 2.2.3.2　拉伸温度

表2-4为不同拉伸温度对PTFE中空纤维膜微孔结构的影响结果，图2-9所示为拉伸温度对PTFE中空纤维膜孔径分布的影响曲线。由表可知，当拉伸温度由20℃升至150℃时，最大孔径及平均孔径降低，孔隙率升高；当温度达到380℃时，无微孔形成。由图可知，20℃下拉伸得到的中空纤维膜的孔径分布较宽，表明孔径分布不均匀。

通过图2-10PTFE中空纤维膜内表面FESEM照片中分离膜的表面形貌，可解释拉伸温度对微孔结构的影响规律。由图可见，低温下（如20℃）拉伸中空管，原纤与节点分布不均匀，原纤长度及节点大小差异较大（图2-10A），进而导致孔径分布宽；升高拉伸温度（如150℃），原纤与节点分布趋于均匀（图2-10B），孔径分布也随之变窄；而拉伸温度的提高并未使节点减少，故孔隙率基本不变。这

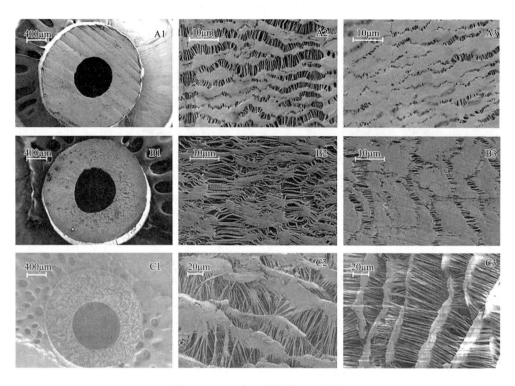

图2-8　PTFE中空纤维膜SEM照片

A：$R_a$=100%；B：$R_a$=200%；C：$R_a$=500%，$\theta$=60°，$RR$=410；拉伸温度150℃，
速度5m/min；热定型温度360℃，时间1min

表2-4　拉伸温度对中空纤维膜微孔结构的影响

| 拉伸温度/℃ | 最大孔径/μm | 平均孔径/μm | 孔隙率/% |
|---|---|---|---|
| 20 | 0.30 | 0.12 | 21.0 |
| 150 | 0.09 | 0.07 | 22.0 |
| 380 | 0 | 0 | 0 |

**注**　$R_a$=100%，$\theta$=60°，$RR$=410，拉伸速度5m/min，热定型温度360℃，时间1min。

是因为，在拉伸作用下，PTFE晶型转变与温度密切相关[52-53]，30℃时，分散树脂中的三斜晶系转为六方晶系，易发生晶型转变。在这一温度以下拉伸，只有少量的晶型转变，出现较少的原纤，进一步的拉伸只能促使这部分原纤伸长，引起原纤与节点分布差异大，最终导致孔径分布宽。当拉伸温度达到380℃时，超过PTFE熔点（327℃）[52]，树脂熔融，无法原纤化，导致分离膜中无微孔形成。因

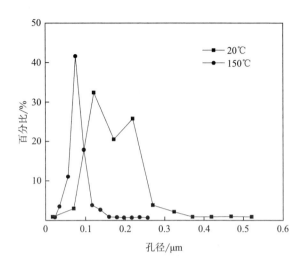

图2-9　拉伸温度对PTFE中空纤维膜孔径分布的影响

$R_\mathrm{s}=100\%$，$\theta=60°$，$RR=410$，拉伸速度5m/min，热定型温度360℃，时间1min

此拉伸温度应介于PTFE的晶型转变温度与熔点之间，即30~327℃。

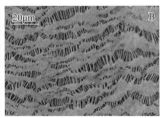

图2-10　PTFE中空纤维膜内表面FESEM照片

A、B、C的拉伸温度分别为20℃、150℃、380℃，$R_\mathrm{s}=100\%$，$\theta=60°$，$RR=410$，
拉伸速度5m/min，热定型温度360℃，时间1min

### 2.2.3.3　拉伸速度

　　表2-5反映了拉伸速度对PTFE中空纤维膜微孔结构的影响，图2-11所示为PTFE中空纤维膜的SEM照片。由表可知，随着拉伸速度的增加，PTFE中空纤维膜的最大孔径、平均孔径及孔隙率均基本保持不变，这是因为，随着拉伸速度增加，PTFE中空纤维膜内外表面的原纤长度及节点尺寸无明显变化（图2-11）。因此，单向拉伸过程中拉伸速度对孔径和孔隙率的影响较小。

表2-5 拉伸速度对PTFE中空纤维膜微孔结构的影响

| 拉伸速度/（m·min⁻¹） | 最大孔径/μm | 平均孔径/μm | 孔隙率/% |
|---|---|---|---|
| 1 | 0.09 | 0.07 | 22.0 |
| 3 | 0.09 | 0.07 | 21.0 |
| 5 | 0.09 | 0.07 | 22.0 |
| 7 | 0.09 | 0.07 | 21.5 |
| 9 | 0.09 | 0.07 | 21.6 |

注 $R_a$=100%，$RR$=410，$\theta$=60°，拉伸温度150℃，热定型温度360℃，时间1min。

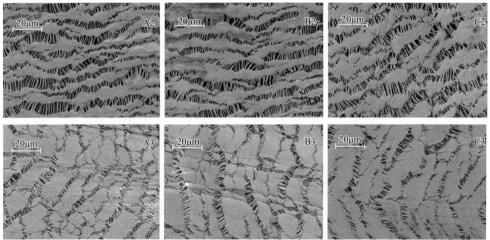

图2-11 PTFE中空纤维膜的SEM照片

A、B、C的拉伸速度（m/min）分别为1、5、9，$R_a$=100%，$RR$=410，$\theta_1$=60°，
拉伸温度150℃，热定型温度360℃，时间1min

## 2.2.4 热定型工艺参数对膜结构的影响

图2-12及图2-13所示分别为热定型温度和时间对PTFE中空纤维膜微孔结构的影响。

由图2-12可知，随着温度升高，PTFE中空纤维的最大孔径、平均孔径及孔隙率先增加后减少。热定型温度由300℃升高至360℃时，PTFE原纤逐步发生熔融断裂，引起原纤节点构成的孔隙变大[38]，最终导致最大孔径、平均孔径及孔隙率增加；当热定型温度超过360℃时[52]，部分PTFE树脂熔融，中空纤维膜发生明显的收缩，导致最大孔径、平均孔径及孔隙率降低[38]。

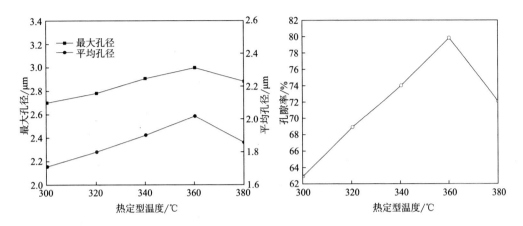

图2-12　热定型温度对中空纤维膜微孔结构的影响

$R_s$=500%，$RR$=410，$\theta$=60°，拉伸温度150℃，速度5m/min，热定型时间1min

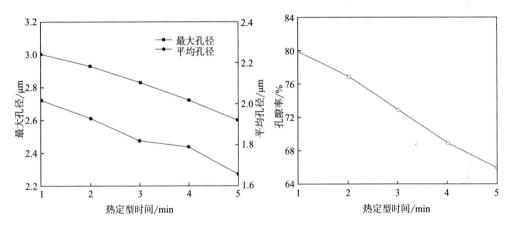

图2-13　热定型时间对中空纤维膜微孔结构的影响

$R_s$=500%，$RR$=410，$\theta$=60°，拉伸温度150℃，速度5m/min，热定型温度360℃

由图2-13可知，当温度为360℃时，随着时间延长，PTFE中空纤维的最大孔径、平均孔径与孔隙率均下降。热定型过程中，随着时间延长，PTFE树脂熔融引起节点变大[54]，导致原纤节点间孔隙减小，所以最大孔径、平均孔径与孔隙率均下降。

因此，原纤熔融断裂及PTFE树脂熔融是热定型过程中PTFE中空纤维微孔结构变化的内在原因，可通过热定型工艺加以控制。

从图2-14PTFE树脂的DSC曲线中可以看出，PTFE树脂的熔点在347℃，熔融起始温度在320℃左右。320~360℃是一个比较适宜的热定型温度，而且在这个温度范围内,在较低温度下较长时间烧结热定型和在较高温度下较短时间烧结热定型是等效的。

图2-15所示是不同热定型温度处理后PTFE中空纤维膜的DSC曲线,PTFE在347℃的吸热峰为结晶熔融峰,是由升温引起PTFE结晶结构转变为无定形相形成的。中空纤维膜经热处理后结晶度明显降低,这可以从表2-6的数据中得到佐证。

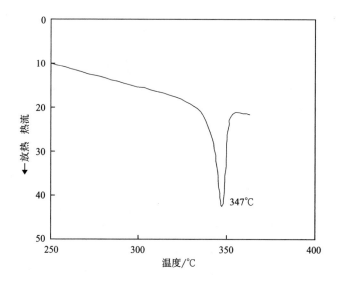

图2-14　PTFE树脂的DSC曲线

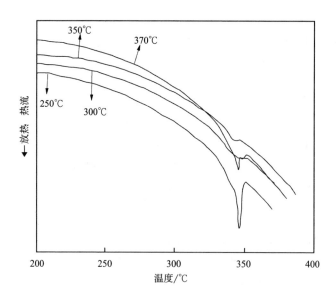

图2-15　不同温度热定型处理后中空纤维膜的DSC曲线

表2-6　不同热定型温度对中空纤维膜结晶度的影响

| 烧结定型温度/℃ | 熔融焓/($J \cdot g^{-1}$) | 结晶度/% |
|---|---|---|
| 250 | 43.752 | 74.5 |
| 300 | 23.635 | 35.0 |
| 350 | 14.644 | 20.6 |
| 370 | 10.568 | 16.7 |

　　未经热定型处理的PTFE中空纤维膜在不施加张力的自由状态下会立即收缩，强度低，使用性能差。在制备PTFE中空纤维膜过程中，热定型处理不仅有利于孔隙率的增大，还有助于降低中空纤维膜的热收缩性。

　　图2-16是在180℃下，热定型20min时测得的PTFE中空纤维膜热收缩率与热定型温度的关系。可以看出，随着热定型温度升高，热收缩率下降。热定型温度高于300℃，收缩率明显下降。这是由于经烧结定型处理后，一些被拉伸开的可回复的原纤熔合在一起形成较粗的微细纤维，同时中空纤维膜的结晶度明显下降，拉伸过程造成的分子内应力迅速松弛，热收缩率明显下降。图2-16表明热定型温度越高，中空纤维膜热收缩率越小，所得的中空纤维膜尺寸越稳定，其热定型机理和第1章1.8部分PTFE平板微孔膜的热定型机理类似。

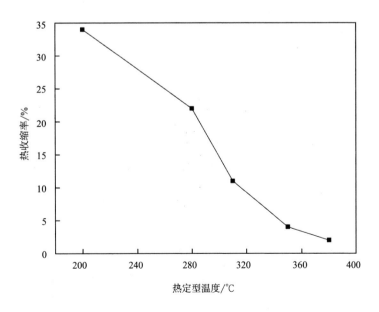

图2-16　热定型温度和PTFE中空纤维膜热收缩率的关系

## 2.3 包缠法制备非对称结构的PTFE中空纤维膜

单向拉伸制备的PTFE中空纤维膜由于难以进行横向拉伸，普遍存在孔径较大、孔隙率较低的问题。为制备小孔径、高孔隙率的PTFE中空纤维膜，可以采用包缠法制备非对称结构的PTFE中空纤维膜，即先制备孔径较大、孔隙率较高的PTFE中空纤维支撑膜，然后在其外侧包缠双向拉伸小孔径、高孔隙率双向拉伸PTFE平板膜窄带，再进一步烧结热定型，形成内部为支撑层、外部为分离层的非对称结构PTFE中空纤维膜[55]。采用类似方法，也可以制备内部为耐高温纺织结构的支撑层、外层为双向拉伸PTFE平板膜分离层的PTFE管式膜。如果制备非对称结构PTFE中空纤维膜，需解决如下两个关键问题：分离层在支撑层外表面的无缝包缠；支撑层与分离层之间的无胶黏结。

### 2.3.1 PTFE中空纤维膜的无缝包缠

图2-17所示为分离层宽度（$w$）、搭接宽度（$x$）、包缠角度（$\varphi$）及支撑层外径（$r$）等包缠因素关系图。由图可知，包缠过程中，当分离层刚好将支撑层外表面完全包覆，即$x=0$时，包缠因素满足式（2-1）：

$$w=2\pi r_1\sin\varphi \qquad (2-1)$$

当$w>2\pi r\sin\varphi$时，$x>0$，分离层出现重叠区域；当$w<2\pi r\sin\varphi$时，$x<0$，支撑层外表面则无法被完全包覆。因此，为实现分离层在支撑层外表面的无缝包缠，包缠过程中的$w$、$\varphi$及$r$需满足式（2-2）：

$$w\geq 2\pi r_1\sin\varphi \qquad (2-2)$$

但是，在包缠后的无胶黏结过程中，分离层会发生不同程度的横向收缩，可能导致无缝包缠失效。图2-18反映了分离层横向拉伸比（$R_x$）对分离层横向收缩率的影响。由图可知，随着$R_x$增加，横向收缩率提高。

图2-19及图2-20分别反映了分离层热定型温度和时间对分离层横向收缩率的

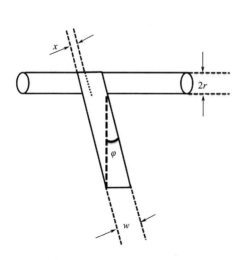

图2-17 分离层宽度、搭接宽度、包缠角度及支撑层外径等包缠因素关系图

影响。由图2-19可知，随着热定型温度升高，横向收缩率下降；当温度达到380℃时，分离层基本不收缩。这是因为，380℃下热定形时熔融的PTFE树脂增多，在300℃黏结温度下基本不收缩。由图2-20可知，随着热定型时间延长，横向收缩率下降；当时间超过3min，分离层基本不收缩。这是因为，长时间的高温热定型使部分PTFE树脂熔融，进而导致横向收缩率下降。

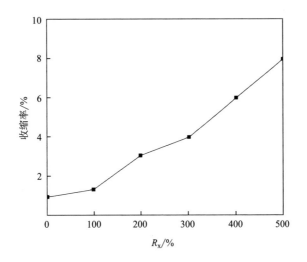

图2-18　$R_x$对分离层横向收缩率的影响

$R_y$=150%，热定型温度360℃，时间1min，黏结温度300℃，时间1min

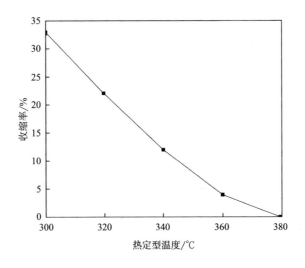

图2-19　热定型温度对分离层横向收缩率的影响

$R_y$=150%，$R_x$=300%，热定型时间1min，黏结温度300℃，时间1min

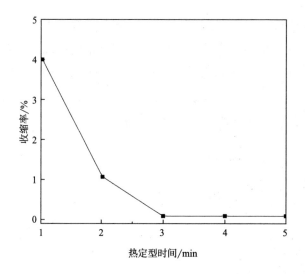

图2-20　热定型时间对分离层横向收缩率的影响

$R_y$=150%，$R_x$=300%，热定型温度360℃，黏结温度300℃，时间1min

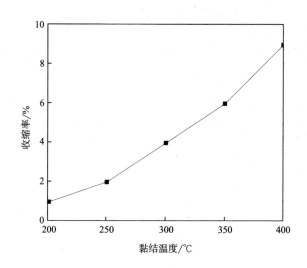

图2-21　黏结温度对分离层横向收缩率的影响

$R_y$=150%，$R_x$=300%，热定型温度360℃，时间1min，黏结时间1min

图2-21及图2-22所示分别反映了黏结温度和时间对分离层横向收缩率的影响。由图可知，随着黏结温度的升高、黏结时间的延长，横向收缩率均增加。

分离层$R_x$越低、热定型温度越高、黏结时间越长，可促使分离层的收缩率降低，有利于无缝包缠的实施；同时，$R_x$及热定型对分离层微孔结构有一定的影响。此外，高温长时间的黏结过程不利于实现无缝包缠。因此，选择分离层时应综合考虑$R_x$、热定型工艺参数、$w$、$\varphi$、$r$及黏结工艺参数，以确保无胶黏结后支撑层仍能被分离层完全包覆。

## 2.3.2　PTFE中空纤维膜的无胶黏结

表2-7反映了分离层纵向拉伸比$R_y$、横向拉伸比$R_x$及包缠张力$f$对分离层剥离强度的影响。由表中数据可知，随着$R_y$、$R_x$及$f$的增加，剥离强度提高。

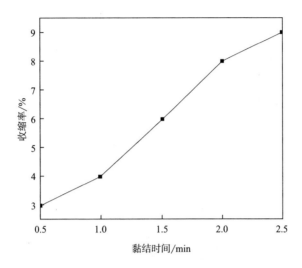

图2-22　黏结时间对分离层横向收缩率的影响

$R_y$=150%，$R_x$=300%，热定型温度360℃，时间1min，黏结温度300℃

表2-7　纵向拉伸比$R_y$、横向拉伸比$R_x$及包缠张力$f$对分离层剥离强度的影响

| $R_y$/% | $R_x$/% | 包缠张力/N | 纵向收缩率/% | 横向收缩率/% | 剥离强度/（N·m⁻¹） |
|---|---|---|---|---|---|
| 150% | 100% | 5.0 | 14.00 | 11.00 | 7.0 |
| | | 8.0 | 14.00 | 11.00 | 7.3 |
| | 500% | 5.0 | 13.60 | 41.00 | 7.7 |
| | | 8.0 | 13.60 | 41.00 | 8.3 |
| 250% | 100% | 5.0 | 17.00 | 11.10 | 7.9 |
| | | 8.0 | 17.00 | 11.00 | 8.4 |
| | 500% | 5.0 | 16.60 | 40.10 | 8.8 |
| | | 8.0 | 16.90 | 37.60 | 7.9 |

**注**　$R_x$=500%；支撑层热定型温度300℃，时间1min；黏结温度300℃，时间1min；分离层热定型温度300℃，时间1min；包缠张力5N。

表2-8　热定型及黏结工艺参数对支撑层径向收缩率的影响

| 热定型温度/℃ | 热定型时间/min | 黏结温度/℃ | 黏结时间/min | 径向收缩率/% |
|---|---|---|---|---|
| 300 | 1 | 300 | 1 | 1.00 |
| | | | 2 | 1.60 |
| | | 400 | 1 | 2.00 |
| | | | 2 | 2.40 |
| | 5 | 300 | 1 | 0.90 |
| | | | 2 | 1.00 |
| | | 400 | 1 | 2.00 |
| | | | 2 | 2.38 |
| 380 | 1 | 300 | 1 | 0.90 |
| | | | 2 | 1.00 |
| | | 400 | 1 | 1.80 |
| | | | 2 | 1.90 |
| | 5 | 300 | 1 | 0.80 |
| | | 300 | 2 | 0.90 |
| | | 400 | 1 | 1.20 |
| | | | 2 | 1.60 |

注　$R_s$=500%，$\theta$=60°，$RR$=410，拉伸温度150℃，拉伸速度5m/min。

这一规律可通过分析黏结过程加以说明：本实验是在300℃的黏结温度和支撑层定长的情况下进行的。此温度低于PTFE熔点（327℃），因此可以认为剥离强度变化与PTFE熔融无关。但在此温度下，分离层与支撑层均发生不同程度的收缩（表2-7、表2-8），且分离层的纵、横向收缩均大于支撑层的径向收缩。黏结过程中，温度作用势必造成分离层抱紧支撑层的现象，在支撑层长度恒定的情况下，对支撑层轴向、分离层纵向及横向均产生作用力。在此作用力下，支撑层与分离层会进一步原纤化，导致界面处的原纤相互纠缠，实现无胶黏结。随着$R_y$、$R_x$及$f$增加，分离层抱紧支撑层这一现象加剧，界面原纤化程度提高，导致剥离强度提高。

表2-9反映了分离层制备过程中热定型温度、时间及黏结温度、时间对剥离强度的影响。由表可知，当热定型温度为300℃时，在表2-9中的实验条件下分离层与支撑层均可实现无胶黏合。同时，剥离强度与黏结温度密切相关。当黏结温度为300℃时，剥离强度为6.4～7.5N/m；当黏结温度升至400℃时，剥离强度达到56～66N/m。这是因为，400℃下黏结，PTFE树脂熔融，导致剥离强度急剧升

高。另外，当热定型温度为380℃、黏结温度为300℃时，剥离强度为0。这是因为380℃下热定型后分离层中的PTFE树脂基本呈完全烧结状态，黏结时不会发生原纤化现象，导致无胶黏结难以实现。

表2-9　分离层热定型工艺参数及黏结工艺参数对剥离强度的影响

| 定型温度/℃ | 定型时间/min | 黏结温度/℃ | 黏结时间/min | 纵向收缩率/% | 横向收缩率/% | 剥离强度/（N·m$^{-1}$） |
|---|---|---|---|---|---|---|
| 300 | 1 | 300 | 1 | 14.00 | 11.00 | 7.0 |
| | | | 2 | 14.60 | 11.20 | 7.5 |
| | | 400 | 1 | 23.00 | 39.00 | 56.0 |
| | | | 2 | 31.00 | 43.00 | 66.0 |
| | 5 | 300 | 1 | 12.00 | 9.00 | 6.0 |
| | | | 2 | 13.00 | 10.00 | 6.40 |
| | | 400 | 1 | 23.00 | 39.00 | 56.0 |
| | | | 2 | 31.00 | 43.00 | 66.0 |
| 380 | 1 | 300 | 1 | 0 | 0 | 0 |
| | | | 2 | 0 | 0 | 0 |
| | | 400 | 1 | 23.00 | 39.00 | 56.0 |
| | | | 2 | 31.00 | 43.00 | 66.0 |
| | 5 | 300 | 1 | 0 | 0 | 0 |
| | | | 2 | 0 | 0 | 0 |
| | | 400 | 1 | 23.00 | 39.00 | 56.0 |
| | | | 2 | 31.00 | 43.00 | 66.0 |

注　$R_y$=150%，$R_x$=100%，$R_s$=500%，支撑层热定型温度300℃、时间1min，包缠张力5N。

因此，采用包缠法制备非对称结构的PTFE中空纤维膜时，需综合考虑双向拉伸工艺参数、热定型工艺参数、黏结工艺参数及$f$，以确保实现无缝包缠及无胶黏合，制备整体材料均为PTFE的非对称结构PTFE中空纤维膜。

图2-23所示为支撑层及非对称结构的中空纤维膜SEM照片。对比图2-23A$_1$和B$_1$可知，包缠后的中空纤维膜截面呈现清晰的非对称微孔结构；外层的分离层并未因为制备过程中的包缠张力、收缩力、界面黏结等作用发生形貌上的明显变化（图2-23B$_3$）。

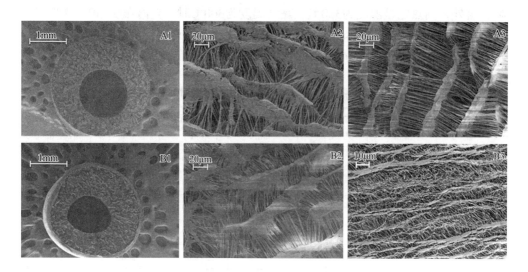

图2-23 支撑层及非对称结构中空纤维膜FESEM照片

A₁～A₃分别为支撑层的截面、内表面及外表面

B₁～B₃分别为非对称结构中空纤维膜的截面、内表面及外表面

表2-10反映了分离层对中空纤维膜微孔结构的影响。HFM为一次拉伸定型PTFE中空纤维膜，wHFM为包缠后的PTFE中空纤维膜。可见，包缠后的PTFE中空纤维膜的最大孔径取决于分离层，而平均孔径和孔隙率基本保持不变。

表2-10 分离层对非对称结构PTFE中空纤维膜微孔结构的影响

| 样品编号 | $R_y/\%$ | $R_x/\%$ | $\varphi/（°）$ | $w/mm$ | 最大孔径/μm | 孔隙率/% |
|---|---|---|---|---|---|---|
| HFM | — | — | — | — | 3.00 | 80.0 |
| wHFM-0.19 | 150 | 300 | 60 | 12.9 | 0.19 | 80.2 |
| wHFM-0.31 | 150 | 200 | 30 | 12.5 | 0.31 | 80.5 |
| wHFM-0.38 | 150 | 500 | 30 | 8.3 | 0.38 | 80.6 |
| wHFM-0.5 | 250 | 300 | 30 | 7.6 | 0.50 | 80.8 |

注 支撑层热定型温度300℃、时间1min，$R_n$=500%，分离层热定型温度300℃、时间1min，黏结温度300℃、时间1min，烧结温度360℃、时间1min。

从本节对单向拉伸中空纤维膜和前一章双向拉伸平板膜的微孔结构演变的研究中得出，双向拉伸平板膜在微孔结构的控制方面优势明显。因此将平板膜的优势引入中空纤维膜中，并通过包缠黏结等工艺制备非对称结构的中空纤维膜，可实现分离膜的高性能化，为制备孔径和孔隙率均可控的PTFE中空纤维膜提供了一种新途径。

### 2.3.3　非对称结构对PTFE中空纤维膜分离性能的影响

#### 2.3.3.1　气固分离性能

对包缠法制备的PTFE中空纤维膜加工成气固分离膜组件，采用如图2-24所示气固分离装置进行气固分离实验。空气压缩机产生的高压气体经过高效空气过滤器（HEPA）过滤后进入混合装置，二氧化硅（SiO₂）固体微粒与空气在混合装置中充分混合后流向PTFE中空纤维分离膜，部分固体微粒被截留在分离膜表面。通过粒子计数器及气体流量计，气固分离装置可计算出分离膜对固体微粒的捕集效率。

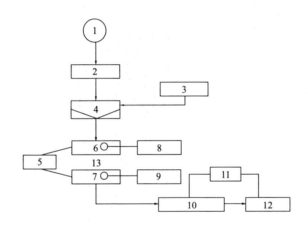

图2-24　气固分离过程

1—空气压缩机　2—HEPA过滤器　3—SiO₂粒子发生器　4—混合装置　5—压力感应器
6—上游样品夹持装置　7—下游样品夹持装置　8—上游粒子计数器　9—下游粒子计数器
10—气体流量计　11—流速自动调节装置　12—排气装置　13—分离膜。

图2-25反映了非对称结构对气固分离性能的影响。由图可知，HFM和wHFM-0.19的初始透气量基本相同；随着操作时间延长，透气量均下降，随后趋于稳定；稳定后wHFM-0.19的透气量较高。

从表2-10中的微孔结构数据和图2-26所示分离膜的表面形貌可分析出透气量变化规律的内在原因。HFM及wHFM-0.19的孔隙率基本一致（表2-10），分离层的厚度相对于支撑层薄（图2-23B1），对初始透气量基本无影响，根据式（2-3）中的Hagen-Poiseuille公式[56]，初始透气量基本相同。

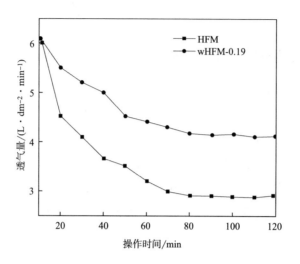

图2-25　气固分离过程中分离膜的透气量变化曲线

测试压差0.01MPa，SiO₂颗粒粒径200nm

$$J = \frac{d^2 \Delta P}{32 \tau \mu \Delta x} \qquad (2-3)$$

式中：$J$为通量［$m^3/(m^2 \cdot s)$］；$\Delta P$为压差（Pa）；$\Delta x$为厚度（m）；$d$为平均孔径；$\mu$为流体黏度（Pa·s）；$\varepsilon$为孔隙率；$\tau$为弯曲因子。

随着操作时间延长，分离膜表面均形成滤饼层，根据式（2-4）中的Darcy公式可知[56]，透气量均衰减。但wHFM-0.19中的分离层将SiO₂颗粒截留在膜表面，避免了内部支撑层微孔的堵塞［图2-26（b）］，而HFM的内部孔道被堵塞［图2-26（a）］，因此wHFM-0.19表面的滤饼层较薄，导致其透气量较高。

$$J_v = \frac{\Delta P}{\mu (R_m + R_c)} \qquad (2-4)$$

式中：$J_v$为污染后的通量［$m^3/(m^2 \cdot s)$］；$R_m$为膜阻；$R_c$为滤饼阻力，与滤饼厚度成正比；$\Delta P$为压差（Pa）。

图2-27所示为PTFE中空纤维分离膜对不同粒径SiO₂颗粒的捕集效率曲线。由图可见，wHFM-0.19对SiO₂颗粒的捕集效率明显高于HFM。这是因为，wHFM-0.19和HFM的最大孔径分别为0.19μm及3μm，前者对SiO₂颗粒的阻隔性能更优，所以捕集效率较高。因此，非对称结构可显著改善PTFE中空纤维分离膜的分离性能。

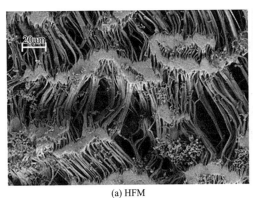
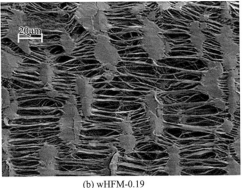

(a) HFM　　　　　　　　　　　　　(b) wHFM-0.19

图2-26　分离膜内表面FESEM照片

## 2.3.3.2　液固分离性能

　　将经过亲水改性[31]的wHFM-0.19和HFM中空纤维膜制作成固液分离膜组件，分离装置如图2-28所示，将分离膜组件浸入一定浓度的污泥废水中，通过抽吸泵使水透过分离膜，进入产水箱，而污泥被阻隔于分离膜表面。采用液体流量计控制 $\Delta P$。液固分离实验装置中，为减缓污染物在分离膜外表面的吸附沉积，污水池中安装曝气管。

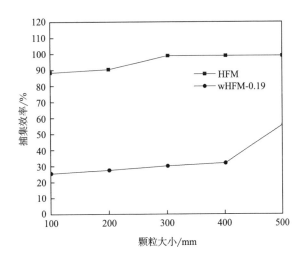

图2-27　气固分离过程中分离膜对SiO₂颗粒的捕集效率曲线
测试压差0.01MPa

　　分离膜的水通量 $J$ 由式（2-5）计算得到：

$$J=\frac{W}{ST} \qquad\qquad (2-5)$$

式中：$W$为液固分离中产水质量（kg）；$S$为膜组件中膜面积（$m^2$）；$T$为液固分离时间（h）。

产水浊度通过浊度仪（Turb 555IR型，德国WTW公司）测试。

图2-29反映了非对称结构对分离膜水通量的影响。由图可知，HFM和wHFM-0.19的初始水通量基本一致；随着操作时间延长，前者的水通量急剧衰减后趋于稳

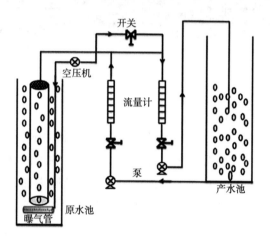

图2-28　液固分离装置示意图

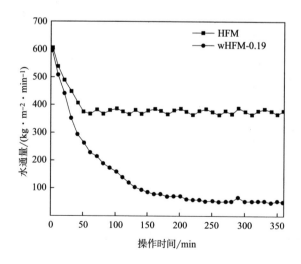

图2-29　分离膜水通量曲线

$\Delta P$为0.02MPa，料液浓度20g/L

定；后者的水通量衰减程度较低，稳定后的水通量较高。

分离膜水通量的变化可从图2-30中分离膜的表面形貌变化分析得出。首先，改性前HFM及wHFM-0.19的平均孔径分别为2.02μm、2μm，孔隙率分别为80%、80.2%，且原位聚合改性中，微孔结构基本保持不变，根据Hagen-Poiseuille公式可知，包缠前后分离膜的初始水通量基本相同。其次，随着液固分离时间延长，HFM中的内部孔道被堵塞（图2-30B），而wHFM-0.19表面的分离层将污泥颗粒阻隔在膜表面，避免了内部微孔被堵塞（图2-30E），HFM的滤饼层较厚，根据Darcy公式可知，HFM的水通量衰减程度较大，稳定后的水通量较低。

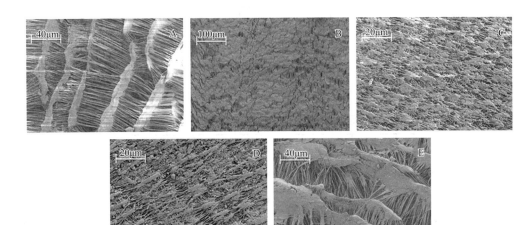

图2-30  分离膜FESEM照片

A、B分别为液固分离前后HFM的外表面，C、D分别为液固分离前后wHFM-0.19的外表面，
E为液固分离后wHFM-0.19的内表面，$\Delta P$为0.02MPa；料液浓度20g/L

图2-31所示为分离膜产水浊度曲线，由图可知，HFM的产水浊度远高于wHFM-0.19。这是因为HFM的最大孔径为3μm，wHFM-0.19的最大孔径仅为0.19μm，后者对料液中污泥颗粒的阻隔率高，导致产水浊度较低。

表2-11反映了非对称结构中空纤维膜的最大孔径对产水浊度的影响。对比数据可知，随着最大孔径降低，产水浊度减小，表明非对称结构中的分离层决定了过滤精度。

因此，液固分离过程中，非对称结构中的分离层可将污泥颗粒阻隔在膜表面，削弱水通量衰减的同时提高截留率，与气固分离中的结论一致，进一步佐证了非对称结构在改善分离性能中的重要性和有效性。

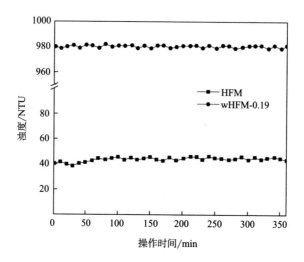

图2-31　分离膜产水浊度曲线

ΔP为0.02MPa，料液浓度20g/L

表2-11　非对称结构中空纤维膜的最大孔径对产水浊度的影响

| 编号 | 最大孔径/μm | 产水浊度/NTU |
|---|---|---|
| wHFM–0.19 | 0.19 | 41 |
| wHFM–0.31 | 0.31 | 46 |
| wHFM–0.38 | 0.38 | 50 |
| wHFM–0.5 | 0.50 | 56 |

注　ΔP为0.02MPa，料液浓度20g/L。

# 参考文献

［1］R A HOSHI, R VAN LITH, M C JEN, et al. The blood and vascular cell compatibility of heparin–modified ePTFE vascular grafts［J］. Biomaterials, 2013, 34：30–41.

［2］B B ASHOOR, S MANSOUR, A GIWA, et al. Principles and applications of direct contact membrane distillation（DCMD）: a comprehensive review［J］. Desalination, 2016（398）：222–246.

［3］D HOU, J WANG, D QU, et al. Fabrication and characterization of hydrophobic PVDF hollowfiber membranes for desalination through direct contactmembrane distillation［J］. Separation and Purification Technology, 2009, 69：78–86.

［4］OCHOA, S G HATZIKIRIAKOS. Paste extrusion of polytetrafluoroethylene（PTFE）: surface tension and viscosity effects［J］. Powder Technology, 2005, 153: 108–118.

［5］KAWAI T, KATSU T. Polytetrafluoroethylene resin porous membrane, separator making use of the porous membrane and methods of producing the porous membrane and the separator: US, 5158680［P］. 1992–10–27.

［6］HUANG Q L, XIAO C F, HU X Y. Preparation and properties of polytetrafluoroethylene CaCO$_3$ hybrid hollow fiber membranes［J］. Journal of Applied Polymer Science, 2012, 123: 324–330.

［7］黄庆林, 肖长发, 胡晓. PTFE/CaCO$_3$杂化中空纤维膜制备及其界面孔研究［J］. 膜科学与技术, 2011, 31（6）: 46–49.

［8］肖长发, 李亮, 黄庆林, 等. 一种中空纤维多孔膜及其制备方法: 中国, 102527263A［P］. 2012–07–04.

［9］李亮, 肖长发, 黄庆林, 等. PTFE/PAN共混中空纤维膜的制备与性能［J］. 材料工程, 2013（1）: 12–15, 20.

［10］KOICHI OKITA. Porous polytetrafluoroethylene tubings and process of producing them: US, 4082893A［P］. 1978–04–04.

［11］KOICHI OKITA. Process for producing microporous tubes of polytetrafluoroethylene: US, 4250138［P］. 1981–02–10.

［12］KOICBI OKITA. Extrusion process of polytetrafluoroethylene tubing materials and apparatus therefor: US, 4225547［P］. 1980–09–30.

［13］KOICHI OKITA, SHIGERU ASAKO. Production of string like polytetrafluoroethylene: US, 4496507［P］. 1985–01–29.

［14］MICHAEL L CAMPBELL, BENJAMIN G WILLIAMS, ROB G RIFFLE. Apparatus and method for extruding and expanding polytetrafluoroethylene tubing and the products produced thereby: US, 4743480A［P］. 1988–05–10.

［15］RICHARD J ZDRAHALA, NICHOLAS POPADIUK, GERALD KALIN, et al. Extrusion process for manufacturing PTFE products: US, 5505887［P］. 1996–04–09.

［16］TOORU MORITA, KIYOSHI IDA, HAJIME FUNATSU. Porous multilayered hollow fiber and filtration module and method of manufacturing porous multilayered hollow fiber: US, 0118772A1［P］. 2004–6–24.

［17］HIROKAZU K, FUMIHIRO H, NAOKI S, et al. Next generation nanoporous PTFE membrane［J］. Sei Technical Review, 2016, 83: 50–55.

［18］HIEU MINH DUONG, HONGYI ZHOU, RAINER KOENIGER. Hydrophlic membraneand associated method: US, 7381331B2［P］. 2008–06–03.

［19］E. MITSOULIS, S G HATZIKIRIAKOS. Steady flow simulations of compressible PTFE paste extrusion under severe wall slip [J].Journal of Non-Newtonian Fluid Mechanics, 2009, 157: 26-33.

[20] I OCHOA, S G HATZIKIRIAKOS. Polytetrafluoroethylene paste preforming: viscosity and surface tension effects [J]. Powder Technology, 2004, 146: 73-83.

[21] I OCHOA, S G HATZIKIRIAKOS. Paste extrusion of polytetrafluoroethylene (PTFE): surface tension and viscosity effects [J]. Powder Technology, 2005, 153: 108-118.

[22] A ARIAWAN, S EBNESAJJAD, S HATZIKIRIAKOS. Preforming behavior of polytetra-fluoroethylene paste [J]. Powder Technology, 2001, 121: 249-258.

[23] PRAMOD D PATIL, ISAIAS OCHOA, JAMES J FENG, et al. Viscoelastic flow simulation of polytetrafluoroethylene (PTFE) paste extrusion [J]. Journal of Non-Newtonian Fluid Mechanics, 2008, 153 (1): 25-33.

[24] EVAN MITSOULIS, S G HATZIKIRIAKOS. Modelling PTFE paste extrusion: the effect of an objective flow type parameter [J]. Journal of Non-Newtonian Fluid Mech, 2009, 159: 41-49.

[25] A B ARIAWAN, S EBNESAJJAD, S G HATZIKIRIAKOS. Properties of polytetrafluoroethylene (PTFE) paste extrudates [J]. Polymer Engineering and Science, 2002, 42 (6): 1247-1259.

[26] P D PATIL, O ISAIAS, C STAMBOULIDES, et al. Paste extrusion of polytetrafluoroethylene (PTFE) powders through tubular and annular dies at high reduction ratios [J]. Journal of Applied Polymer Science, 2008, 108: 1055-1063.

[27] T TOMKOVIC, S G HATZIKIRIAKOS. Rheology and processing of polytetrafluoroethylene (PTFE) paste [J]. The Canadian Journal of Chemical Engineering, 2020, 98 (9): 1852-1865.

[28] ARASH R D, PARVIN S, JALAL B, et al.Lubricant facilitated thermo-mechanical stretching of PTFE and morphology of the resulting membranes [J]. Journal of Membrane Science, 2014, 470: 458-469.

[29] 张华鹏, 郭玉海, 陈建勇. 一种膨体聚四氟乙烯管挤出成型模具: 中国, 10185858 [P]. 2012-08-29.

[30] 张华鹏, 郭玉海, 陈建勇. 一种聚四氟乙烯中空纤维拉伸装置: 中国, 10508798.2 [P]. 2013-02-06.

[31] 王峰. 非对称结构PTFE中空纤维膜的制备及分离性能研究 [D]. 杭州: 浙江理工大学, 2016.

[32] 郭玉海, 朱海霖, 王峰, 等. 一种聚四氟乙烯中空纤维膜双向拉伸装置及拉伸方法: 中国, 10437006.5 [P]. 2014-09-01.

[33] 张华鹏, 朱海霖, 王峰, 等. 聚四氟乙烯中空纤维膜的制备 [J]. 膜科学与技术,

2013，33（1）：17–21.

［34］郭玉海，张华鹏. 聚四氟乙烯中空纤维膜的制备及其性能［C］. //第四届中国膜科学与技术报告会论文集，2010：126–129.

［35］谢琼春. 聚四氟乙烯中空纤维膜的制备及其工艺的探究［D］. 杭州：浙江理工大学，2016.

［36］张华鹏，郭玉海，陈建勇. 一种聚四氟乙烯中空纤维膜的孔径控制方法：中国，10504784.3［P］. 2013–02–06.

［37］王峰，朱海霖，张华鹏，等. 聚四氟乙烯包缠中空纤维膜的制备及其亲水改性［J］. 纺织学报，2016，37（2）：35–38.

［38］WANG H J, DING S B, ZHU H L, et al. Effect of stretching ratio and heating temperature on structure and performance of PTFE hollow fiber membrane in VMD for RO brine［J］. Separation and Purification Technology, 2014, 126：82–94.

［39］ZHU H L, WANG H J, WANG F, et al. Preparation and properties of PTFE hollow fiber membranes for desalination through vacuum membrane distillation［J］. Journal of Membrane Science, 2013, 446：145–153.

［40］金王勇. PTFE中空纤维膜的研制及其在膜蒸馏中的应用研究［D］. 杭州：浙江理工大学，2012.

［41］刘国昌，吕经烈，关毅鹏，等. 聚四氟乙烯中空纤维多孔膜及其制备方法：中国，10544423.0［P］. 2015–08–05.

［42］刘国昌，吕经烈，陈颖，等. 推压成型—拉伸法制备聚四氟乙烯中空纤维膜［J］. 化工进展，2012，31（S2）：187–192.

［43］刘国昌，高从堦，郭春刚，等. PTFE中空纤维膜微孔结构调控技术研究进展［J］. 功能材料，2016，47（S1）：38–48.

［44］车振宁，刘国昌，郭春刚，等. PTFE中空纤维微孔膜制备工艺及应用研究进展［J］. 工程塑料应用，2020，48（7）：138–141.

［45］JIA J X, KANGG D , ZOU T, et al. Sintering process investigation during polytetrafluoroethylene hollow fibre membrane fabrication by extrusion method［J］. High Performance Polymers, 2017, 29（9）：1069–1082.

［46］LI K, ZHANG Y, XUA L, et al. Optimizing stretching conditions in fabrication of PTFE hollow fiber membrane for performance improvement in membrane distillation［J］. Journal of Membrane Science, 2018, 550（15）：126–135.

［47］周明，宋双，陈文清. 助剂配比对聚四氟乙烯中空纤维膜性能的影响［J］. 四川化工，2015，184（4）：10–14.

［48］The processing of PTFE coagulated dispersion powder. fluon® PTFE resins. Imperial Chemical Industries, Ltd., 1986.

［49］钱知勉，包永忠. 氟塑料加工与应用［M］. 北京：化学工业出版社，2010：97–145.

［50］KITAMURA T, OKABE S, TANIGAKI M, et al. Morphology change in polytetrafluoroethylene（PTFE）porous membrane caused by heat treatment［J］. Polymer Engineering & Science, 2000, 40：809–817.

［51］KITAMURA T, KURUMADA KI, TANIGAKI M, et al. Formation mechanism of porous structure in polytetrafluoroethylene（PTFE）porous membrane through mechanical operations［J］. Polymer Engineering & Science, 1999, 39：2256–2263.

［52］CARLETON A，SPERATI. Polytetrafluoroethylene: history of its development and some recent advances［C］. // High performance polymers: their origin and development. New York: American Chemical Society Meeting，1986:261–266.

［53］SINA EBNESAJJAD. Expanded PTFE applications handbook：technology, manufacturing and application［M］. PA：Plastics Design Library, 2017.

［54］MARTINEZ–DIEZ L, VAZQUEZ–GONZALEZ MI. Temperature and concentration polarization in membrane distillation of aqueous salt solutions［J］. Journal of Membrane Science, 1999, 156：265–273.

［55］吴益尔，钱建斌，陈晓美. 一种聚四氟乙烯中空纤维膜及其制备方法：中国，10153322.6［P］. 2011–12–07.

［56］贾志谦. 膜科学与技术基础［M］. 北京：化学工业出版社，2012：61–76.

# 第3章 聚四氟乙烯微孔膜的表面改性

不同应用场合对聚四氟乙烯（PTFE）微孔膜的表面润湿性能的要求不同，如以水为分离介质的超微滤和分离、纯化场合，亲水膜具有增加渗透通量、减少膜污染、降低操作压力等优点，而以水为分离介质的膜蒸馏、渗透蒸馏、渗透汽化、膜吸收等膜接触应用场合，则需要采用疏水性薄膜，以减少液体穿透的可能，延长膜组件的使用寿命。

PTFE微孔膜为疏水性薄膜，可以方便地应用在疏水膜应用领域，但有时为了提高液体（水）穿透压力，防止膜亲水造成分离过程失效，则需要进一步提高PTFE微孔膜的疏水甚至疏水/疏油双疏性能。在亲水膜应用领域，PTFE微孔膜需要经过亲水改性处理后，才能方便高效地使用。

## 3.1 PTFE微孔膜表面改性方法与进展

### 3.1.1 亲水改性

#### 3.1.1.1 湿化学处理法

20世纪90年代，Shoichet等[1]对钠—萘络合物化学处理含氟聚合物表面进行了研究。Christine A. Costello等[2]将PTFE膜浸渍于安息香、叔丁醇钾和二甲基亚砜（DMSO）的混合液中，通过改变溶液温度对膜表面进行改性。研究表明，PTFE膜在强氧化剂作用下发生脱氟反应，脱氟产物氧化后，表面出现多种亲水基团［羟基（—OH）、羧基（—COOH）、氨基（—NH$_2$）］，亲水性能提高。Christoph Löhbach等[3]采用H$_2$O$_2$、H$_2$SO$_4$的混合液及钠—萘试剂处理PTFE膜，红外谱图表明，浸渍后的PTFE膜表面出现—OH、—COOH和羰基（—C═O）等，水接触角由125°降至88°。Wang和Fu等[4-5]采用6.02%高锰酸钾和64%硝酸处理PTFE膜，处理后水接

75

触角从133°下降至30°，XPS测试表面C—F键的断裂和C=O及—OH键的引入。李子东等[6]详细论述了钠—萘溶液对PTFE膜表面处理的工艺流程，该方法主要通过腐蚀液与PTFE表面发生化学反应，破坏C—F建，扯掉表面的部分氟原子，这样就在表面留下了碳化层并引入某极性基团（碳化层的深度以1μm左右为宜，如果过分腐蚀表面，可能因产生的碳化层太厚而降低表层的内聚强度），进而提高聚合物的表面能，增加浸润性。徐保国[7]通过钠—萘溶液活化PTFE表面，并配套研制了J-2021胶黏剂，使剪切强度达到13.7MPa以上，较好地满足了一些工业部门的应用要求。李雷等[8]在浓氨水碱性环境和80℃的温度下操作，利用过氧化氢剧烈分解形成大量的过氧自由基和原子氧，猛烈地攻击微孔PTFE膜的弱边界层，在PTFE的链末端生成羟基和羧基等极性基团，进而获得亲水性的PTFE微孔膜。

湿化学改性虽能通过氧化PTFE膜表面改善其亲水性，但同时PTFE膜遭腐蚀后力学性能被削弱，表面变暗或变黑，在高温环境下表面电阻降低，长期暴露在光照下胶接性能将大大下降，处理后废液难处理、操作危险、对环境污染较大，严重限制了其大规模应用。Combellas[9]等利用重氮盐接枝改性PTFE膜表面性能，其原理与钠—萘法基本相同，此法对样品的表面处理范围更具选择性，这是传统的钠—萘法不可比拟的，更具研究、应用意义。

### 3.1.1.2 辐射接枝法

辐射接枝是指通过功能射线，如$^{60}$Co γ射线、紫外光等对高聚物表面进行辐照，使其表面产生自由基或过氧化物，然后在适宜的条件下引发自由基与功能性反应单体完成聚合反应，从而对高聚物进行表面改性[10]。

早在20世纪60年代，就发现PTFE薄膜经辐射引发接枝后，膜的物理性能会大大改善。随后Chapiro等[11]研究了PTFE辐射引发接枝丙烯酸（AA）或乙烯基吡啶制备阳离子交换膜或阴离子交换膜的方法，并且制备出了阳离子交换集团和阴离子交换基团交替排列的镶嵌膜。Turmanova等[12]采用$^{60}$Co在100 kGy的照射下将AA接枝至PTFE表面和内部基质中，合成了交联共聚物（PTFE-g-PAA）。经酰基化后，用来作为固定葡萄糖氧化酶的载体，制备的酶生物传感器可用来检测溶液中葡萄糖的浓度。韦亚兵等[13]对PTFE薄膜表面进行紫外光照射。结果表明，PTFE表面在预光照阶段发生C—F键的断裂，产生活性中心；在接枝反应阶段，PTFE表面的C—F键继续受紫外光照射而发生断裂，氟原子脱落，从而接枝上AA单体。Hidzir等[14]在γ辐射ePTFE微孔膜后接枝丙烯酸（AA）和衣康酸（IA），降低膜疏水性，提高膜的水通量。Mohamed和Kang等[15-16]采用$^{60}$Co射线以1.32kGy/h、总辐射为20kGy氮气气氛室温同步辐射PTFE和苯乙烯单体，之后磺化处理，制备了PTFE接枝磺酸离子交换膜。卢婷利等[17]采用共辐射接枝技术，在PTFE上接枝了苯乙烯后，对其进行磺化，研究了溶剂种类、单体浓度、辐射剂量及计量率对接枝反应的影响，发现单体浓度和辐射剂量是接枝反应的主要影响因素。蔺爱国等[18-19]对PTFE微孔膜进行磺酸化改性、热轧，并通过钴放射进行表面处理，以增强PTFE微孔膜的疏油和亲水性能，用于处理油田污水。Peng等[20]在电离辐射的作用下使PTFE多孔膜表面产生若干活性点，再把乙烯基单体接枝到这些活性点上，制得PTFE-g-PSSA离子交换膜，进而可应用于全钒氧化还原液流电池（VRB）。E. Bucio等[21]采用辐射接枝技术将丙烯酸（AAc）和N-异丙基丙烯酰胺（NIPAAm）接枝到PTFE微孔膜上，所制得（PTFE-g-AAc）-g-NIPAAm复合膜具有温度和pH敏感性，临床应用中可用于药物传输和靶向给药。

　　S. W. Lee等[22]采用$Ar^+$和$O_2^+$离子束辐照PTFE膜表面，光电子能谱（XPS）和原子力显微镜（AFM）发现辐照后的PTFE膜表面粗糙度增加，出现含氧功能性基团，亲水性能提高。此外，该实验发现不同离子束改性的PTFE膜表面黏结性能提高的内在机理不同，$Ar^+$引起黏结性能改善是由于表面粗糙度和C—F自由基带来的咬合作用；而氧气气氛中$Ar^+$离子束照射是因为表面形成C—O基团和C—F自由基两者发生咬合作用。Akane Kitamura等[23]采用$N^+$离子束辐射PTFE膜表面，运用SEM、XPS及FIB—SIM研究PTFE膜表面形貌改变的机理，研究表明，PTFE膜表面含C=O和—OH基团的熔化层消失后，突出物通过PTFE膜自身的拉伸形成。Yan Chen等[24]采用$O_3^+$和$F_4^+$电子束辐照改善PTFE的可润湿性，研究表明，高能离子束造成的脱氟现象和含氧基团的形成，是PTFE可润湿性得到改善的主要原因。

　　该法处理PTFE膜效果明显，但高能射线也会破坏膜本身的结构，造成膜力学性能明显下降，并且辐射操作危险性较大，工业化应用较困难。

### 3.1.1.3　等离子体处理法

　　等离子体处理是近年来PTFE膜表面改性发展最为迅速的技术之一。该技术的工作原理是：将试样置于特定的离子处理装置中，通过离子轰击或注入聚合物表面，使其发生C—C键或C—F键断裂，同时也可引入官能团使表面活性化，以达到改性目的。等离子体处理包括等离子体表面活化、等离子体处理后表面接枝与聚合等处理手段。

　　20世纪70年代，Yasuda等[25]的研究表明：Ar气氛中等离子处理可以在聚合物表面产生含氧功能性基团，而$N_2$气氛多会引入含氮和含氧功能性基团。Griesser等[26]研究了空气、$H_2O$、Ar、$N_2$等离子体处理PTFE的情况，发现用$N_2$等离子体处理PTFE只需很短的处理时间即可获得良好的亲水性，处理后水接触角降低至20°，但处理后的样品随着放置时间延长，表面亲水性逐渐变差。Wilson等[27-28]研究了O₂、Ar、N₂和NH₃等离子体处理PTFE后其表面结构和形貌的变化，结果表明，Ar等离子体处理效果最好。方志等[29]研究了空气中APGD（大气压下辉光放电）和DBD（介质阻挡放电）对PTFE表面进行改性的效果，实验结果表明：PTFE表面经APGD和DBD处理后，其表面微观样貌和表面化学成分均发生变化，APGD的处理效果优于DBD。用APGD对PTFE表面进行处理后，PTFE表面的水接触角从118°下降到53°。Hua等[30]以H₂O的微波等离子体处理PTFE膜，PTFE表面的水接触角由处理前的110°下降至处理后的23.6°，但存放一段时间后，处理后的PTFE膜表面的化学成分和结构会发生变化，接触角会在几天内明显增加，达到60°，说明仅用等离子体处理膜表面，其亲水性改善会随时间的延长而衰减。

与单纯采用等离子体处理来增加膜表面的亲水性相比，等离子体引发接枝聚合改性后的聚合物表面有两大优点：一是对亲水性的改善程度更大，二是表面性质的改善不会随时间的延长而衰减。由于高分子链的运动，采用等离子体处理，表面引入的极性基团会随之转移到聚合物本体中，导致被改善的表面亲水性随时间的延长而衰减，利用等离子体引发接枝聚合反应，引入了较长的亲水性高分子链，则能"固定"所需的亲水性能[31]。杨少斌[32]等对等离子体技术应用于固定化酶进行相关研究，提出并实现了利用远程等离子体技术引发PTFE膜表面接枝AA固定化酶的构想，并且将固定化脲酶膜用于含尿素废水的治理，取得了一定的效果。Turmanova等[33]使用Ar等离子体处理PTFE膜表面，在此基础上进一步与亲水性单体AA、4-乙烯基吡啶、1-乙烯基咪唑发生接枝聚合，亲水性改善效果明显，可用作催化剂的载体。Gu Jin等[34]将血清蛋白固定在多孔PTFE膜管的管壁上，用于去除人体血浆中的胆红素，结果显示，功能化的多孔PTFE管对胆红素吸附量高，吸附速率快、无污染、使用寿命长，可有效阻止血小板凝固。

M C Zhang等[35]用O₂、NH₃及Ar等离子体处理PTFE膜表面，研究处理后的PTFE膜表面化学结构与亲水性之间的关系。研究表明，等离子体处理后，可在PTFE膜表面引入大量活性基团，该基团可与功能性单体，如甲基丙烯酸缩水甘油酯（GMA）和苯胺（PANI）之间发生接枝反应，从而赋予PTFE膜亲水性能，大大拓宽了应用领域。此外，L Y Ji等[36]利用等离子体—紫外引发接枝共聚直接在PTFE膜表面接枝亲水性单体甲基丙烯酸羟乙酯（HEMA），改善PTFE膜表面亲水性，亲水PTFE膜经硅烷偶联剂氨丙基三乙氧基硅烷（APTES）处理后氧化接枝苯胺，赋予PTFE膜导电性。Ying Ling Liu等[37-38]将等离子体技术与原子转移自由基聚合（ATRP）法相结合，在PTFE膜表面定量引入磺酸基团（—SO₃H）以改善亲水性，后在薄膜表面接枝聚乙二醇甲基丙烯酸酯（PEGMA）和大分子引发剂氮—异丙基丙烯酰胺（NIPAAm）的共聚物，增强了PTFE薄膜的温敏性和抗蛋白性。近年来，在PTFE膜表面用等离子体、电晕处理后进行表面接枝聚合进行了大量研究，使用的功能性单体包括甲基丙烯酸缩水甘油酯（GMA）[39]、丙烯酸（AA）[40-41]、2-丙烯酰胺-2-甲基-1-丙磺酸（AMPS）[42]、甲基丙烯酸羟乙酯（HEMA）、氨丙基三乙氧基硅烷（APTES）、聚乙二醇（PEG）[43]等，Feng等[44]进行了全面综述。

等离子体技术—化学接枝共聚的优势在于，等离子体对膜本体性能影响小、聚合单体范围广、分子结构设计能力强。但是等离子体处理的装置投资成本较高，能耗高，难以规模化生产。

### 3.1.1.4　激光改性法

众多研究者对激光处理含氟聚合物表面的技术进行了大量研究。其基本原理是：用激光器照射，使PTFE膜表面发生脱氟反应或引入活性官能团，从而达到改善其黏接性能的目的。Niino等[45-46]用ArF受激准分子激光器诱导PTFE膜表面在肼气体环境下发生化学反应，引入活性官能团达到化学改性的目的，膜表面的水接触角由处理前的130°降至30°。Hoop等[47]采用Xe激元灯直接照射，不需要任何介质，且反应器不用抽真空，相比较ArF激光器更"清洁"。

激光法可以根据需要对PTFE膜表面进行选择性改性[48]，例如，选择[B(CH$_3$)$_3$]$_3$作反应物质，则改性后的膜表面是亲油性的，而选择NH$_3$、B$_2$H$_6$、N$_2$H$_4$（肼）或H$_2$O$_2$等作反应物质，则改性后的膜表面是亲水性的。Okamoto等[49]研究在准分子紫外激光照射下，使溶液中的H$^+$、Al$^{3+}$、B$^{3+}$、OH$^-$置换PTFE中的氟原子，这样PTFE的光化学性质和亲水性可得到很大改善，可使与PTFE同级别的材料如钢材和纸，通过环氧树脂很好地黏合到一起。该方法设备较昂贵且操作不方便，激光照射不均匀易导致改性膜的表面性质不均匀。

### 3.1.1.5　浸渍涂覆法

对于多孔PTFE膜，用SiX$_4$处理后，再经水解，可以达到使PTFE膜表面活化的目的。早在1959年，Herr等曾用SiCl$_4$处理并水解成硅酸的方法对PTFE膜进行表面处理，并对表面氧化层的形成机理进行了探讨[50]。其后，Rossbach等用SiF$_4$激活PTFE膜表面，并用ESCA（X射线光电子分光分析）验证了改性结果。Mohammed等在此基础上将这一改性技术推进了一步[51]。他们认为：传统的改性方法会改变PTFE膜的化学结构，从而不同程度地影响PTFE的固有结构；而这一改性方法既不会改变PTFE的化学结构，又能达到使其表面活化的目的。Liu等[52]利用氟碳表面活性剂和PTFE之间的强相互作用，利用杜邦阳离子氟碳表面活性剂Zonyl 321对

PTFE微孔膜进行处理，发现膜的水接触角从152.6°降低至4.3°，处理后膜处理水通量大大增加，并具有较好的耐酸碱性。Xu等[53-54]在PTFE基质膜的一侧涂覆交联的海藻酸钠制备了复合渗透蒸馏膜，用于渗透蒸馏桔汁油—水混合物分离，与纯PTFE微孔膜相比，显著降低渗透蒸馏过程中的渗湿现象，从而拓宽了PTFE微孔膜在食品加工领域的应用。

### 3.1.2　超疏水改性

通常指与水的静态接触角＞150°、滚动角＜10°的固体表面为超疏水表面[55-57]。在自然界中，有许多超疏水性表面[58]，如荷叶、水黾腿、蝉的翅膀等都具有超疏水特征[59]。这些天然疏水性表面几乎都是微纳米结构和低表面能材料。超疏水表面具有优异的拒水性，自清洁性和抗污性，受这些天然超疏水表面的启示，许多超疏水表面被制备并应用到很多领域。通常，表面的疏水性主要依赖于两个方面：表面的化学组成和表面的几何结构[60]。在化学组成方面，只能依靠引入低表面能物质来增加疏水性，但疏水性的提高有限，即使将表面能极低的氟化甲基聚合物涂覆在光滑的固体表面，也只能使表面与水的接触角升至120°[61]。而在表面几何结构构造方面，在固体表面制备微纳米尺度的分层结构，可以实现超疏水效果。

#### 3.1.2.1　气相沉积法

气相沉积法是利用物理或化学方法将某种材料沉积在基体表面形成新的特殊结构的表面层。

Liu等[62]通过Au催化化学气相沉积法制备出超疏水性ZnO薄膜。经扫描电子显微镜和原子力显微镜观察，该膜的表面呈现分层结构与亚微结构的纳米结构。超疏水性ZnO薄膜表面的水接触角（CA）为164.3°，经紫外线照射后，能转变为水接触角＜5°的超亲水表面，超亲水和超疏水表面可以通过黑暗放置或加热来转变。将超疏水性ZnO薄膜紧紧附着到基板上，具有良好的稳定性和耐久性。

Tavana H等[63]通过物理气相沉积制备出正三十六烷的超疏水表面，低表面能正三十六烷及其随机分布的微/纳米粗糙结构保证了水接触角的升高和滚动角的降低，并且能在很长一段时间内保持疏水性，通过XPS分析证实了不是化学反应。

Lau等[64]通过化学气相沉积法和高温烧结在已有纳米级粗糙度的碳纳米管上制备出具有一定厚度的超疏水聚四氟乙烯（PTFE）涂层。通过水接触角测试，其表面水接触角达到170°，可以观察到水滴基本上呈球形立在超疏水表面。

Sun等[65]以三维各向异性碳纳米管膜（ACNT）为结构模板，通过化学气相沉积法，将三甲氧基硅烷（VTMS）和三甲氧基甲硅烷（FETMS）沉积在ACNT膜上并研究其润湿性。研究表明，简单改变ACNT水平和垂直阵列结构参数，可以实现水接触角＞150°的超疏水性和滚动角＜30°的超亲水性，各向异性微结构可以更好地调控表面润湿性。

### 3.1.2.2　溶胶凝胶法

Tadanaga等[66]通过溶胶凝胶法成功制备出花状$Al_2O_3$凝胶膜、非常薄的二氧化钛凝胶层和全氟癸烷（FAS）三层组成的超疏水微缩$Al_2O_3$膜涂层，表面静态水接触角＞160°。通过紫外（UV）光照射，FAS的氟烷基链经光催化裂解，$Al_2O_3$膜涂层向静态水接触角＜5°的超亲水表面转变。

Satish等[67]用喷雾沉积法生成分层形态，后整理表面改性主要为表面修饰低表面能的三甲基氯硅烷来降低表面涂层的自由能。改性后涂层表面的静态水接触角为（167±1）°，其滚动角约为（2±1）°，具有高度光学透明性，微纳米尺度的分层结构和热稳定性。

Sanjay等[68]研究介绍了在室温下采用溶胶—凝胶法，用甲基三乙氧基硅烷（MTES）为疏水性试剂在玻璃基板上合成贴壁多孔超疏水硅胶片的过程。结果表明，当MTES/TEOS的摩尔比$M$=0.43时，用接触角仪测得硅胶片的表面静态水接触角高达160°，滚动角低至3°。用原子力显微镜观察到该多孔表面的孔径范围在250～300nm之间。

Manca等[69]通过溶胶—凝胶法制备出含疏水性三甲基硅氧烷（TMS）表面官能化的二氧化硅纳米粒子，并部分嵌入有机黏结剂基质中，然后沉积在已涂覆稠密均匀的有机二氧化硅凝胶层的玻璃基板上，经热固化后将两层变成单片薄膜，得到静态水接触角为168°的超疏水表面。

王燕敏[70]通过溶胶凝胶法在聚四氟乙烯（PTFE）平板微孔膜表面形成$SiO_2$微纳米粒子，再采用全氟癸基三甲氧硅烷（FAS-17）对其进行修饰，获得超疏水表面的PTFE平板微孔膜。改性后，$SiO_2$微纳米粒子附着和内嵌在PTFE的原纤—结点网络结构内，减小了膜孔径和孔隙率；在溶胶凝胶TEOS/MTES的比例为1∶1，溶胶凝胶温度为60℃，FAS-17浓度为4%（质量分数）时，改性后的PTFE平板微孔膜表面达到超疏水效果。

### 3.1.2.3　模板法

模板法[71]就是在表面具有纳米或微纳米孔状结构的基板上，制造粗糙涂层。

Hou等[72]以滤纸为模板，利用滤纸在高温下的分解特性制备出水接触角＞160°的稳定PTFE超疏水表面。扫描电子显微镜图像显示PTFE表面出现荷叶状结构。改变高温烧结温度，所制备的表面微观结构也有所改变。在酸、碱或有机溶剂中处理12h后，所制备的表面仍能保持优异的超疏水稳定性。

Li等[73]以大型二维ZnO有序孔隙阵列膜为模板，浸渍在聚苯乙烯（PS）胶体溶液中制备有序多孔膜。在较高PS胶体浓度时制备表面粗糙的有序多孔膜，并对其润湿性进行了研究，结果表明，当PS胶体浓度从0.3mol/L上升至1.0mol/L，所制备的有序多孔薄膜的水接触角从125°增大到143°。由氟烷基对表面改性后，这些有序多孔薄膜的水接触角从152°增大到165°，滚动角降至5°左右。

### 3.1.2.4　溅射沉积法

溅射沉积法是指用高能粒子轰击靶材，使靶材中的原子溅射出来，沉积在基底表面形成薄膜的方法。

Shirtcliffe等[74]在载玻片上溅射一层极薄的金属钛，然后再溅射一层金属铜，制得光滑的铜表面，通过控制硫酸铜的溅射量来控制铜微纳米结构的形成，从而制备得到具有微纳米结构粗糙度的超疏水表面，表面水接触角>160°，证明用射频溅射方法制备一定粗糙度的微纳米结构可以得到超疏水表面。

Hwa-Min Kim等[75]在射频磁控溅射下用催化化学沉积法制备出透明的超疏水PTFE薄膜。该研究先用射频溅射法将PTFE与玻璃基底进行良好黏结，得到水接触角为122.3°的疏水表面，然后用催化化学沉积法将PTFE涂覆到处理过的玻璃基底上，制备出水接触角>150°的超疏水透明PTFE薄膜，并且通过SEM和XPS表征，表明超疏水性是微纳米粗糙结构和低表面能—$CF_2$、—$CF_3$共同作用的结果。

Jafari等[76]首先在氧化铝合金基底上用阳极氧化方法创建微纳米结构，然后在粗糙表面上用射频溅射PTFE或特氟隆涂层，研究了铝合金基材超疏水性和拒冰性。扫描电子显微镜图像显示阳极表面出现"鸟巢"状结构，射频溅射PTFE涂层后，表现出约165°的高静态水接触角和约3°的极低滚动角滞后。X射线光电子能谱（XPS）结果表明，超疏水性主要是高含量的—$CF_3$和—$CF_2$基团涂层作用的结果。在大气结冰条件下研究了这种超疏水薄膜的性能，结果表明，超疏水表面在冰上黏附强度比在抛光铝基底下的低3.5倍。

Favia P等[77]通过射频溅射PTFE沉积法制备出水接触角超过150°的超疏水涂层。这种涂层的特点在于高氟化度、带状随机分布的表面微观结构和一定的结晶度。由于表面高氟化度和表面纹理粗糙导致超疏水性，其表面水接触角达到150°甚至超过150°。通过XPS、FTIR和X射线衍射方法观察和表征等离子体改性后的涂层，结果表明，其表面接触角达到并超过150°，并且在涂层表面富含低表面能的—$CF_2$、—$CF_x$官能团。

### 3.1.2.5　脉冲激光和等离子体刻蚀法

PTFE膜的化学结构决定其具有很低的表面能，与水的静态接触角在110°～130°。脉冲激光尤其是皮秒和飞秒脉冲激光可以直接在PTFE膜表面进行微纳米结构加工，而不会对材料的本体性能有明显的影响。

Fan[78]、Qin[79]、Yong[80]、Toosi[81]等多位研究人员采用皮秒和飞秒脉冲激光消融手段改变PTFE表面微结构，可以将表面静态水接触角从112°提高到170°左右。SEM和XPS测试表明，接触角的改变不是因为化学结构的改变，而是由于表面微结构的形成，即粗糙度的提高。

Hashida等[82]对PTFE微孔膜的脉冲激光消融研究表明，皮秒激光（400ps）容易在ePTFE膜上产生微孔（2μm），而飞秒激光（130fs）甚至不会对微纤维造成明显的破坏，消融阈值在飞秒脉冲下比在皮秒脉冲下小。

不同气氛下的等离子体或离子束处理会对PTFE膜表面产生不同的结果，Ar气氛下处理会产生亲水性含氧基团[83]，但在Ar和$O_2$混合气氛下[84-85]则会产生疏水性表面，同时会产生不同程度的粗糙微纳米表面结构[86]，在优化处理条件下，可以产生静态水接触角高达170°，滚动角小于1°的超疏水PTFE表面结构。

### 3.1.2.6　其他改性方法

Hozumi A等[87]用四甲基硅烷（TMS）和氟代烷基硅烷（FAS），通过微波等离子体增强化学沉积法改性制备出超疏水PTFE膜。结果表明，改性后膜表面的最大水接触角从108°提高到160°，并且随着总压力增大，颗粒增多，其表面粗糙度也增加。说明膜表面的疏水性不但受表面氟浓度的影响，还受其表面粗糙度的影响。

Chen等[88]用离子注入机对PTFE微孔膜进行辐照，注入$Xe^+$离子辐照PTFE微孔膜表面，使PTFE微孔膜的表面水接触角从（131±4）°提高到（161±3）°。然后通过SEM和XPS观察膜表面的物理形貌和化学结构在辐照前后的变化，结果表明，纳米针状结构是导致超疏水性的主要原因，含氧基团和脱氟作用不利于膜表面的超疏水性。

Xu等[89]在PTFE微孔膜表面涂敷经含氟硅烷（PFTMS）处理纳米$SiO_2$方式实现PTFE微孔膜的疏油、疏水处理，油接触角123°，水接触角142°，并考察了微孔膜对油性气溶胶的过滤性能。

Feng等[90]采用原子沉积（ALD）方式在PTFE微孔膜表面沉积ZnO后，再通过等离子体处理接枝含氟十二烷基丙烯酸（PFDAE），实现膜表面的双疏功能，改性后水接触角150°，油接触角125°，同时考察了处理后微孔膜的油性气溶胶过滤性能。

Jiang等[91]通过冷压和烧结方法制备出一系列超疏水性PTFE膜表面，通过改变烧结温度和使用不同的模板，可以调整其微观结构和改变润湿行为。微观结构主要取决于烧结温度，而润湿行为、水接触角（WCA）和滑动角（SA）都受模板和烧结温度的影响。当烧结温度为360℃，以1000号粒度砂纸作模板制备出表面水接触角（162±2）°和滑动角7°的超疏水性表面。并且，在紫外光照射下，仍能保持优良稳定的超疏水性。

## 3.2 PTFE/Fe(OH)₃/PAA亲水复合膜

依赖分子间作用力在PTFE微孔膜表面吸附沉积$Fe^{3+}$胶体，再在沉积层上聚合亲水性单体形成配位键合的方法，在基本不影响薄膜本体性能的前提下，实现对PTFE微孔膜的物理亲水改性。

PTFE微孔膜改性方案：$FeCl_3$在不同条件下水解得到$Fe(OH)_3$胶体，PTFE微孔膜浸渍胶体溶液制备出PTFE/$Fe(OH)_3$微孔膜。为进一步提高亲水耐久性，在PTFE/$Fe(OH)_3$物理改性亲水膜上进一步聚合亲水性丙烯酸（AA）单体，制备出PTFE/$Fe(OH)_3$/PAA亲水复合膜[92]。

### 3.2.1 吸附条件对PTFE微孔膜吸附量的影响

恒定浸渍时间24h，温度20℃，$FeCl_3$（浓度1mol/L）用量对PTFE薄膜吸附量的影响如图3-1所示。可见，随着$FeCl_3$用量的增加，薄膜的吸附量逐渐增大，当用

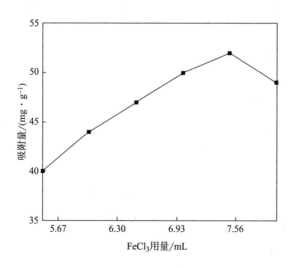

图3-1　$FeCl_3$用量对PTFE薄膜吸附量的影响

量为7.56mL时吸附量达到最高值，之后又逐渐减小。这是因为根据$FeCl_3$水解反应式，$Fe^{3+}$浓度的增加，$Fe(OH)_3$胶体浓度随之提高，有利于膜的吸附；但随着胶体浓度进一步提高，胶体粒子相互碰撞更加频繁，导致粒子聚集沉淀，从而会影响$Fe(OH)_3$在PTFE薄膜上的吸附。

　　恒定浸渍时间24h，温度20℃，$FeCl_3$溶液（浓度1mol/L）7.5mL，NaOH溶液（浓度2mol/L）对PTFE薄膜吸附量的影响如图3-2所示。可见，加入NaOH溶液可促使薄膜的吸附量进一步增加；当滴加1.5mL后，吸附量趋于稳定，此时胶体溶液的pH为1.7。这是因为，$FeCl_3$水解生成$Fe(OH)_3$胶体是可逆反应，碱的加入促进了水解反应，进一步提高了$Fe(OH)_3$胶体的浓度。

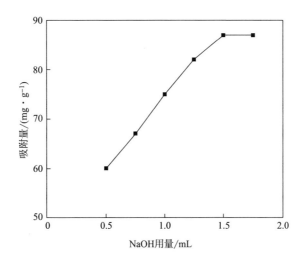

图3-2　NaOH用量对PTFE薄膜吸附量的影响

　　恒定浸渍时间24h，$FeCl_3$溶液（浓度1mol/L）7.5mL，NaOH溶液（浓度2mol/L）1.5mL，浸渍温度对PTFE薄膜吸附量的影响如图3-3所示。可见，温度对薄膜吸附量的影响较复杂。温度超过25℃后吸附量显著下降，这是因为，随着温度升高，$Fe(OH)_3$胶体溶解度增大，即胶体和水的亲和力增强，导致胶体从水中析出转移到膜上的能力减弱，不利于其在膜表面的吸附。而温度过低，胶体的溶解度变小，粒子容易相互聚集沉淀，也影响其在膜表面上的吸附。由图3-3可知，浸渍的最佳温度为15℃。

　　恒定$FeCl_3$溶液（浓度1mol/L）7.5mL，NaOH溶液（浓度2mol/L）1.5mL，浸渍温度15℃，浸渍时间对薄膜吸附量的影响如图3-4所示。可见，吸附量随时间的增加而增大，20h后吸附量趋于平稳，最大吸附量接近90mg/g。因为PTFE膜疏水性强，粒子接近膜表面形成牢固吸附需要较长时间；另外，粒子在薄膜微孔中扩散缓慢，也导致吸附沉淀较慢。

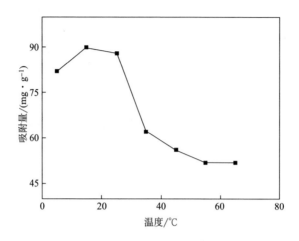

图3-3　温度对PTFE薄膜吸附量的影响

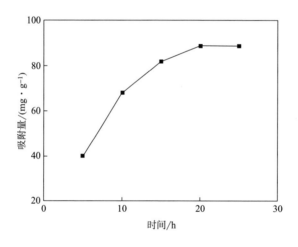

图3-4　时间对PTFE薄膜吸附量的影响

## 3.2.2　Fe(OH)$_3$胶体的吸附对PTFE微孔膜亲水性能的影响

接触角是衡量材料表面润湿性能的一个重要参数，接触角越小，材料表面的润湿性能越好。图3-5所示为吸附量与薄膜水接触角的关系。可见，随着吸附量增加，薄膜表面与水的接触角持续下降，这是因为Fe(OH)$_3$含有大量羟基和结合水，可有效改善薄膜与水的润湿性。由图3-5可知，PTFE微孔膜表面与水的接触角从初始的146°下降至105°，亲水性改善效果明显。

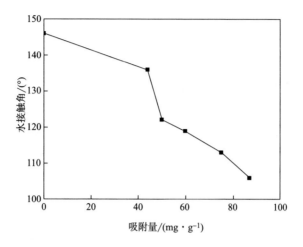

图3-5　吸附量对膜表面水接触角的影响

朱定一等[93-94]在总结分析前人研究的基础上，推导出了计算固体表面张力的新方法。通过建立有限液固界面体系的张力平衡，推导出在无限液固界面系统中液固界面张力和固相表面张力的关系式：

$$\gamma_{sl} = \frac{\gamma_{lg}}{2} \left( \sqrt{1+\sin^2\theta} - \cos\theta \right), \quad 0 \leqslant \theta \leqslant 180° \quad\quad （3-1）$$

$$\gamma_{sg} = \frac{\gamma_{lg}}{2} \left( \sqrt{1+\sin^2\theta} + \cos\theta \right), \quad 0 \leqslant \theta \leqslant 180° \quad\quad （3-2）$$

式中：$\gamma_{sg}$、$\gamma_{sl}$和$\gamma_{lg}$分别表示固—气、固—液、液—气界面张力（N/m），$\theta$为接触角（°）。

20℃水的表面张力$\gamma_{lg}$为$7.24 \times 10^{-2}$N/m，吸附$Fe(OH)_3$前后PTFE膜的水接触角与表面张力$\gamma_{sg}$的变化见表3-1。可见，吸附$Fe(OH)_3$后的PTFE膜表面张力明显增大，润湿性能得到改善。

表3-1　水接触角与表面张力变化（20℃）

| 膜 | 水接触角/（°） | 表面张力/（N·m⁻¹） |
|---|---|---|
| 原始PTFE膜 | 146 | $1.15 \times 10^{-2}$ |
| 吸附$Fe(OH)_3$后的PTFE膜 | 105 | $4.10 \times 10^{-2}$ |

### 3.2.3 Fe(OH)₃胶体的吸附对PTFE微孔膜表面形貌的影响

图3-6所示为PTFE微孔薄膜的电镜照片。由图可见，通过双向拉伸成型的PTFE微孔薄膜具有微原纤与节点相联的多微孔结构。吸附$Fe(OH)_3$后，随吸附量$Q$的增加，膜表面微孔数量和孔径逐渐减小，原纤部分逐渐变粗，但仍留有部分清晰的孔隙，如图3-7所示。

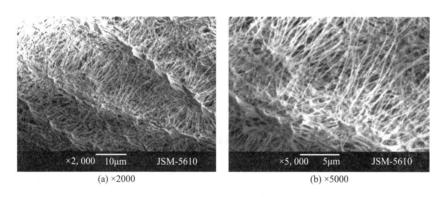

(a) ×2000          (b) ×5000

图3-6　原始PTFE膜SEM图

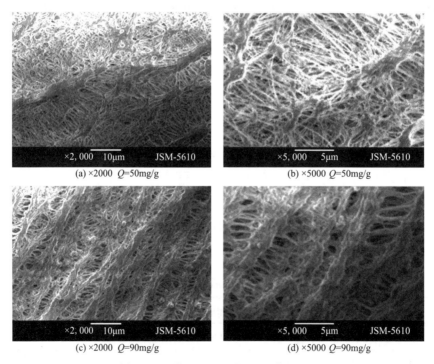

(a) ×2000 $Q$=50mg/g          (b) ×5000 $Q$=50mg/g

(c) ×2000 $Q$=90mg/g          (d) ×5000 $Q$=90mg/g

图3-7　吸附$Fe(OH)_3$后的PTFE膜SEM图

### 3.2.4 PTFE膜与$Fe^{3+}$间相互作用分析

#### 3.2.4.1 红外分析

图3-8所示为吸附$Fe(OH)_3$胶体前后PTFE薄膜的红外图。由图中曲线a可见，$1150cm^{-1}$和$1200cm^{-1}$是PTFE膜C—F的特征吸收峰；薄膜吸附$Fe(OH)_3$胶体后，未发现有峰偏移或新的峰产生，如图3-8曲线b所示，因此推断，薄膜吸附$Fe(OH)_3$胶体后并未形成新的化学键，而是一种物理吸附。

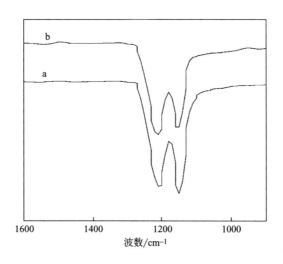

图3-8 吸附胶体前后的PTFE膜FTIR图
a—PTFE b—PTFE/$Fe(OH)_3$

#### 3.2.4.2 ζ电位分析

为进一步研究PTFE与$Fe^{3+}$间的相互作用机制，此处采用ζ电位测定，分析膜表面的荷电性能。ζ电位定义如下[95]：

当固体与液体接触时，其表面从溶液中选择性地吸附某种离子，固液两相因此分别带有不同的电荷，界面上形成双电层结构（图3-9）。双电层可分为两部分：一部分为紧靠固体表面的不流动层，称为紧密层或吸附层；其余部分（溶液中正负离子浓度相等处为界限）称为扩散层。根据双电层理论，距表面某距离处有一个水溶液与固体表面之间相对移动的"滑移面"，该处电位与液体内部的电位之差称为ζ电位或动电位。

在pH=2的HCl水溶液中，不同电解质溶液对PTFE膜表面ζ电位的影响见表3-2。

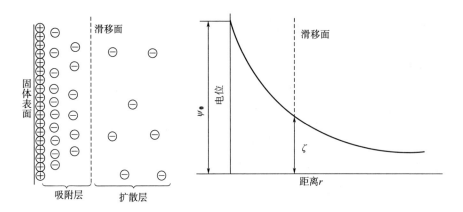

图3-9  扩散双电层结构

**表3-2  不同电解质溶液对PTFE膜表面ζ电位的影响**

| 电解质溶液 | 浓度/（mol·L$^{-1}$） | ζ电位/mV |
|---|---|---|
| 无 | 0 | 14.0 |
| NaCl | 0.005 | 12.7 |
| | 0.010 | 6.8 |
| | 0.015 | 3.2 |
| KCl | 0.005 | 11.0 |
| | 0.010 | 5.1 |
| | 0.015 | 3.1 |
| MgCl$_2$ | 0.005 | 13.5 |
| | 0.010 | 12.7 |
| | 0.015 | 6.8 |
| CaCl$_2$ | 0.005 | 13.8 |
| | 0.010 | 13.1 |
| | 0.015 | 9.3 |
| CuCl$_2$ | 0.005 | 50.3 |
| | 0.010 | 74.0 |
| | 0.015 | 120.1 |
| FeCl$_3$ | 0.005 | 88.9 |
| | 0.010 | 161.5 |
| | 0.015 | 196.6 |

由表3-2可见，在未添加其他电解质的HCl水溶液中，PTFE膜$\zeta$电位为正。表明膜选择性地吸附$H^+$，而$Cl^-$作为反离子分布在溶液中。

在添加NaCl、KCl、$MgCl_2$、$CaCl_2$的溶液中，随着电解质浓度的提高，膜表面的$\zeta$电位都逐渐减小。这是因为，随着电解质浓度的提高，反离子（$Cl^-$）数量也相继增加，双电层被压缩，厚度减小，$\zeta$电位下降，如图3-10（a）所示，图中$d$、$d'$分别为压缩前后的双电层厚度，$\varphi_0$为表面电位。

加入$CuCl_2$、$FeCl_3$溶液后，膜的$\zeta$的电位反而更高，且随着阳离子浓度的增加，$\zeta$电位越大。这表明，膜表面选择性地吸附$Cu^{2+}$或$Fe^{3+}$而带有更多正电荷，并且随着阳离子浓度的增加，膜表面的吸附量也越大。可见，PTFE膜与$Cu^{2+}$或$Fe^{3+}$间具有"特殊"的亲合力。Stern将这类离子归为特性吸附离子[91]，它可以通过电性和非电性的作用强烈地吸附在膜表面上。由于这类离子和固体表面产生较强的范德华力，即使作为同号离子，它也能克服库仑斥力而牢固地吸附在带电表面上。即使因为反离子浓度加大，扩散层被压缩，但由于固体表面电势的增大，$\zeta$电位依旧增加，如图3-10（b）所示，图中$\varphi'$为吸附更多$Cu^{2+}$或$Fe^{3+}$后的表面电位。

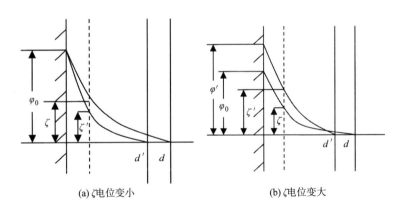

(a) $\zeta$电位变小　　　　　　　　　(b) $\zeta$电位变大

图3-10　$\zeta$电位变化示意图

## 3.2.5　溶液离子特性与吸附作用的关系

### 3.2.5.1　溶液离子特性与吸附作用的理论分析

为研究PTFE膜与$Fe^{3+}$间特殊的亲和力，将实验中各离子的电负性进行比较。元素的电负性定义为原子在分子中将电子吸向自己一方的能力，电负性越大，吸引电子的能力越强[96]。电负性可以按阿莱—罗周公式计算[97]，离子的电负性同样适用此公式，计算式如下：

$$x_{离子} = \frac{3.59 \times 10^3 z^*}{r^2} + 0.744 \qquad (3-3)$$

式中：$r$是原子的单键共价半径（pm）；$z^*$是离子中原子核作用键合电子的有效核电荷数值（$z^* = z - \sigma$），可根据据Slater（斯莱特）规则计算[97]。

例如：$Fe^{3+}$电负性计算，$Fe^{3+}$电子构型为：$1s^2 2s^2 2p^6 3s^2 3p^6 3d^5 4s^0$

$$z^* = 26 - (0 \times 0.35 + 13 \times 0.85 + 10 \times 1.0) = 4.95 \, r_{Fe} = 117 \, (pm)$$

$$x_{Fe^{3+}} = \frac{3.59 \times 10^3 \times 4.95}{117} + 0.744 = 2.04$$

根据阿莱—罗周公式计算出各离子的电负性见表3-3，离子半径为鲍林离子半径。

**表3-3　离子的电负性与半径**

| 离子 | 离子电负性 | 离子半径/pm |
|------|-----------|------------|
| $H^+$ | 4.25 | 1.2 |
| $Na^+$ | 1.02 | 102 |
| $K^+$ | 0.91 | 138 |
| $Mg^{2+}$ | 1.23 | 72 |
| $Ca^{2+}$ | 1.03 | 99 |
| $Cu^{2+}$ | 1.91 | 73 |
| $Fe^{3+}$ | 2.04 | 65 |

由表3-3可见，$H^+$、$Cu^{2+}$、$Fe^{3+}$具有较大的电负性。由于PTFE膜C—F键上的电子云集中在—F一边，使电负性较大的离子倾向于吸附在PTFE膜表面。然而$Cu^{2+}$、$Fe^{3+}$可以取代电负性更高的$H^+$，这与离子的半径大小也有一定关系。Stern认为[91]：表面选择性地吸附某些离子，除了和离子的电负性相关外，还与离子的极化度有关。离子越容易被极化，就越容易产生诱导偶极距而被吸附。阴离子的半径通常大于阳离子，因此更容易被极化，所以在中性水溶液中，$H^+$和$OH^-$浓度相等的情况下，PTFE膜表面选择吸附$OH^-$而显负电位（实验测得pH=6.8，温度25℃的蒸馏水中PTFE膜$\zeta$电位为$-24$mV）。

因此可认为，$Cu^{2+}$、$Fe^{3+}$容易吸附在PTFE表面的原因是：相比较$Na^+$、$K^+$、$Mg^{2+}$、$Ca^{2+}$，$Cu^{2+}$和$Fe^{3+}$具有较大的电负性；相比较$H^+$，$Cu^{2+}$和$Fe^{3+}$具有较大的离子半径。

### 3.2.5.2　溶液离子特性与吸附作用的理论验证

为考察上述金属离子对PTFE膜的实际吸附情况，选用$MgCl_2$和$CuCl_2$进行吸附试验。根据PTFE薄膜吸附$Fe(OH)_3$胶体效果最佳的参数，以相同条件制备$Mg(OH)_2$

和$Cu(OH)_2$，与$Fe(OH)_3$吸附效果的对比见表3-4。

表3-4　不同金属氢氧化物对薄膜吸附的影响

| 金属氢氧化物 | 吸附量/（mg·g$^{-1}$） | 接触角/（°） |
|---|---|---|
| $Fe(OH)_3$ | 88 | 105 |
| $Mg(OH)_2$ | 0 | 139 |
| $Cu(OH)_2$ | 50 | 122 |

可见，由于$Mg^{2+}$不能吸附在PTFE膜表面，其氢氧化物对薄膜的吸附量几乎为0；而$Cu(OH)_2$对PTFE膜的吸附量及亲水改性效果低于$Fe(OH)_3$。实验中发现，在沸水条件下，$MgCl_2$和$CuCl_2$溶液仍为澄清，并未出现丁达尔现象、浑浊或絮状物，可见$Mg^{2+}$和$Cu^{2+}$很难通过自发水解形成胶体。滴加NaOH溶液后，$MgCl_2$和$CuCl_2$溶液有絮状沉淀物出现，但吸附性能较差。因此，对薄膜的实际吸附效果不仅与金属离子的亲和力有关，还与金属离子的水解产物即金属氢氧化物相关。

金属离子在水溶液中是以水合离子形式存在，其水解的实质就是水合离子失去$H^+$的过程，对金属离子$M^{z+}$的一级水解可表示为：

$$M^{z+}+H_2O=M(OH)^{(z-1)}+H^+$$

一级水解常数$K_1$及$pK_1$定义为：

$$K_1 = \frac{[M(OH)^{(z-1)}][H^+]}{[M^{z+}]}$$

$$pK_1 = -\lg K_1$$

金属离子的水解是由金属离子和水分子之间的相互作用引起的，这种作用实际上就是金属离子和水分子的极化作用。因此金属离子对水分子的极化越大，水解常数就越大。金属离子极化的强弱取决于金属离子本身的性质：金属离子的电荷越多，半径越小，其极化作用就越强；对电荷数和构型相同的离子来说，其电子层数越多，半径越大，在水解过程中就越易变形，这样水解程度就要减小。

文献[98]中报道的$Fe^{3+}$、$Cu^{2+}$和$Mg^{2+}$的$pK_1$见表3-5。可见，$Fe^{3+}$的水解能力远大于$Cu^{2+}$和$Mg^{2+}$。这是因为，相比较$Mg^{2+}$和$Cu^{2+}$，$Fe^{3+}$所带的电荷数多，且半径小，导致水解常数$K_1$较大（或$pK_1$较小）。

表3-5　水解常数$pK_1$

| 金属离子 | $Fe^{3+}$ | $Cu^{2+}$ | $Mg^{2+}$ |
|---|---|---|---|
| 水解常数$pK_1$ | 1.8 | 8.4 | 11.4 |

因此可认为，金属离子除了和PTFE具有特殊亲和力外，拥有极强水解能力的$Fe^{3+}$更容易夺取水分子中的羟基形成胶体，从而利用胶体的吸附性质吸附在薄膜表面。

### 3.2.6 PTFE微孔膜吸附$Fe(OH)_3$胶体的稳定性研究

#### 3.2.6.1 超声振荡处理

为了研究PTFE微孔膜吸附$Fe(OH)_3$胶体的稳定性，采用超声振荡处理，来考察薄膜吸附量的变化。超声处理的主要机理是超声空化作用[96]，即在声场的作用下，空化气泡闭合时产生的冲击波反复冲击固体表面。

图3-11所示为温度20℃，不同pH条件下，超声振荡处理时间对PTFE膜吸附量的影响。可见，超声处理40~50min后，吸附量趋于稳定，表明$Fe(OH)_3$胶体能够稳定地吸附在PTFE膜上；同时，在pH=4、pH=10条件下，稳定后的吸附量比在中性条件下略有减少，而在pH=1、pH=13条件下，稳定后的吸附量明显减少，表明强酸性或强碱性的条件对薄膜吸附量影响较大。这是因为$Fe(OH)_3$略显两性[97]，可溶于浓的强碱或强酸。

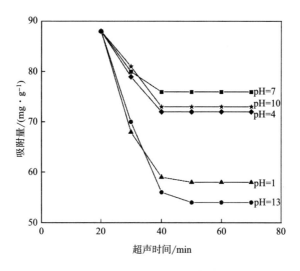

图3-11 超声振荡时间对PTFE膜吸附量的影响

图3-12所示为在不同温度下，超声振荡处理对薄膜吸附量的影响（超声时间40min）。可见，不同温度处理下，吸附量没有明显变化，表明温度变化对PTFE膜吸附$Fe(OH)_3$胶体的稳定性影响不大。

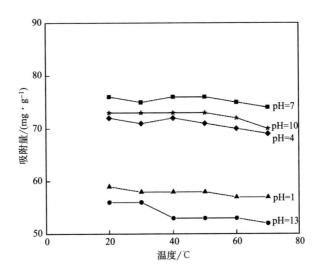

图3-12　不同温度下超声振荡处理对PTFE膜吸附量的影响

### 3.2.6.2　吸附稳定性的机理分析

超声振荡实验表明，$Fe(OH)_3$胶体能够稳定地吸附在PTFE膜上，但通常认为，物理吸附的结合力较弱，因此这种稳定性不仅只是$Fe^{3+}$与PTFE间较强的物理吸附。

$Fe(OH)_3$胶体的特殊结构使其含有大量$OH^-$。在ζ电位测试中表明，PTFE膜同样可以吸附$OH^-$。因此$Fe(OH)_3$与薄膜间的相互作用力不仅发生在$Fe^{3+}$与PTFE膜间，也发生在$OH^-$与PTFE膜间。

$Fe^{3+}$水解过程复杂，产物多样，胶体粒子可以通过氧桥或羟桥相互连接形成多羟基络合物或多羟基聚合物。Dousma[98]通过研究，对$Fe^{3+}$水解成稳定的胶体溶液，并最终形成沉淀的过程建立了以下模型，如图3-13所示。

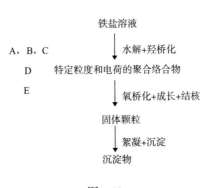

图3-13

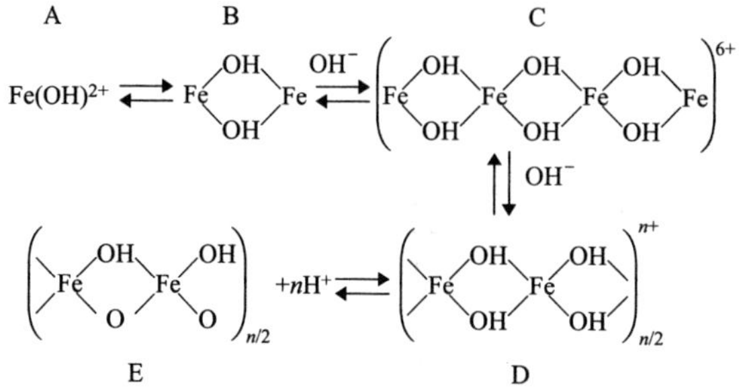

图3-13 Dousma的模型

因此，薄膜吸附胶体稳定性较好的另一个原因是：$Fe(OH)_3$胶体粒子在薄膜微孔内吸附沉积，而胶粒间可以通过氧桥或羟桥相互连接，进而和微原纤与节点相联的多微孔薄膜形成相互"嵌合"的结构。

### 3.2.7　聚合条件对PTFE微孔膜增重率的影响

3.1.2节的实验表明，PTFE微孔膜吸附$Fe(OH)_3$胶体后，薄膜与水的接触角从初始的146°下降至105°，表面张力从初始的$1.15 \times 10^{-2}$N/m增大到$4.10 \times 10^{-2}$N/m，亲水改性效果明显。但吸附后薄膜的接触角仍大于90°，根据Young's方程，当接触角≥90°时，水不能润湿固体表面。为进一步提高PTFE膜的亲水性能，本节在吸附$Fe(OH)_3$胶体的PTFE膜上再聚合亲水性单体丙烯酸（AA），得到PTFE/$Fe(OH)_3$/PAA复合膜。

恒定单体AA浓度20%（质量分数，下同），引发剂$(NH_4)_2S_2O_8$用量1%（占单体重量，下同），温度60℃，聚合时间对薄膜增重率的影响如图3-14所示。可以看出，随着反应时间的延长，增重率起初提高较快，之后增加缓慢，60min后增重率不再发生变化。这是因为，反应初期体系黏度较小，单体可以迅速扩散到膜表面发生聚合，随着反应继续进行，由于自由基聚合的凝胶效应[100]，聚合速率和分子量快速提高；之后，体系黏度明显增大，单体扩散速率减慢，导致膜表面聚合反应速率减慢甚至聚合停止。

恒定聚合时间60min，引发剂用量1%，温度60℃，单体AA浓度对薄膜增重率的影响如图3-15所示。可以看出，随着单体AA浓度的增加，增重率相继提高，当单体AA浓度为20%~25%时，增重率达到最大的7.9%，之后开始下降。这是因为，随着单体AA浓度的增加，扩散到膜表面的单体数目相应增多，使膜表面聚合速率加快，分子量提高；但进一步增加单体浓度，会导致反应速率过快，溶液黏度迅速增加，单体扩散困难，影响了膜表面聚合速率及聚合物分子量。

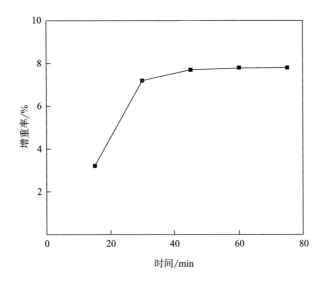

图3-14　聚合时间对增重率的影响

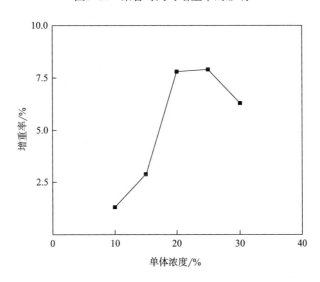

图3-15　单体AA浓度对增重率的影响

恒定单体AA浓度20%，聚合时间60min，引发剂用量1%，聚合反应温度对薄膜增重率的影响如图3-16所示。可以看出，随着反应温度的提高，增重率增加，反应温度为60℃时，增重率达到最大7.9%，之后开始下降。这是因为温度的升高将导致单体活性增加，使其在膜表面的化学键合概率增大，同时聚合速率也加快；但温度过高，会引起反应速率急剧上升，溶液黏度迅速增加，单体扩散比较困难，膜表面聚合时间缩短，分子量降低。

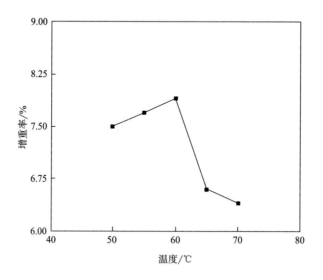

图3-16　聚合反应温度对增重率的影响

恒定单体AA浓度20%，聚合时间60min，温度60℃，引发剂用量对薄膜增重率的影响如图3-17所示。可以看出，随着引发剂用量的增加，增重率先增加后减

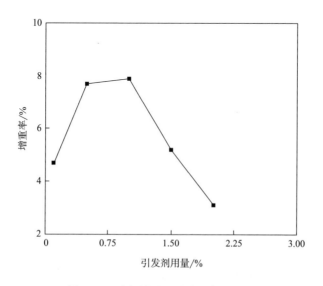

图3-17　引发剂用量对增重率的影响

少，引发剂用量1%时，增重率最大。这是因为引发剂用量较少时，聚合反应活性中心较少，反应速率缓慢，甚至不反应；引发剂用量增大，单体活性中心随之增多，有利于聚合反应进行；但引发剂用量过多，链终止反应速率迅速上升，导致聚合物分子量降低。

### 3.2.8 PTFE/Fe(OH)$_3$/PAA复合膜的结构

#### 3.2.8.1 SEM观察

改性前后PTFE膜表面形貌的变化如图3-18所示。可见，相比吸附Fe(OH)$_3$的PTFE膜［图3-18（b）］，PTFE膜表面聚合AA后［图3-18（c）、图3-18（d）］，有明显的附着物覆盖在表面，使膜的微孔数量进一步降低，且随着增重率$G$的增加，附着物越明显，薄膜原纤结构基本消失。改性后的PTFE膜仍保留部分孔隙，为水的透过提供了通道。

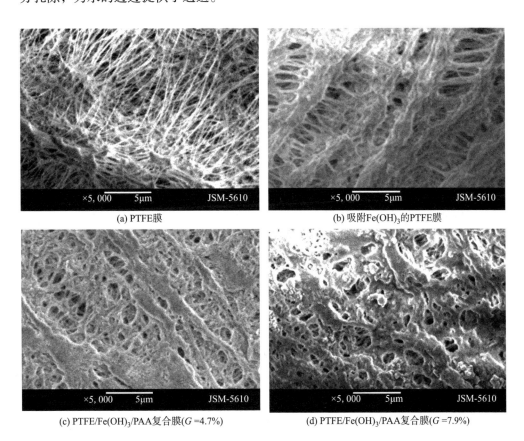

(a) PTFE膜

(b) 吸附Fe(OH)$_3$的PTFE膜

(c) PTFE/Fe(OH)$_3$/PAA复合膜($G$=4.7%)

(d) PTFE/Fe(OH)$_3$/PAA复合膜($G$=7.9%)

图3-18 改性前后PTFE膜的电镜照片

### 3.2.8.2　FTIR分析

PTFE/Fe(OH)₃/PAA复合膜与未经吸附Fe(OH)₃而直接在薄膜上聚合AA的样品进行比较，红外谱图如图3-19所示。可见，在1710cm⁻¹附近为PAA的羰基特征峰，在曲线b中，1539cm⁻¹和1370⁻¹cm处出现两个新峰，为羧酸盐中COO⁻的不对称伸缩振动和对称伸缩振动[102]；同时，曲线b中仍存在1710cm⁻¹附近的羰基特征峰。羰基特征峰的变化表明，PAA中一部分羧基参与反应，与Fe(OH)₃之间形成了化学键合。

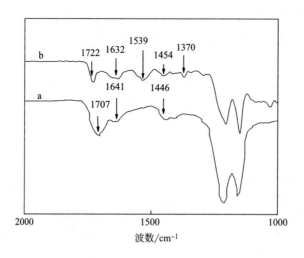

图3-19　PTFE/PAA 和PTFE/Fe(OH)₃/PAA 的FTIR图

a—PTFE/PAA　b—PTFE/Fe(OH)₃/PAA

一般认为，PAA上的羧基具有与金属离子形成配位键合的能力，形成的配位键类型包括单齿配位、桥式配位和双齿配位三种[99]，其结构示意图如下（其中M代表金属离子）：

单齿配位结构　　桥式配位结构　　双齿配位结构

根据Δv=vₐₛ（COO⁻）−vₛ（COO⁻）值的大小，可判定其配位方式（vₐₛ表示不对称伸缩振动波数，vₛ表示对称伸缩振动波数），单齿配位结构的Δv比离子型化合物的Δv大；桥式配位结构的Δv比双齿的Δv大，接近于离子化合物的Δv；双齿配位结构的Δv比离子型化合物小，钠盐的羧酸根与羧基自由离子接近，因此离子型化合物通常选用羧酸钠[100-101]。

依据上述理论，将实验中得到的羧酸铁与羧酸钠比较，可以判断羧酸的配位方式。为此实验中增加了丙烯酸钠的聚合实验，得到聚丙烯酸钠的红外光谱图，如图3-20所示。

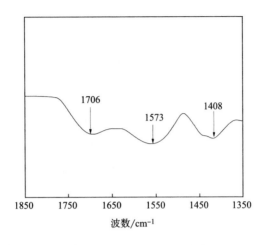

图3-20　PAA—Na的FTIR图

聚丙烯酸钠与聚丙烯酸铁的COO⁻不对称伸缩振动和对称伸缩振动峰的位置见表3-6。

表3-6　羧酸根的伸缩振动频率

| 聚丙烯酸盐 | $\nu_{as}$（COO⁻）/cm⁻¹ | $\nu_s$（COO⁻）/cm⁻¹ | $\Delta\nu=\nu_{as}-\nu_s$/cm⁻¹ |
| --- | --- | --- | --- |
| 聚丙烯酸钠 | 1573 | 1408 | 1408 |
| 聚丙烯酸铁 | 1539 | 1370 | 169 |

可见，所得聚丙烯酸铁的$\Delta\nu=169$cm⁻¹，聚丙烯酸钠的$\Delta\nu=165$cm⁻¹，两值接近。因此认为，PAA以桥式配位的方式与$Fe(OH)_3$相连。魏姗姗等[102]在研究PAA/$Fe_3O_4$材料中也得出了类似结果。其示意图用以下结构表示：

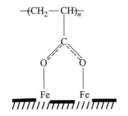

聚丙烯酸铁的桥式配位结构

阳离子半径较小，电负性较大的金属离子容易形成桥式结构，该结构特点是可以形成空间体积较大的链状多聚体结构[103]。

### 3.2.9　PTFE/Fe(OH)$_3$/PAA复合膜的亲水性能

#### 3.2.9.1　复合膜增重率对水接触角的影响

膜增重率对水接触角的影响如图3-21所示，可见随着亲水性聚合物含量的增加，水接触角进一步下降，增重率达到最大7.9%时，水接触角可降至76°。

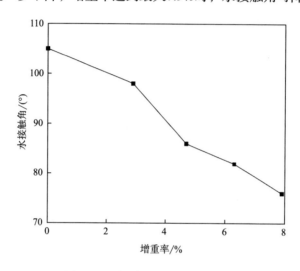

图3-21　增重率对水接触角的影响

图3-22所示为改性前后PTFE膜与水的接触角照片，表3-7所示为改性前后PTFE膜表面张力和水接触角的变化。可见膜表面张力从初始的$1.15 \times 10^{-2}$N/m增大到$5.92 \times 10^{-2}$N/m，表面润湿性显著改善。

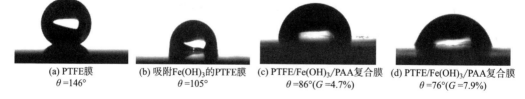

(a) PTFE膜　　　　　(b) 吸附Fe(OH)$_3$的PTFE膜　　(c) PTFE/Fe(OH)$_3$/PAA复合膜　(d) PTFE/Fe(OH)$_3$/PAA复合膜
$\theta = 146°$　　　　　　$\theta = 105°$　　　　　　$\theta = 86°(G = 4.7\%)$　　　$\theta = 76°(G = 7.9\%)$

图3-22　改性前后PTFE膜与水的接触角照片

表3-7　改性前后PTFE膜水接触角与表面张力的变化（20℃）

| 膜样品 | 水接触角/（°） | 表面张力/（N·m$^{-1}$） |
|---|---|---|
| 原始PTFE膜 | 146 | $1.15 \times 10^{-2}$ |

| 膜样品 | 水接触角/(°) | 表面张力/(N·m⁻¹) |
|---|---|---|
| 吸附Fe(OH)₃的PTFE膜 | 105 | $4.10 \times 10^{-2}$ |
| PTFE/Fe(OH)₃/PAA复合膜（$G$ =4.7%） | 86 | $4.86 \times 10^{-2}$ |
| PTFE/Fe(OH)₃/PAA复合膜（$G$ =7.9%） | 76 | $5.92 \times 10^{-2}$ |

### 3.2.9.2　复合膜的水过滤性能

增重率为7.9%的PTFE/Fe(OH)₃/PAA复合膜的水通量测试结果如图3-23所示。可以看出，水通量随压差的增大而增加；在恒定压差下，前40min内水通量有所降低，40min后水通量基本稳定。主要原因是，在聚合过程中，一部分PAA只沉积在膜表面或膜孔内，并未和Fe(OH)₃发生配位键合，结合牢度相对较差，在水冲击的作用下脱落，最终导致水通量降低；剩余的是较为牢固的配位键合部分，水通量也趋于稳定。采用吸附并聚合AA的方法显著提高了PTFE微孔膜的水透过性能（在10.8kPa和15.7kPa压差下，初始PTFE薄膜的水通量为0）。

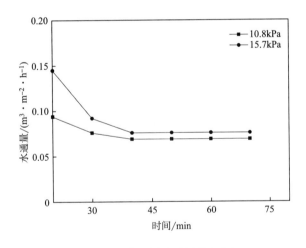

图3-23　水通量随时间的变化

膜增重率与水接触角、水通量的关系见表3-8，表中水通量为压差15.7kPa下的稳定时数值。可见，随着亲水性聚合物含量的增加，薄膜的水通量逐渐增大。

表3-8　膜增重率与水接触角、水通量的关系

| 增重率/% | 水接触角/(°) | 水通量/(m³·m⁻²·h⁻¹) |
|---|---|---|
| 0 | 105 | 0 |

续表

| 增重率/% | 水接触角/(°) | 水通量/（$m^3 \cdot m^{-2} \cdot h^{-1}$） |
|---|---|---|
| 2.9 | 98 | 0 |
| 4.7 | 86 | 0.050 |
| 6.3 | 82 | 0.061 |
| 7.9 | 76 | 0.069 |

# 3.3 PTFE/PVA亲水复合膜

将PTFE膜用丙酮超声洗净后浸渍于不同浓度的聚乙烯醇（PVA）溶液中，一段时间后取出晾干。将晾干后的膜浸于不同浓度的戊二醛（GA）溶液中，加入催化剂（乙酸、甲醇和硫酸混合水溶液），在不同反应温度下进行交联反应，取出膜后置于去离子水中超声，干燥[104]。聚乙烯醇（PVA）分子结构中富含羟基，成膜性好，被广泛用作高分子分离膜制备材料。在PTFE膜表面吸附PVA，后将膜置于戊二醛（GA）水溶液中使膜表面的PVA交联，以此在PTFE膜表面引入—OH。

## 3.3.1 反应条件对PTFE微孔膜增重率的影响

### 3.3.1.1 PVA、GA浓度对PTFE微孔膜增重率的影响

PTFE膜浸渍于不同浓度的PVA溶液中，吸附在PTFE膜表面的PVA分子数量不同，交联反应后形成的PVA层含量也不同，如图3-24所示，随着PVA溶液浓度增加，参与反应的—OH增加，与GA反应得到的PVA层含量增加。当PVA浓度很大时，复合膜表面完全被PVA层覆盖，微孔结构消失，影响膜的过滤性能，本实验选用的PVA浓度为1%。

GA浓度对交联反应也存在一定的影响。曾有文献报道，GA浓度的提高会使PVA交联产物出现不对称的交联密度[63]。如图3-25所示，GA浓度增加初期，PVA层含量增加；当GA浓度较高时，PVA层的含量基本不变，这可能是因为GA发生自身缩聚导致的。本实验选用的GA浓度为2%。

### 3.3.1.2 pH对PTFE微孔膜增重率的影响

酸催化剂浓度对PVA层含量的影响如图3-26所示，当盐酸、硫酸及乙酸混合液浓度增加时，pH降低，交联反应速率加快，复合膜表面的PVA层增加。实验还

发现，当催化剂浓度很高时，PTFE膜表面会形成一层很厚的透明溶胶状物质，不利于后期进行污染实验。此外，交联反应中，PVA与乙酸会发生酯化反应，这也会使PVA层含量增加。

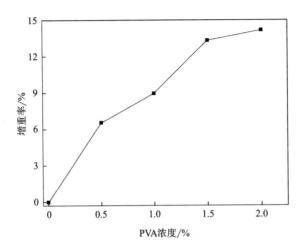

图3-24　PVA浓度对PVA层含量的影响

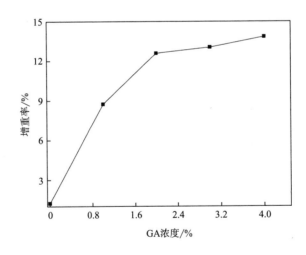

图3-25　GA浓度对PVA层含量的影响

### 3.3.1.3　反应时间对PTFE微孔膜增重率的影响

PVA交联反应较为迅速，交联反应初期，PVA与GA交联缠结在PTFE膜表面。交联反应时间不足时，未充分交联的PVA层经超声溶于水中，复合膜增重率较低。反之，充分反应的PVA层与PTFE膜之间的结合力较强，复合膜增重率提高，如图3-27所示。

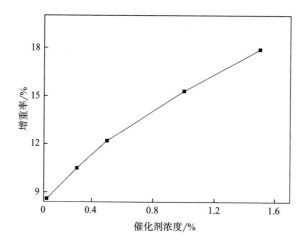

图3-26　催化剂浓度对PVA层含量的影响

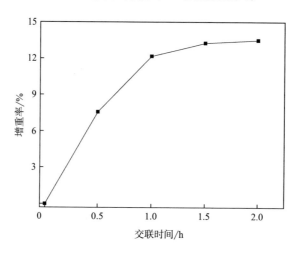

图3-27　交联时间与PVA层含量的关系

## 3.3.2　PTFE/PVA复合膜的表面结构

### 3.3.2.1　复合膜的表面形貌

材料表面微观形貌对性能影响很大，特别是疏水性。自然界中荷叶表面的疏水性是其表面纳米—微米双阶结构造成的，该结构能捕捉空气分子，从而阻隔液体与荷叶的接触，如图3-28所示。PTFE膜表面富含原纤结构，原纤之间通过节点连接，如图3-29（a）所示，表面微观结构与荷叶的纳米—微米双阶结构类似，是其具备疏水性的原因之一。此外，材料表面微孔结构与拒水性有一定关系，如式（3-4）所示，孔径越小，拒水效果越好。PTFE膜表面的微孔孔径小，疏水性强。

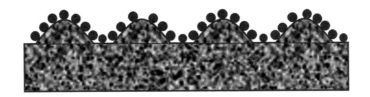

图3-28　荷叶表面纳米—微米双阶结构示意图

如图3-29所示，PTFE膜经PVA改性后，膜表面的原纤及节点结构附着一层PVA，原纤变粗，节点变大。此外，部分原纤结构通过与PVA黏结发生合并现象，从而使原纤之间的微孔孔径变大。

(a) PTFE膜　(b) PTFE/PVA复合膜

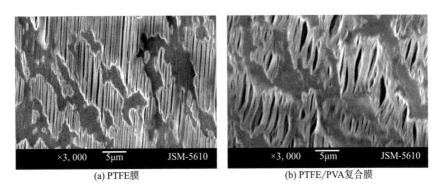

图3-29　PTFE膜及PTFE/PVA复合膜表面电镜照片

$$h_p=-\frac{4\gamma}{d\rho g}\cos\theta\ \left(\frac{\pi}{2}\leqslant\theta\leqslant\pi\right) \tag{3-4}$$

式中：$h_p$为拒水高度；$d$为孔径；$\gamma$为水的表面张力；$g$为重力加速度；$h$为水柱高度。

#### 3.3.2.2　复合膜的化学结构

PTFE/PVA复合膜表面的—OH由交联反应引入，交联反应条件对复合膜表面结构影响较大。PVA与GA在酸催化剂下的交联机理如图3-30所示，PVA中的—OH和GA中的—CHO反应脱去水分子，形成的交联PVA层机械缠结在PTFE膜表面原纤及节点结构上。交联反应条件（单体浓度、pH、反应时间）影响复合膜表面的PVA层含量，从而改变复合膜的性能。

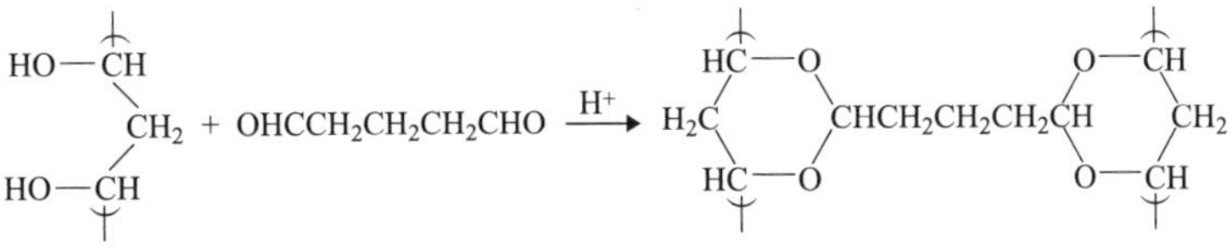

图3-30　PVA与GA的交联反应机理

图3-31所示为PTFE膜及PTFE/PVA复合膜的红外光谱图，1150cm$^{-1}$和1200cm$^{-1}$处为PTFE分子结构中C—F键的伸缩振动峰，完全对称的结构是PTFE强疏水性的另一原因。PTFE/PVA复合膜红外光谱图中，1088cm$^{-1}$处为C—O—C基团的特征峰，说明PVA中的—OH与GA中的—CHO发生羟醛缩合反应，并生成缩醛环和乙醚键[105]；3340cm$^{-1}$处为—OH的伸缩振动峰，说明复合膜表面成功引入—OH，且PVA中的—OH并未完全发生反应，这与文献报道[106]的研究结果一致；1665cm$^{-1}$处为—C＝O基团的特征峰，它是交联反应中PVA与催化剂中的醋酸发生酯化反应引起的[107]。综上，PVA与GA的交联反应改性得到的PTFE复合膜表面成功引入—OH。

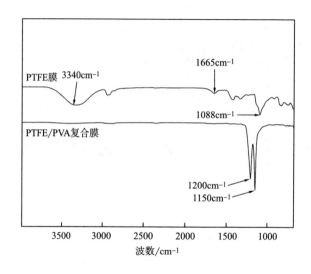

图3-31　PTFE膜和PTFE/PVA复合膜红外光谱图

### 3.3.2.3　复合膜的水接触角

PTFE复合膜亲水性（WCA、稳定性）与表面微观形貌和化学结构相关。经PVA改性后，复合膜表面富含—OH、—C＝O等亲水基团，赋予膜优异的亲水性。此外，由于复合膜表面PVA层的存在，类似荷叶的纳米—微米双阶结构发生改变，原纤合并使膜的微孔孔径增加，这是亲水性改善的另一原因。如图3-32所示，改性后PTFE膜的水接触角由146°降至46°。

表面PVA层与PTFE膜之间作用力的强弱会影响复合膜亲水的稳定性。随着超声时间的增加，复合膜表面水接触角未发生明显变化，说明交联反应形成的PVA层牢固地嵌合在PTFE膜表面，如图3-33所示。

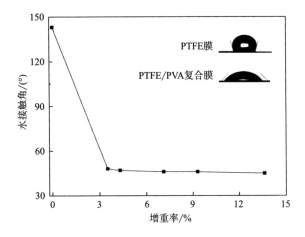

图3-32　PVA层含量与水接触角的关系（插图为水接触角示意图）

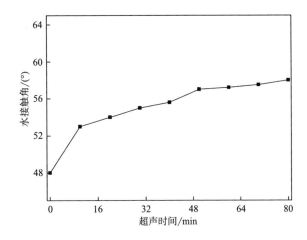

图3-33　PTFE/PVA复合膜水接触角与超声时间的关系

### 3.3.2.4　复合膜的Zeta电位

固液体系中，由于液相中的带电离子在固相中吸附以及固相表面基团的电离，固液界面上会形成双电层。双电层中剪切面上的电位为Zeta电位，该电位可用于研究固液之间的相互作用。固体表面化学结构、液相pH等对Zeta电位都有很大影响。PTFE膜因其强疏水性以及氢离子（$H^+$）的溶剂化极易吸附负电性分子而呈现电负性。此外，PTFE膜Zeta电位随pH的增加而急剧降低，这是因为当pH增加时，电解液中的氢氧根离子（$OH^-$）浓度增加，更多的$OH^-$吸附在膜表面，使得Zeta电位降低。

PTFE/PVA复合膜Zeta电位与负电性分子吸附和—OH电离都有关，膜表面的

PVA层含量越高，电离后Zeta电位的绝对值越小。如图3-34所示，在pH＜5时，电解液中H⁺含量较高，OH⁻含量较低，吸附在PTFE膜表面的负离子较少，而复合膜表面的—OH在H⁺含量较高的电解液中容易发生电离形成负离子，因此，PTFE膜Zeta电位较复合膜要高。同理，当pH＞5时，复合膜Zeta电位较PTFE膜要高。此外，复合膜的等电点在pH=3左右。

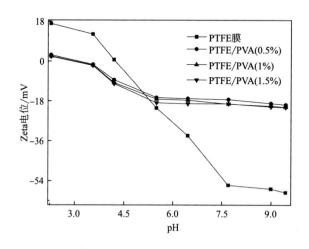

图3-34　PVA浓度对复合膜Zeta电位的影响

### 3.3.3　PTFE/PVA复合膜的抗污性

#### 3.3.3.1　静态吸附量

在中性静态吸附实验中，PTFE膜表面Zeta电位虽然为负，同时BSA（等电点4.7）的Zeta电位也为负值，但BSA分子在膜表面的吸附还与膜表面微观形貌及亲水、疏水性相关。根据憎水性吸附原理，PTFE膜表面疏水性极强，当膜浸渍在BSA溶液中，会优先吸附溶液中BSA分子中的憎水性链段，排斥水分子；同时PTFE膜的高孔隙率为吸附BSA分子提供丰富的吸附位数。图3-35所示为PVA层含量与BSA静态、吸附量的关系，复合膜表面的PVA层在PTFE膜和BSA分子之间起到“屏障”作用，从而使BSA分子难以直接接触PTFE膜，亲水性PVA和BSA分子中的憎水链段不存在憎水性吸引力，和BSA分子中的亲水性链段则因二者的Zeta电位均为负值而产生斥力，所以吸附较弱。随着PVA层含量的增加，复合膜表面的BSA分子吸附量有轻微变化，这是因为膜表面部分微孔被堵塞，孔隙率下降，造成复合膜表面吸附位数减少；此外，由原纤结构合并引起的微孔孔径变大，降低了复合膜与

BSA分子之间的吸附作用力。

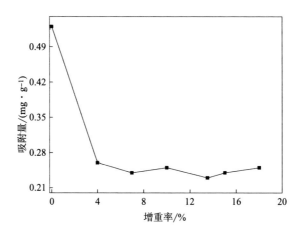

图3-35　PVA层含量与BSA静态吸附量的关系

### 3.3.3.2　水通量

（1）交联反应对纯水错流过滤中水通量的影响

初始水通量的变化用于表征PTFE膜改性前后表面微孔结构的变化。PTFE膜水通量随测试时间的延长而下降，且下降趋势明显，这是因为过滤过程中乙醇被洗去，PTFE膜的疏水性使水通量降低；此外，测试过程中的负压使膜内部的微孔被压缩导致其孔径缩小，这是膜水通量降低的另一原因。相比于PTFE膜，复合膜水通量以较小趋势下降，这是因为复合膜的亲水性提高了。此外，交联反应条件不同会改变PVA层含量，从而造成复合膜水通量有不同程度地下降。

如图3-36所示，随着PVA浓度的增加，复合膜的初始水通量降低。因为PTFE膜浸渍在低浓度PVA溶液中时，吸附在膜表面的PVA分子较少，因此参与反应的—OH数目减少，复合膜表面PVA层含量较低，对膜的微孔结构影响较小；反之，参与反应的—OH多，PVA层含量高，堵塞膜表面的微孔，导致复合膜的水通量下降幅度大。

如图3-37所示，吸附PVA后的PTFE膜浸渍在低浓度GA溶液中，交联程度低，复合膜表面PVA层溶胀度较高，错流过程中PVA层发生溶胀，水通量降低。反之，PVA层溶胀度低，水通量略微上升。实验表明，GA浓度为2%时，水通量最优。

如图3-38所示，随着交联时间的增加，复合膜水通量下降，这是因为PVA与GA交联反应形成的PVA层含量增加，堵塞PTFE膜中的部分微孔。

（2）交联反应对污染实验中水通量的影响

PTFE膜疏水性强，错流过滤中极易吸附BSA分子，且部分BSA分子进入膜内

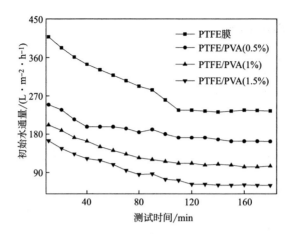

图3-36　PVA浓度对膜初始水通量的影响

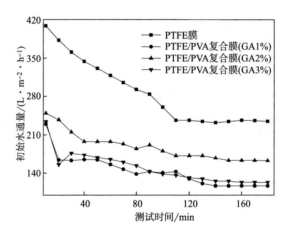

图3-37　GA浓度对膜初始水通量的影响

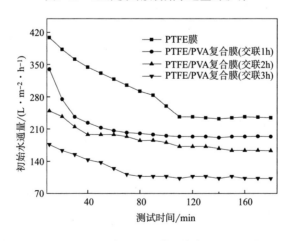

图3-38　交联反应时间对膜初始水通量的影响

部孔道，引起膜污染，水通量急剧下降。此外，膜表面吸附的BSA分子难以被水洗去，所以水通量随测试时间迅速下降，且幅度较大。PTFE/PVA复合膜亲水性好，表面PVA层使BSA分子难以直接接触PTFE膜，且PVA层能减少复合膜表面的吸附位数，吸附概率降低，水通量下降趋势和幅度都较小。此外，亲水性使吸附的BSA分子在错流过滤过程中被除去，这是水通量下降趋势较缓和的另一原因。

图3-39所示为PVA浓度对污染实验中膜水通量的影响，随着PVA浓度增加，复合膜表面PVA层含量提高，膜微孔被堵塞，水通量下降；此外，PVA浓度的增加使复合膜的Zeta电位降低，负电性增强，根据同性相斥原理，膜对负电性BSA分子的静电斥力增加，故抗污性增强。另外，复合膜亲水性的提高使得PTFE与BSA分子中憎水性链段间的吸引力大大降低，使抗污性提高。

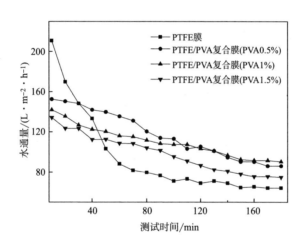

图3-39　PVA浓度对污染实验中膜水通量的影响

如图3-40所示，复合膜因其优异的亲水性在污染实验中不易吸附BSA分子，故水通量较PTFE膜高。实验表明，当GA浓度为2%时，复合膜水通量最高。该浓度下表面的—OH含量最高，Zeta电位最低，复合膜与BSA分子的静电斥力最强，所以抗污性好。

如图3-41所示，随着交联时间的延长，复合膜表面的—OH减少，Zeta电位提高，负电性的BSA分子更易吸附在其表面，所以复合膜的水通量降低。

（3）膜清洗后水通量回复率

污染膜在特定溶液中清洗后，水通量得到回复。膜表面的亲水性是水通量回复率最主要的影响因素。PTFE膜表面的强疏水性使其难以被水溶液润湿，清洗后膜表面仍存在BSA分子，水通量回复率不高。PTFE/PVA复合膜亲水性较好，清洗

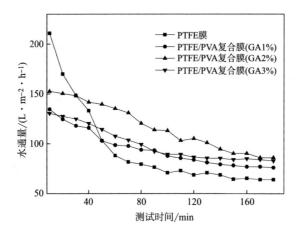

图3-40　GA浓度对污染实验中膜水通量的影响

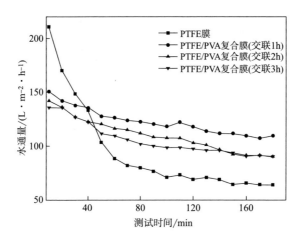

图3-41　交联反应时间对污染过程中膜水通量的影响

过程中膜被润湿，吸附的BSA分子被洗去，膜表面的微孔得到回复，水通量也有所回升，见表3-9。

表3-9　膜清洗后的水通量回复率

| 膜 | PTFE膜 | PTFE/PVA复合膜 | | | | | | | |
| --- | --- | --- | --- | --- | --- | --- | --- | --- | --- |
| | | PVA浓度（质量分数）/% | | | GA浓度（质量分数）/% | | | 交联时间/h | | |
| 回复率/% | 32 | 0.5 | 1 | 1.5 | 1 | 2 | 3 | 1 | 2 | 3 |
| | | 58 | 82 | 63 | 64 | 78 | 81 | 49 | 68 | 71 |

# 3.4　PTFE/P（AA-co-NaSS）亲水复合膜

对苯乙烯磺酸钠（NaSS）因其分子中含不饱和碳碳双键已被广泛用作自由基聚合反应单体。此外，该单体中—$SO_3H$常被接枝于固体材料表面以改善材料表面的亲水性。本节采用表面自由基共聚法，丙烯酸（AA）和对苯乙烯磺酸钠（NaSS）两种单体在PTFE膜表面进行共聚反应，产物嵌合在膜表面，以此改善PTFE膜的表面结构和抗污性。

制备PTFE/P（AA-co-NaSS）复合膜时，将PTFE膜和一定量的NaSS、亚硫酸氢钠（$NaHSO_3$）和去离子水加入三口烧瓶，通入$N_2$后搅拌加热至60℃。将一定量的AA、$(NH_4)_2S_2O_8$分别加入恒压滴液漏斗中，保温反应5h。反应结束后，取出PTFE膜超声、水洗、烘干[104]。

## 3.4.1　PTFE/P（AA-co-NaSS）复合膜的表面结构

### 3.4.1.1　复合膜的微观形貌

PTFE膜表面经AA和NaSS共聚改性后，共聚产物沉积于原纤及节点结构中，原纤和节点尺寸增大，导致PTFE膜原有的纳米—微米双阶结构发生变化，如图3-42所示。此外，PTFE膜表面的部分微孔被共聚产物堵塞，微孔孔径改变。微观形貌的改变说明AA与NaSS的共聚反应成功实现了对PTFE膜的改性。

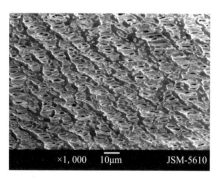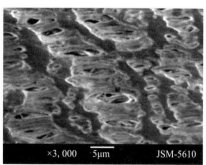

图3-42　PTFE/P（AA-co-NaSS）复合膜的扫描电镜照片

### 3.4.1.2　复合膜的化学结构

AA与NaSS共聚反应中，过硫酸铵引发剂分解，形成初级自由基，后与单体AA

和NaSS加成，形成单体自由基，两种单体自由基通过自聚、共聚形成聚合物，沉积在膜表面，反应如图3-43所示。

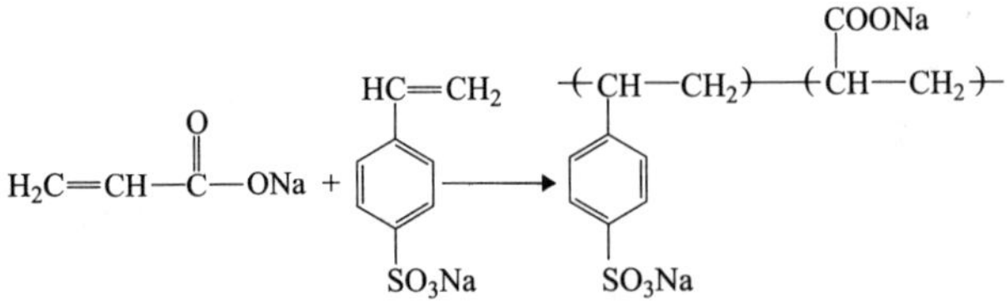

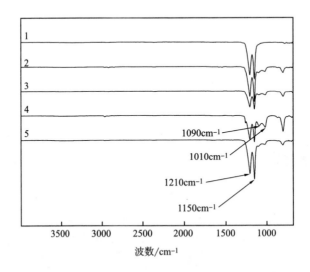

图3-43　AA与NaSS自由基的共聚反应

图3-44为PTFE膜及PTFE/P（AA-co-NaSS）复合膜的红外光谱图，在PTFE膜的红外光谱图中，1210cm$^{-1}$和1150 cm$^{-1}$处有明显的特征峰，这是C—F键的伸缩振动峰。同样，在复合膜中，相同波数处也出现了特征峰，但峰的强度较PTFE膜光谱图中要弱，这是因为复合膜表面沉积了AA和NaSS的共聚物。此外，在复合膜的红外光谱图中，1090cm$^{-1}$和1010cm$^{-1}$处出现特征峰，这是—SO$_3$H的不对称伸缩振动峰，且当AA和NaSS浓度为14%和12%时，—SO$_3$H的特征峰最强[108]。红外谱图表明，PTFE膜通过单体AA和NaSS共聚改性后，复合膜表面成功引入—SO$_3$H。

图3-44　膜红外光谱图

1—PTFE　2—PTFE/P（AA$_{3\%}$-co-NaSS$_{2\%}$）　3—PTFE/P（AA$_{12\%}$-co-NaSS$_{7\%}$）　4—PTFE/P（AA$_{14\%}$-co-NaSS$_{12\%}$）
5—PTFE/P（AA$_{20\%}$-co-NaSS$_{14\%}$）

此外，自由基共聚中，AA比NaSS的单体竞聚率小，结合相关文献，研究单体浓度对PTFE复合膜表面共聚物沉积量的影响。结果表明，随着单体浓度增大，单体和增长链自由基的碰撞概率增大，反应速率增大，导致共聚物含量提高。当AA和NaSS浓度分别为14%和12%时，复合膜表面沉积的共聚物含量最高，见表3-10，这与红外光谱图结果一致。

表3-10　AA、NaSS浓度对复合膜表面共聚物沉积量的影响

| 实验号 | AA/% | NaSS/% | 膜表面共聚物的沉积量/（mg·g$^{-1}$） |
|---|---|---|---|
| 1 | 3 | 2 | 29.3 |
| 2 | 12 | 7 | 52.3 |
| 3 | 14 | 12 | 153.2 |
| 4 | 20 | 14 | 24.3 |

### 3.4.2　PTFE/P（AA-co-NaSS）复合膜的性能

#### 3.4.2.1　复合膜的亲水性

PTFE膜表面经AA和NaSS共聚反应改性后，复合膜表面微观形貌和化学结构发生改变。复合膜表面沉积含—SO$_3$H共聚物，亲水性提高；此外，复合膜表面纳米—微米双阶结构改变是亲水性改善的另一原因，改性后膜表面的水接触角由146°降至70°。复合膜表面的共聚物沉积量与亲水性有关，随着沉积量的增加，膜的亲水性降低，如图3-45所示。

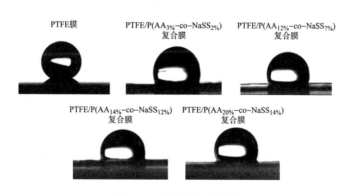

图3-45　水接触角示意图

#### 3.4.2.2　复合膜的Zeta电位

如图3-46所示，PTFE/P（AA-co-NaSS）复合膜因亲水性优异，不易吸附负电荷分子，故在pH＞5.7时，复合膜的Zeta电位均高于PTFE膜。此外，复合膜表面

的—SO₃H在电解液中发生电离，从而影响膜的Zeta电位。当pH＞5.7时，—SO₃H易发生电离形成—SO₃⁻，使复合膜的Zeta电位降低；随着共聚物沉积量的增加，电离的—SO₃H数量增加，复合膜的Zeta电位稍有降低，当AA和NaSS浓度分别为14%和12%时，复合膜的Zeta电位最低，这与红外光谱图的分析结果一致。

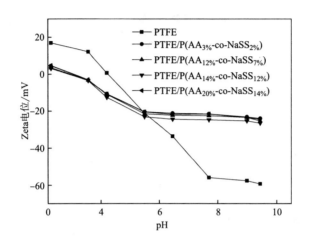

图3-46 共聚物沉积量对膜Zeta电位的影响

### 3.4.3 PTFE/P（AA-co-NaSS）复合膜表面特性与抗污性关系研究

#### 3.4.3.1 静态吸附量

在中性静态吸附实验中，虽然PTFE膜的Zeta电位为负值，BSA的Zeta电位也为负值，但其对BSA的吸附还与其亲水、疏水性有关。根据憎水性吸附原理，PTFE膜憎水性极强，优先吸附BSA分子中的憎水性链段，憎水吸引力大于静电斥力，使得PTFE膜与BSA分子之间呈现吸附作用，所以吸附量较高。此外，从PTFE膜的电镜照片可知，膜表面富含微米级原纤结构，膜的比表面积增加，能增加其吸附位数，从而使BSA分子吸附容量增加。PTFE/P（AA-co-NaSS）复合膜表面及内部孔道中沉积大量AA和NaSS的共聚物，使复合膜的比表面积减小，相应地吸附位数和吸附容量降低；此外，共聚物改善了复合膜表面的亲水性，同时阻隔了BSA分子与PTFE膜的直接接触，Zeta电位为负值的复合膜排斥Zeta电位为负值的BSA分子，所以复合膜表面的BSA吸附量较低。而且随着共聚物沉积量的增加，吸附量降低，如图3-47所示。

#### 3.4.3.2 水通量

（1）共聚物沉积量对纯水错流过滤中水通量的影响

初始水通量反映改性前后复合膜表面共聚物对微孔结构的影响。通过AA与NaSS在PTFE膜表面共聚改性后，复合膜表面沉积共聚物亲水层，亲水层堵塞部分微孔，复合膜的水通量降低。随着复合膜表面亲水物质沉积量的增加，表面微孔堵塞程度提高，膜孔径缩小，水通量减小，如图3-48所示。

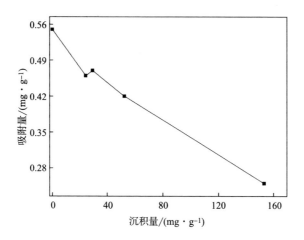

图3-47 共聚物沉积量与静态吸附量的关系

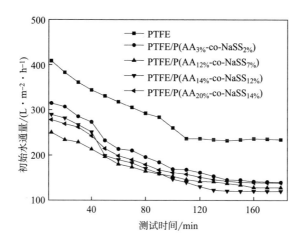

图3-48 共聚物沉积量对膜初始水通量的影响

（2）共聚物沉积量对污染实验中水通量的影响

错流过滤中，PTFE/P（AA-co-NaSS）复合膜因其亲水共聚物的存在对BSA分子的吸附能力降低，且吸附的BSA分子在分离过程中易被洗去，所以复合膜不易受污染，因此比PTFE膜的水通量高。此外，复合膜表面的—SO$_3$H会发生电离生成—SO$_3^-$，从而降低复合膜的Zeta电位，增强其与BSA分子之间的静电斥力，使复合膜的抗污性提高。如图3-49所示，随着共聚物沉积量的增加，复合膜水通量下降幅度减小，说明复合膜的抗污性得到改善。

（3）膜清洗后水通量回复率

亲水PTFE/P（AA-co-NaSS）复合膜在清洗过程中，吸附在复合膜表面及内部孔道中的BSA分子易被除去，原始微孔结构重现，水通量得到提高。此外，由于亲水共聚物的沉积量不同，所以复合膜的水通量回复率也不同，见表3-11。

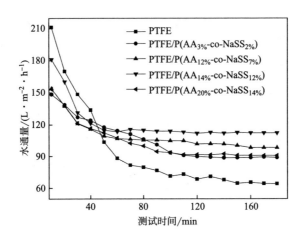

图3-49　共聚物沉积量对污染实验中膜水通量的影响

**表3-11　膜的水通量回复率**

| 膜 | 水通量回复率/% |
|---|---|
| PTFE | 32 |
| PTFE/P（AA$_{3\%}$-co-NaSS$_{2\%}$） | 63 |
| PTFE/P（AA$_{12\%}$-co-NaSS$_{7\%}$） | 75 |
| PTFE/P（AA$_{14\%}$-co-NaSS$_{12\%}$） | 81 |
| PTFE/P（AA$_{20\%}$-co-NaSS$_{14\%}$） | 61 |

# 3.5　PTFE/（PVA—APTES）亲水复合膜

通过PVA与氨丙基三乙氧基硅烷（APTES）缩聚反应制备杂化凝胶，并将凝胶涂覆于PTFE膜表面引入氨基（—NH₂），制得PTFE/PVA—APTES亲水复合膜。

首先在二甲基亚砜（DMSO）中加入一定量的PVA粉末，85℃下溶解配制浓度为5%（质量分数）的PVA溶液；然后向PVA溶液中加入适量的APTES单体，25℃搅拌均匀，向上述溶液中加入适量的1mol/L盐酸溶液，40℃下进行溶胶凝胶反应一定时间，制得PVA—APTES凝胶。

PTFE膜经丙酮清洗后，室温干燥。将上述制得的PVA—APTES凝胶涂覆在PTFE膜表面，80℃下真空干燥若干小时，150℃氮气保护下干燥若干小时[104]。

## 3.5.1 PTFE/（PVA—APTES）复合膜的表面结构

### 3.5.1.1 复合膜的微观形貌

与前两节相比，PTFE膜表面涂覆杂化凝胶改性后，表面微观形貌发生类似变化。原纤及节点结构上形成一层薄膜，使得原纤直径和节点尺寸变大，此外，PTFE膜表面的部分微孔被堵塞，部分合并的原纤造成微孔孔径扩大，如图3-50所示。

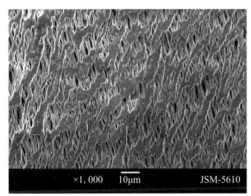 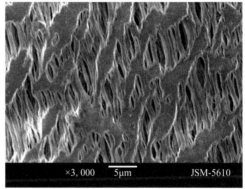

图3-50　PTFE/PVA—APTES复合膜表面扫描电镜照片

### 3.5.1.2 复合膜的化学结构

APTES在盐酸催化下发生水解缩聚反应，生成Si—OH和Si—O—Si结构，如图3-51所示。溶胶凝胶法制备聚有机硅氧烷过程中，催化剂浓度、反应温度等因素对水解缩聚反应及产物的分子结构有很大影响。酸性条件下，APTES的水解速率高于缩聚速率，产物的分子结构为类似于树枝状的聚合物结构。然而，碱性条件下，缩聚速率要高于水解速率，产物中易出现微凝胶，微凝胶的出现不利于制备表面均匀的复合膜。

真空干燥后的复合膜在N₂环境中热处理，复合膜表面杂化层中残余的Si—OH

一部分在PVA的非晶区中发生缩聚，另一部分与PVA中的—OH发生脱水反应，两者化学键合，使PVA—APTES杂化层牢固嵌合在PTFE膜表面，如图3-52所示。

图3-53所示为PTFE/（PVA—APTES）复合膜的红外光谱图，图中1560cm⁻¹处为—NH₂的特征峰，表明PTFE膜表面成功引入—NH₂；3300cm⁻¹处为Si—OH的特征峰，表明APTES发生水解且缩聚反应不完全，复合膜表面仍有残余的—OH；此外，随着单体APTES含量的增加，Si—OH的吸收峰增强；1022cm⁻¹和1130cm⁻¹处为Si—O—Si的吸收峰，说明APTES在盐酸催化下发生缩聚反应，杂化层为三维网状结构[109-111]。

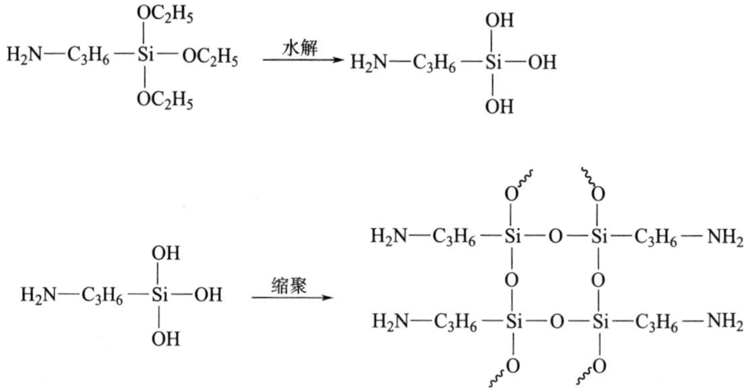

图3-51　APTES的水解缩聚反应

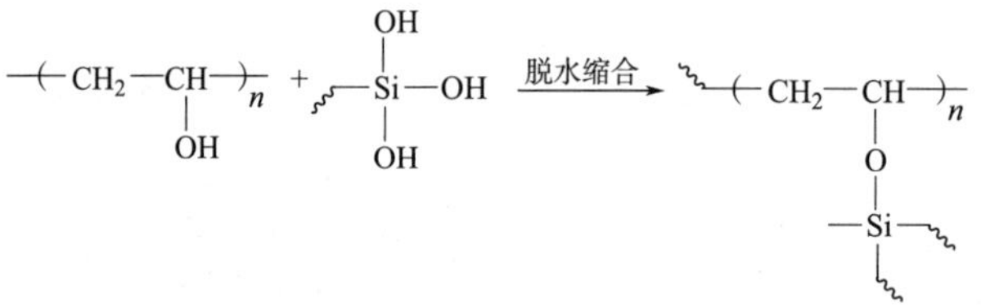

图3-52　APTES与PVA的缩聚反应

## 3.5.2　PTFE/（PVA—APTES）复合膜的表面特性

### 3.5.2.1　复合膜的亲水性

由图3-50和图3-53可知，PTFE/（PVA—APTES）复合膜表面的微观形貌和化学成分都发生了改变。相比于PTFE膜，复合膜表面的原纤及节点结构上存在一层薄膜，该薄膜中富含—OH、—NH₂等亲水基团，使复合膜的亲水性提高。如图3-54所示，改性后复合膜的水接触角降至50°左右。

PTFE/（PVA—APTES）复合膜与表面杂化层之间的结合力对膜的亲水稳定性

有很大影响。如图3-55所示，复合膜的水接触角随着超声时间的增加基本保持不变，说明杂化亲水层牢固地结合在PTFE膜表面。

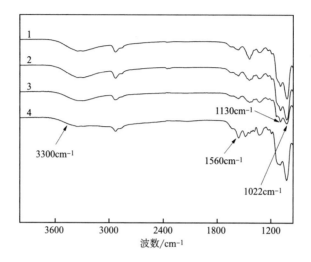

图3-53　PTFE/（PVA—APTES）复合膜红外光谱图
1—APTES 120%　2—APTES 90%　3—APTES 60%　4—APTES 30%

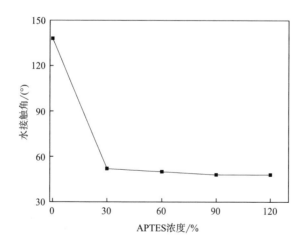

图3-54　APTES浓度对复合膜水接触角的影响

### 3.5.2.2　复合膜的Zeta电位

PTFE/（PVA—APTES）复合膜中存在—$NH_2$，在电解质溶液中—$NH_2$会发生电离，提高复合膜的Zeta电位。如图3-56所示，复合膜因其亲水性不易吸附溶液中的负电性离子，在pH>4.7时，其Zeta电位高于PTFE膜。当APTES浓度为30%时，复合膜的Zeta电位最高，这是因为该复合膜表面的—$NH_2$含量最高，电离后形成的—NH$_3^+$最多，故Zeta电位最高，这与红外光谱图的分析结果一致。

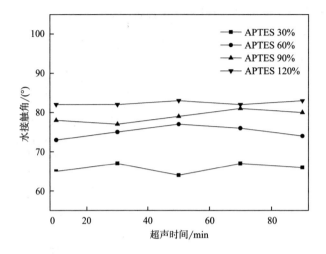

图3-55 复合膜水接触角与超声时间的关系

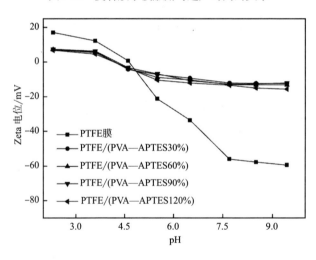

图3-56 APTES含量对膜Zeta电位的影响

### 3.5.3 PTFE/（PVA—APTES）复合膜的抗污性

#### 3.5.3.1 静态吸附量

中性静态吸附实验中，虽然PTFE与BSA均带负电，由于PTFE的强憎水性，PTFE膜与BSA分子的吸附主要与膜的亲水、疏水性相关。如图3-57所示，PTFE膜的吸附量在0.28～0.42mg/g之间，而复合膜的BSA吸附量在0.175～0.315mg/g之间，这是因为PTFE膜表面富含微孔，为BSA分子吸附提供吸附位，而且微米级孔径增强了膜与分子之间的吸附作用力。复合膜表面的亲水层阻碍了BSA分子与PTFE膜的接触，故降低其吸附概率[112]。

复合膜在N₂下干燥，温度对PVA与PSS的脱水影响较大。随着温度升高，复合膜中的—OH含量降低，亲水性降低，BSA分子在复合膜表面的吸附能力增加，如图3-58所示。

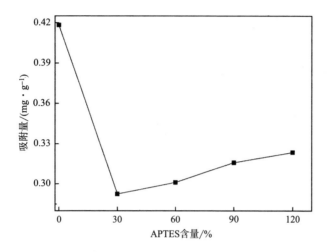

图3-57　APTES含量与BSA静态吸附量的关系

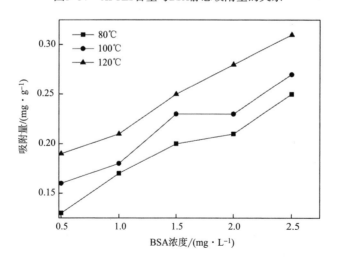

图3-58　干燥温度与BSA静态吸附量的关系

HCl作为溶胶凝胶制备过程中的催化剂，主要影响APTES的水解缩聚反应。HCl浓度升高，会促进溶胶凝胶制备过程，杂化凝胶中的—OH含量降低，导致复合膜亲水性降低，BSA分子更易吸附，如图3-59所示。

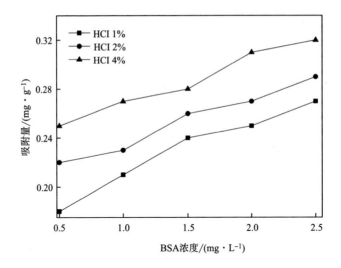

图3-59　HCl浓度与BSA静态吸附量的关系

### 3.5.3.2　水通量

（1）反应条件对纯水错流过滤中初始水通量的影响

复合膜制备过程中，PVA与APTES之间通过氢键结合，杂化层的密度变大，溶胀度降低。在杂化层非晶区中，随着APTES的增加，更多的APTES参与Sol—Gel反应，反应形成的三维网状结构降低复合膜表面杂化层的溶胀度，改善初始水通量。此外，复合膜表面杂化层会堵塞PTFE膜表面微孔结构，所以相比于原始PTFE膜，复合膜的初始水通量均降低。如图3-60所示，复合膜的最小初始水通量为140L/（m²·h）；随着APTES单体用量的增加，初始水通量略微升高，这是PVA与APTES之间通过化学结合降低溶胀度导致的。

HCl浓度主要通过影响APTES的水解缩聚反应改变复合膜性能。随着HCl浓度增加，缩聚反应更加完全，杂化层的溶胀度提高，所以水通量略微增大，如图3-61所示。但HCl浓度不宜太高，否则会出现微凝胶，影响复合膜表面的均匀性。

复合膜在$N_2$中干燥，随着温度升高，—OH在PVA的非晶区反应加剧，结晶度提高，密度增大，溶胀度降低，有利于提高复合膜的初始水通量，如图3-62所示。

（2）反应条件对污染实验中水通量的影响

污染实验中，水通量变化主要受膜表面亲水性和电性能影响。膜亲水性提高，其表面不易吸附BSA分子，且吸附的BSA分子也易脱附。此外，电性能会影响膜与BSA分子之间的静电作用，从而改变其抗污性。

如图3-63所示，PTFE膜在过滤前后水通量从210L/（m²·h）降至70L/（m²·h），

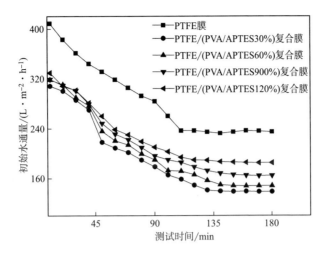

图3-60　APTES含量对膜初始水通量的影响

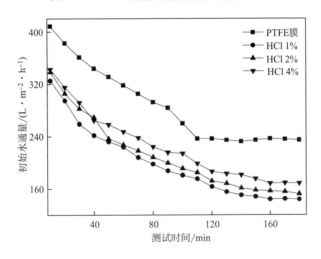

图3-61　催化剂浓度对膜初始水通量的影响

降幅达66.7%，说明其抗污性能差，这是因为污染液中的BSA分子易吸附在疏水性PTFE膜表面及内部孔道中，从而使膜的孔隙率降低，水通量降低。复合膜水通量从160 L/（m²·h）降至100 L/（m²·h），降幅为37.5%，这是因为复合膜表面的亲水杂化层对BSA分子的吸附能力差，且吸附的BSA分子也易在过滤中脱附，故抗污性好。此外，随着APTES含量增加，杂化层的溶胀度降低，水通量有所提高。另外，从红外光谱图中可以看出，当APTES用量为30%时，—NH₂的吸收峰最强，电离后复合膜表面的负电性最弱，使得负电性的BSA分子更容易吸附在膜表面，膜水通量降低。

127

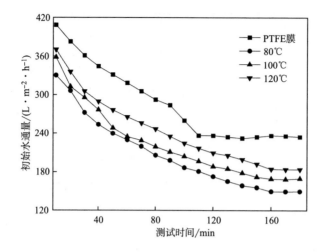

图3-62　干燥温度对膜初始水通量的影响

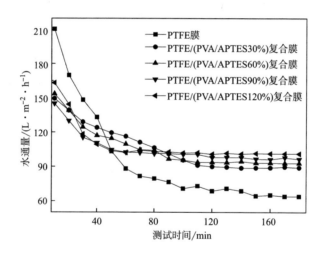

图3-63　APTES含量对污染实验中膜水通量的影响

　　HCl浓度主要影响APTES的Sol—Gel反应，随着HCl浓度提高，反应更彻底，复合膜表面杂化层溶胀度提高，对水通量有积极影响；同时，复合膜表面的杂化层变厚，微孔结构堵塞更严重，不利于水通量。此外，反应中—OH含量降低，膜疏水性会略微提高，如图3-64所示。

　　图3-65所示为干燥温度对污染实验中膜水通量的影响，随着温度升高，PSS在PVA膜的非晶区中自身聚合，并与PVA结合，使得复合膜亲水性变差，水通量随之降低。此外，温度的升高会促进—OH发生反应，使复合膜亲水性变差，因此BSA分子更易吸附引起污染。

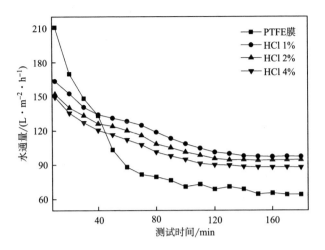

图3-64　HCl浓度对污染实验中膜水通量的影响

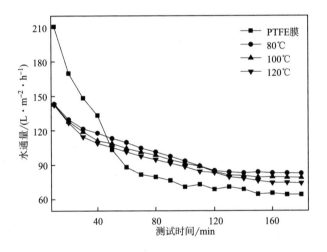

图3-65　干燥温度对污染实验中膜水通量的影响

（3）复合膜清洗后水通量回复率

　　复合膜亲水性好，清洗过程中易被溶液润湿，吸附的BSA分子易脱附，所以复合膜经清洗后表面微孔结构重现，内部孔道通畅，水通量得到回复，见表3-12。

表3-12　膜水通量回复率

| 项目 | PTFE | APTES浓度/% | | | | HCl浓度/% | | | 干燥温度/℃ | | |
|---|---|---|---|---|---|---|---|---|---|---|---|
| | | 30 | 60 | 90 | 120 | 1 | 2 | 4 | 80 | 100 | 120 |
| 回复率/% | 32 | 81 | 72 | 69 | 71 | 65 | 59 | 60 | 69 | 65 | 62 |

## 3.6 PTFE/Sac-100交联PAA亲水复合膜

氮丙啶Sac-100含有三个可以与羧基反应的官能团（图3-66），环氮基团在酸性条件下可以与羧基进行亲电加成反应，交联形成三维网络结构，包裹在PTFE微孔膜原纤表面，制备过程示意图和反应原理如图3-67和图3-68所示。由于聚丙烯酸（PAA）含有大量羧基，经离子化后亲水性增强。

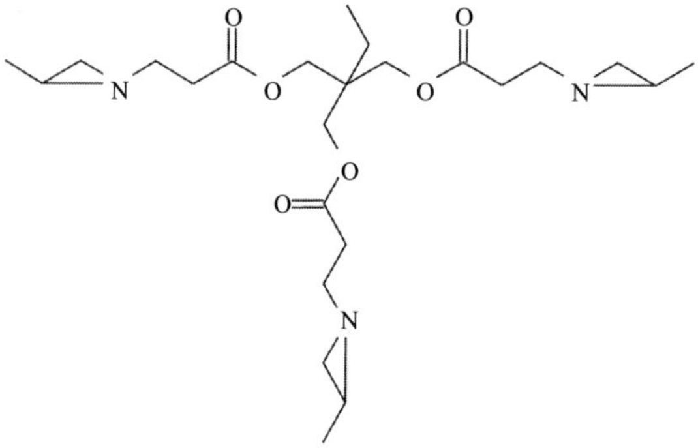

图3-66　三羟甲基丙烷-三〔3-（2-甲基吖丙啶基）丙酸酯〕交联剂结构式

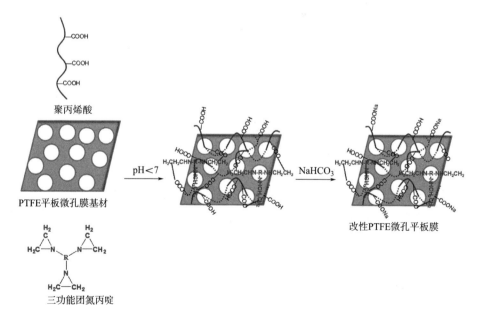

图3-67　聚丙烯酸与氮丙啶Sac-100交联制备PTFE亲水膜的制备示意图

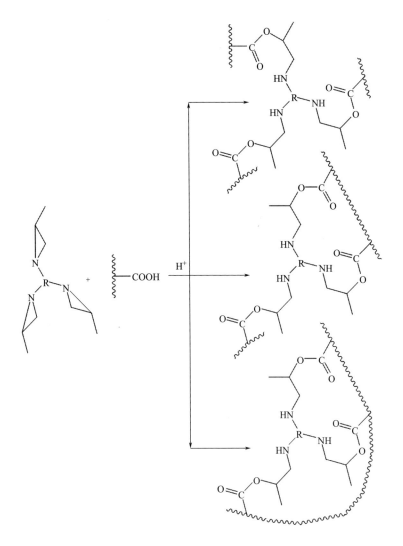

图3-68　聚丙烯酸与氮丙啶Sac-100交联反应机理

PTFE亲水膜制备时，将PTFE平板膜（最大孔径0.24μm，平均孔径0.22μm，孔隙率80%）用丙酮浸泡30min除去膜孔和表面杂质，然后在真空烘箱内40℃干燥，烘干后的膜用无水乙醇润湿待用；配制聚丙烯酸水溶液（$M_n$=3000，50%的水溶液），用氨水调节溶液的pH至7~8后，加入三羟甲基丙烷—三〔3-（2-甲基吖丙啶基）丙酸酯〕（氮丙啶Sac-100）交联剂搅拌均匀；把准备好的PTFE平板膜放入上述溶液中，25℃水浴加热搅拌；1~1.5h后慢慢滴加0.2mol/L的盐酸溶液调节

pH=5，搅拌5～10min；取出改性过的PTFE平板膜，分别浸泡在去离子水和饱和碳酸氢钠溶液中浸泡12h，后用去离子水洗涤；取出处理过的平板膜，在40℃真空烘箱内干燥[2]。

分别控制不同浓度的PAA、Sac-100和反应pH，重复上述过程，制备不同条件下的改性膜，进行相应测试分析。

### 3.6.1　PTFE/Sac-100交联PAA复合膜的结构分析

#### 3.6.1.1　XPS分析

亲水改性前后PTFE平板膜表面的化学元素组成由XPS表征，如图3-69所示。PTFE平板膜原膜只有两个固有的特征峰，分别是C 1s和F 1s的吸收峰，在284.75eV和689.29eV处分别出现。经PAA和氮丙啶Sac-100交联改性后，在412.8eV和545.28eV处出现了N 1s和O 1s的吸收峰。浸泡饱和碳酸氢钠表面离子化后，改性膜表面在1079.48eV处出现新的Na 1s的吸收峰。这些结果表明，PAA和氮丙啶Sac-100可以成功地对PTFE平板膜进行亲水改性，且改性的膜可以进一步表面离子化，以增强膜的亲水性。最后，不同改性PTFE膜表面元素的组成见表3-13，表中数据与XPS能谱图相对应。

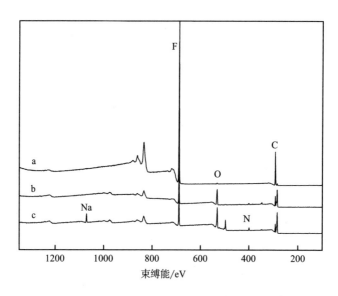

图3-69　PTFE膜改性前后表面大的XPS图

a—原膜　b—未浸泡碳酸氢钠改性膜　c—浸泡碳酸氢钠改性膜

表3-13　PTFE平板膜改性前后表面元素组成

| 膜 | 元素组成/% | | | | |
|---|---|---|---|---|---|
| | C | F | O | N | Na |
| PTFE原膜 | 33.17 | 66.83 | — | — | — |
| 未浸泡碳酸氢钠改性膜 | 55.72 | 25.97 | 15.18 | 2.71 | — |
| 浸泡碳酸氢钠改性膜 | 52.94 | 22.9 | 17.53 | 3.57 | 3.06 |

### 3.6.1.2　FTIR分析

图3-70所示为PTFE平板膜亲水改性前后的红外谱图，由谱线a可知，PTFE原膜只在1210cm$^{-1}$和1149cm$^{-1}$处有两个尖锐的峰，这是聚四氟乙烯中C—F键伸缩振动峰；在谱线b和c中均在3300cm$^{-1}$附近出现一个宽峰，这是由氢键缔合形成的—OH峰，而且在1730cm$^{-1}$处两谱线均有明显的—C=O键的振动峰，充分表明PAA包裹在膜表面，膜表面引入了亲水基团—COOH；在谱线d中，在1500～1630cm$^{-1}$出现一个新峰，且是在交联后未经饱和碳酸氢钠浸泡时出现，这是氮丙啶Sac-100的基团与羧基反应所产生的—NH—键的振动峰，表明氮丙啶Sac-100与PAA反应后沉积在膜表面；羧基离子化后两个C=O键振动偶合，在两个地方出现其强吸收，其中反对称伸缩振动在1560～1610cm$^{-1}$，对称伸缩振动在1440～1360cm$^{-1}$，强度弱于反对称伸缩振

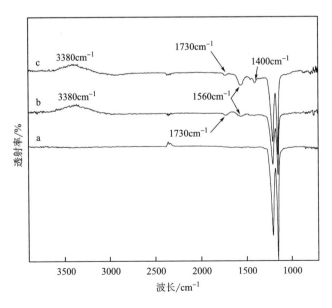

图3-70　PTFE平板膜亲水改性前后的FTIR谱图
a—未改性膜　b—未浸泡饱和碳酸氢钠溶液改性膜　c—浸泡饱和碳酸氢钠溶液后改性膜

动吸收，在谱线e中，在1500～1630cm⁻¹处的峰变大且在1400cm⁻¹附近出现一个新的振动峰，表明改性膜表面的部分羧基已经被离子化，形成羧基离子。

### 3.6.1.3  SEM分析

图3-71所示为PTFE微滤膜亲水改性前后的SEM图，由图3-71（a）可以看出，原膜由纤维和节点构成，且纤维表面比较粗糙；图3-71（b）原膜经过预反应液浸泡处理，膜纤维与节点没发生变化且不具有亲水性，这是因为PAA和Sac-100在碱性条件下不反应，所以单一的PAA、氮丙啶Sac-100以及PAA和氮丙啶Sac-100的碱性混合溶液对膜不能进行改性；由图3-71（c）（d）可以看出，改性膜纤维表面被一层物质包裹且很光滑，且两图未发现明显差距。这是因为在酸性条件下，PAA和Sac-100进行反应形成一种三维网状且具有一定黏性的亲水物质，且这一反应是在膜孔内进行，导致亲水物质均匀的包裹在纤维的表面，大大地增加了PTFE的亲水性。浸泡在饱和碳酸氢钠溶液中只是改变改性膜表面亲水基团的状态，并未导致膜结构形态的变化；由图3-71（e）（f）可以看出，在高浓度的PAA和Sac-100条件下，膜表面出现堵孔现象，这是因为反应所形成的三维网状结构亲水层具有一定的成膜性能，浓度过高时在PTFE膜表面形成一层薄膜，导致堵孔。但低浓度的PAA和Sac-100反应时，所形成的亲水层不足以完全改性膜，导致膜纤维表面包覆层较少，膜表面形貌

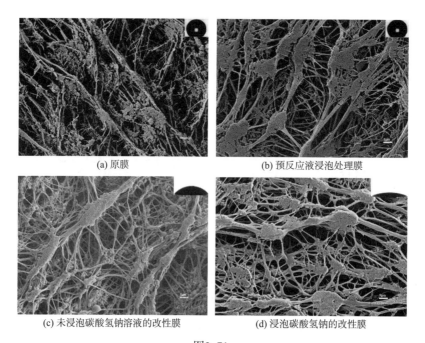

(a) 原膜　　　　　　　　　　(b) 预反应液浸泡处理膜

(c) 未浸泡碳酸氢钠溶液的改性膜　　　(d) 浸泡碳酸氢钠的改性膜

图3-71

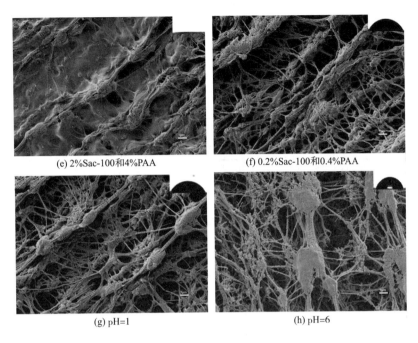

(e) 2%Sac-100和4%PAA                (f) 0.2%Sac-100和0.4%PAA

(g) pH=1                            (h) pH=6

图3-71　PTFE膜亲水改性前后的扫描电镜图

变化较小；由图3-71（g）（h）可以看出，在弱酸以及强酸条件下，改性膜纤维表
面包裹的亲水层很少，这是因为PAA和Sac-100在弱酸条件下反应不彻底，所形成的
亲水涂层较少，而强酸又破坏了改性膜的亲水层。

### 3.6.1.4　EDX分析

图3-72（c）所示为改性膜截面的EDX测试结果。从线1中可以看出，原膜只有C

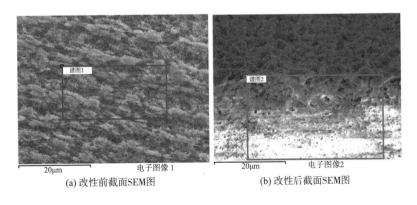

(a) 改性前截面SEM图                  (b) 改性后截面SEM图

图3-72

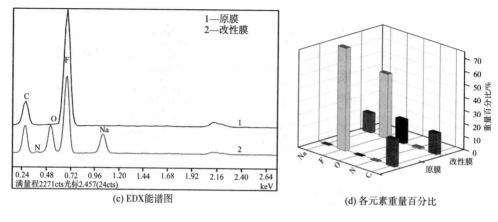

(c) EDX能谱图 (d) 各元素重量百分比

图3-72　PTFE平板膜改性前后对比

和F的特征峰，而在线2改性膜截面出了三个新的特征峰，分别属于N、O、Na。其中N来自氮丙啶Sac-100，O则由氮丙啶Sac-100和PAA共同提供，Na为反应过后的聚丙烯酸钠提供。结果进一步表明，交联后聚丙烯酸钠亲水层不仅附着到PTFE平板膜表面，而且在膜孔内壁也有一定的附着，从而说明膜的亲水改性是对整张膜进行的亲水改性，因此使得膜的亲水性和抗污染性大大提高。最后，PTFE平板膜改性前后截面的元素组成如图3-72（d）所示，结果与上述EDX能谱图相对应。

### 3.6.2　膜表面润湿性与水渗透能力分析

#### 3.6.2.1　PAA浓度对膜亲水性能的影响

图3-73所示为PAA浓度对膜亲水性的影响。由图可以看出，当反应体系控制pH=5、氮丙啶Sac-100的（质量分数）为0.4%时，水通量随着PAA的浓度增加先增加后降低，水接触角呈先降低后增加的趋势。当反应体系中不含有PAA时，由于氮丙啶Sac-100为小分子化合物且为水溶性，经水洗烘干后很难黏结在膜内，所以只经氮丙啶Sac-100处理的膜，水通量和原膜无异。在实验中，低浓度的PAA与氮丙啶Sac-100反应时生成高黏度的物质，全部吸附在PTFE膜表面以至于膜孔全部被堵，从而导致水通量降低，但是膜表面羧基含量较高，所以膜表面接触角很小；当PAA浓度从0增加到2.0%时，水通量显著增大；但当PAA的浓度大于2.0%时，水通量反而降低，这是因为，随着PAA的浓度增加，交联度逐渐降低，导致交联产物在膜孔纤维上缠绕得不牢固，在水中浸泡冲洗就已脱离，从而水通量降低。因此，选用的PAA浓度为2.0%。

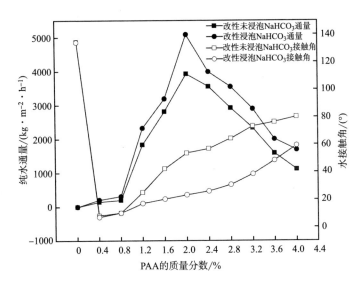

图3-73　PAA浓度对膜亲水性的影响

### 3.6.2.2　氮丙啶Sac-100浓度对膜亲水性能的影响

图3-74所示为氮丙啶Sac-100浓度对膜亲水性的影响。由图可以看出，当反应体系控制pH=5，PAA的质量分数为2.0%时，水通量随着反应体系中氮丙啶Sac-100值的升高呈先升高后降低趋势，水接触角呈逐渐降低趋势。当反应体系中不含氮丙啶Sac-100时，由于所选的PAA为水溶性低分子聚合物，不能自我交联，所以经水洗处理时膜内PAA仍不能停留在膜孔内，导致单一的PAA体系对原膜改性失败；

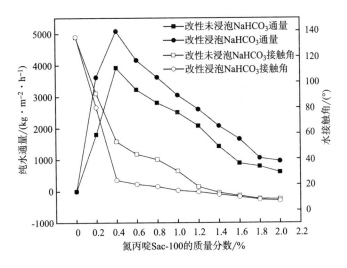

图3-74　氮丙啶Sac-100浓度对膜亲水性的影响

当反应体系中氮丙啶Sac-100的浓度在0~0.4%时，随着氮丙啶Sac-100浓度增加，水通量增加；当氮丙啶Sac-100浓度大于0.4%时，水通量开始降低且接触角仍然逐步降低，这是因为反应体系中氮丙啶Sac-100的含量过高时，PAA与氮丙啶Sac-100的比例相对降低，交联过度，膜孔被堵，水通量降低。因此，选用的氮丙啶Sac-100的浓度为0.4%。

### 3.6.2.3 反应体系pH对膜亲水性能的影响

图3-75所示为反应体系pH对膜亲水性的影响。由图可以看出，当反应体系控制PAA的质量分数为2.0%，Sac-100的质量分数为0.4%时，水通量随着反应体系中pH值的升高呈先小幅度上升后急剧下降趋势。由于实验中选用的氮丙啶Sac-100氮原子上没有连接吸电子基团，三元环上面电子云密度较高，所以为非活化氮丙啶，非活性的氮丙啶在进行开环反应时往往需要质子酸或Lewis酸。在酸性条件下，氮丙啶与质子酸或Lewis酸相结合，使得氮原子带有部分正电荷，降低了三元环上面的电子云密度，从而使其更容易被亲核试剂进攻，可以通过控制反应pH来控制反应速度。在碱性或者中性时，交联反应不能进行，在酸性条件下氮丙啶Sac-100与PAA极易亲核交联，为了控制反应，所以先在PAA溶液中加入氨水中和；当pH<5时，随着pH值的逐渐降低，水通量逐渐降低；当pH>5时，氢离子浓度过低导致交联反应不充分，膜表面及纤维上交联产物不多，水通量随之降低。因此，反应体系pH=5。

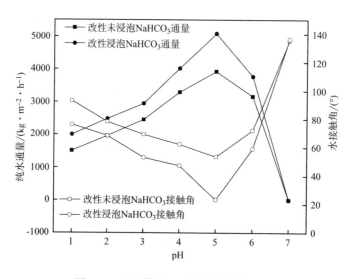

图3-75 反应体系pH对膜亲水性的影响

在图3-73～图3-75中，膜经过交联处理后，饱和碳酸氢钠处理过的膜水通量比未经过浸泡的水通量大，但水接触角却大大降低。这是由于选用的PAA分子量低，在弱碱条件下羧基也能转化为羧基离子，羧基离子结合水分子的能力比羧基强，能够在改性膜表面以氢键形式形成稳定的网状结构的亲水层。交联改性过后的膜经过饱和碳酸氢钠浸泡时，部分羧基转化为羧基离子，膜亲水性进一步增强。

### 3.6.2.4 PTFE平板膜改性前后表面动态接触角分析

图3-76所示为不同PTFE平板膜的动态接触角测试结果。由图可知，在PTFE原膜以及改性膜表面滴3μL的去离子水，水滴与原膜的接触角随着时间的变化并不改变，而在改性未浸泡碳酸氢钠的膜以及改性且浸泡碳酸氢钠的膜完全铺展开所需要的时间分别为13s和5s，结果进一步证明，PAA与氮丙啶Sac-100经过后交联法改性PTFE平板膜具有显著功效，且进行表面离子化对提高亲水PTFE平板膜的润湿性具有可行性。

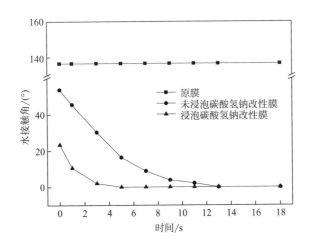

图3-76 不同PTFE平板膜的动态接触角测试

## 3.6.3 抗污染性能和稳定性分析

### 3.6.3.1 膜的Zeta电位

如图3-77所示，由于在酸性介质中改性膜容易吸附溶液中的氢离子，以至于改性膜的Zeta电位比原膜要低；而在碱性介质中，改性膜表面具有羧基负离子，由于同电荷排斥效应，膜不易吸附溶液中的氢氧根负离子，导致改性膜的Zeta电位比原膜要高。

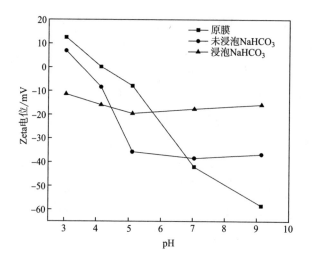

图3-77 不同pH下PTFE原膜以及改性膜的Zeta电位

### 3.6.3.2 改性膜的抗污染性

如图3-78所示，在静态吸附实验中由于PTFE膜的强疏水性，易吸附BSA分子，导致吸附量较大，抗污性能较差。然而，PTFE膜经过后交联亲水改性后，膜原纤表面被亲水层包裹，导致膜表面的吸附位点变少，阻碍BSA分子与膜直接接触，从而降低了吸附量；亲水层含有大量的羧基离子，导致膜表面Zeta电位升高，从而膜与BSA分子之间的静电斥力增强，所以不易吸附BSA分子，吸附量较小，表

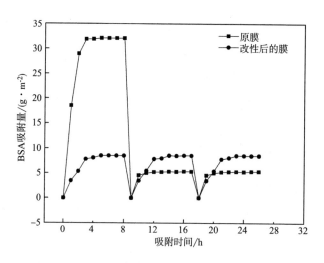

图3-78 PTFE膜对BSA吸附量的影响
BSA浓度1g/L，pH=7.4

现为抗污性较好；随着吸附的进行，由于膜表面吸附位点变少直至基本消失，不易吸附BSA分子，吸附量趋于稳定，但改性膜的水通量均高于改性前的PTFE膜。把测过的膜用超声清洗后继续检测发现，改性的膜通量曲线与之前相似，而原膜与之前相差较大，这是因为，BSA分子与亲水基团的相互作用力较弱，在改性膜表面更易离去。综上所述，亲水性复合膜的抗污性优于PTFE膜。

### 3.6.3.3　改性膜的稳定性能分析

在实际应用中，改性膜亲水涂层的稳定性对改性膜亲水持久性和废水处理过程至关重要。在0.1mol/L盐酸、0.1mol/L氢氧化钠、6%次氯酸钠、无水乙醇中浸泡12h后测试相关膜的亲水性。如图3-79所示，改性的膜在0.1mol/L NaOH溶液中浸泡后，水通量随着时间的增大而减小，最后水通量与原膜无异，表面水接触角逐步增大直到与原膜相同，这是因为在强碱条件下酯的水解为不可逆反应，会使交联产物中的酯键全部断裂，以至于交联产物全部脱落，从而降低了膜的亲水性；改性的膜在0.1mol/L盐酸溶液中浸泡后，水通量随着时间的增加呈缓慢减小后趋于稳定，浸泡后接触角先缓慢增大后趋于稳定，这是因为在酸性条件下部分酯键断裂，由于酯在酸性条件下的水解为可逆反应，所以改性的膜仍含有交联产物，使改性的膜保持亲水性；改性的膜在饱和碳酸氢钠中浸泡后，水通量和水接触角不随时间的变化而变化，这是因为饱和碳酸氢钠碱性较弱，弱碱条件下对交联产物没有影响，从而改性过后的膜亲水性不变；改性的膜在无水乙醇中浸泡后，水通量和水接触角不随时间的变化而变化，这就表明交联产物在无水乙醇中并没有溶解或破坏。

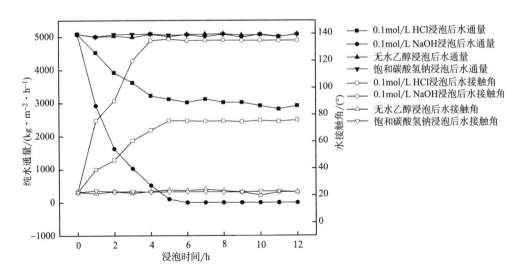

图3-79　不同溶液浸泡时间对改性PTFE亲水膜亲水性能的影响

除了对改性膜亲水涂层化学稳定性测试，还检测了亲水涂层在膜表面包裹的物理稳定性。在0.1MPa压力下对改性的PTFE平板膜做72h的纯水过滤测试。结果如图3-80所示。亲水改性膜在持续水洗条件下，膜的水通量呈先降低后稳定趋势、改性膜的接触角呈先增大后稳定的趋势。这是因为在水持续冲洗过程中，由于膜孔较小，水中的微小颗粒沉积在改性膜表面，导致部分膜孔堵塞，水通量有所下降。但总体来讲，亲水涂层在膜表面具有较强的稳定性。

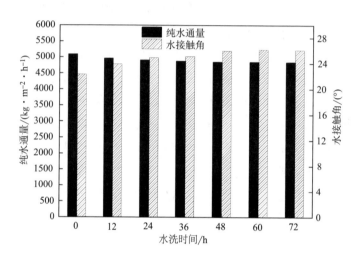

图3-80　水洗时间对改性PTFE平板膜亲水性能的影响

# 3.7　PTFE/双氨基有机硅交联PAA亲水复合膜

3.6部分制备的用氮丙啶化合物与聚丙烯酸对PTFE平板微滤膜进行后交联亲水改性后的膜具有通量大、抗污染性能强等特点。但由于三元环胺与羧基反应形成的酯键在强酸强碱溶液中容易水解，所以只能应用于中性废水领域，本节通过在丙烯酸树脂中加入有机硅来提高丙烯树脂的抗污染性、耐化学腐蚀性以及耐气候性。

PTFE/双氨基有机硅交联PAA亲水复合膜制备时，将PTFE平板膜（最大孔径0.24μm，平均孔径0.22μm，孔隙率80%）用无水乙醇浸泡30min除去膜表面和孔内杂质，然后在真空烘箱内40℃干燥，烘干后的膜用无水乙醇润湿待用；配置聚丙烯酸水溶液（$Mn$=3000，50%的水溶液）用氨水调节溶液的pH=7～8后，加入双氨基有机硅9300（结构如图3-81所示）搅拌均匀；把准备好的PTFE平板膜放入上述溶液中，50℃水浴加热搅拌；20～30min后慢慢滴加1.0mol/L的盐酸溶液调节pH=4；升温至80℃，反应5～6h后取出，用去离子水洗涤；处理过的平板膜在40℃真空烘箱内干燥[113]。

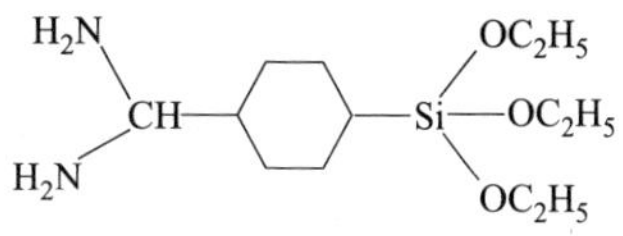

图3-81　双氨基有机硅9300的结构式

分别控制不同浓度的双氨基有机硅9300浓度、PAA/双氨基有机硅9300、反应温度和反应时间，重复上述过程，制备不同条件下的改性膜后进行相应的测试分析。

双氨基有机硅交联剂9300中的氨基和聚丙烯酸的羧基在酸性条件下可以进行反应，且双氨基有机硅交联剂9300在酸性条件下会发生水解和缩合（反应机理如图3-82所示），在膜纤维表面包裹成亲水层。

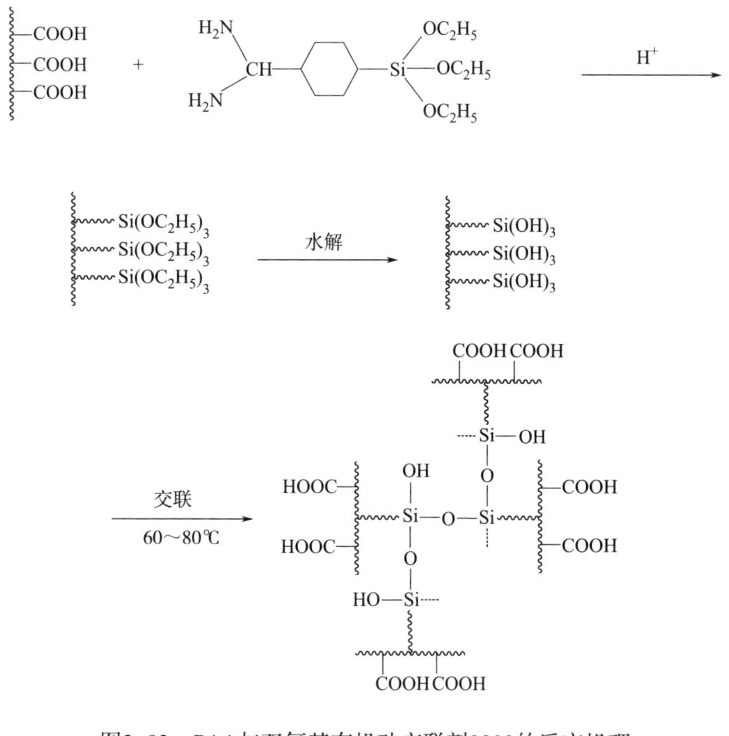

图3-82　PAA与双氨基有机硅交联剂9300的反应机理

## 3.7.1　PTFE/双氨基有机硅交联PAA复合膜的结构分析

### 3.7.1.1　XPS分析

亲水改性前后PTFE平板膜表面的化学元素组成由XPS表征。如图3-83所示，

PTFE平板膜原膜只有两个固有的特征峰，分别是C1s和F1s的吸收峰，在284.75eV和689.29eV处分别出现。纯双氨基有机硅9300改性膜和PAA/9300改性膜表面在410.28eV、545.48eV、150.28eV和110.48eV出现新的吸收峰，分别为N1s、O1s、Si2s和Si2p的吸收峰。根据改性膜表面元素含量的变化（表3-14）可知，PAA/9300改性膜表面O、N和Si元素的含量均比纯双氨基有机硅9300改性膜高。

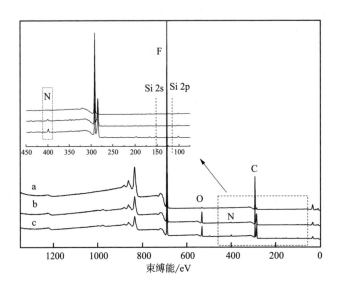

图3-83　PTFE膜改性前后表面大的XPS图
a—原膜　b—2g/L纯双氨基有机硅9300改性膜　c—PAA/9300改性膜

表3-14　PTFE平板膜改性前后表面元素组成

| 膜 | 元素组成/% | | | | |
|---|---|---|---|---|---|
| | C | F | O | N | Si |
| PTFE原膜 | 33.17 | 66.83 | — | — | — |
| 2g/L纯双氨基有机硅9300改性膜 | 42.68 | 47.11 | 7.9 | 1.54 | 0.77 |
| PAA/双氨基有机硅9300改性膜 | 46.44 | 40.86 | 8.67 | 2.53 | 1.51 |

### 3.7.1.2　FTIR分析

图3-84所示为PTFE平板膜改性前后的红外光谱图，由谱线a可知，PTFE原膜只在1210cm⁻¹和1149cm⁻¹处有两个尖锐的峰，这是PTFE中C—F键伸缩振动峰。谱线b为双氨基有机硅交联剂9300自水解缩合改性后的膜的红外光谱图，可以看出，在1555cm⁻¹附近出现一个新峰，这是伯胺的δN—H吸收峰；在1027cm⁻¹和1048 cm⁻¹处出现了新的吸收峰，分别属于Si—O—C和Si—O的伸缩峰。谱线c为PAA

与双氨基有机硅交联剂9300反应改性的PTFE膜的红外光谱图，从谱线c中可以看出，在1700cm⁻¹附近有一个新峰出现，由于羧基与伯胺反应形成的仲酰胺在红外光谱图中有多个谱带，由于受到氨基的影响，$\sigma$C=O所显第Ⅰ谱带向低波数位移，此峰即为仲酰胺中C=O键；在1540cm⁻¹处出现的谱带为仲酰胺$\delta$N—H吸收峰，为酰胺的第Ⅱ谱带；1555cm⁻¹处的峰为未反应完的伯胺$\delta$N—H吸收峰；而受酰胺键的影响，交联产生的Si—O—Si键漂移至1109cm⁻¹处以及Si—O键漂移至1086cm⁻¹处。结果表明，亲水涂层成功覆盖在了膜表面。

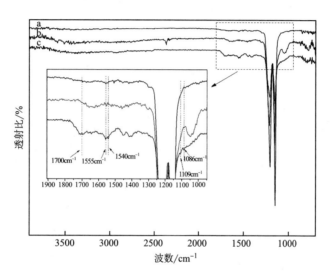

图3-84　PTFE膜亲水改性前后的红外光谱图

a—原膜　b—双氨基有机硅9300改性的PTFE膜　c—PAA/双氨基有机硅9300共改性的PTFE膜

### 3.7.1.3　SEM分析

PTFE平板微滤膜的表面形态如图3-85（a）所示；PTFE平板微滤膜经预反应液处理后，表面形态与原膜无异，如图3-85（b）所示；经后交联改性的膜纤维表面变得很光滑且节点及纤维表面出现一些微颗粒，并且未出现堵孔现象，如图3-85（c）所示，说明亲水涂层均匀包裹在膜纤维表面，使得膜具有良好的亲水性。如图3-85（c）和图3-85（d）所示，在双氨基有机硅交联剂的浓度为2g/L条件下，随着PAA与双氨基有机硅9300的质量比由15∶1变为5∶1时，膜出现堵孔现象，这可能是因为PAA与双氨基有机硅9300反应时出现过度交联并堆积在膜表面，造成膜部分堵孔；当质量比为0∶1时，如图3-85（e）所示，由于溶液中只有双氨基有机硅9300且其在酸性条件下可以进行水解缩合，在膜表面形成微型颗粒，使得膜表面接触角有所降低，但膜亲水性远远不够，膜纯水通量与原膜无异。当双氨基有

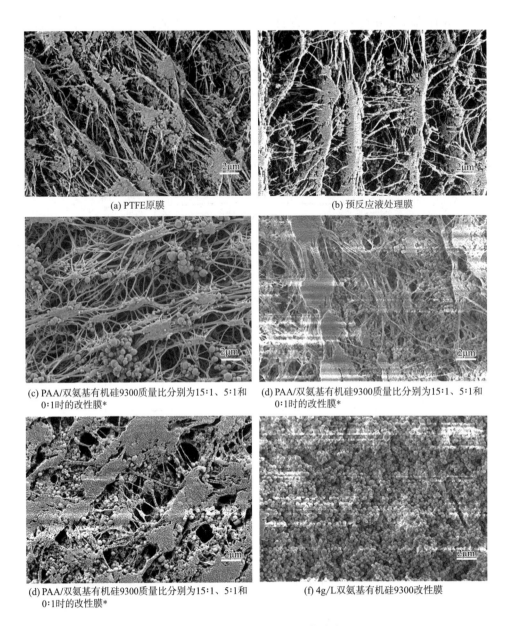

(a) PTFE原膜

(b) 预反应液处理膜

(c) PAA/双氨基有机硅9300质量比分别为15：1、5：1和0：1时的改性膜*

(d) PAA/双氨基有机硅9300质量比分别为15：1、5：1和0：1时的改性膜*

(d) PAA/双氨基有机硅9300质量比分别为15：1、5：1和0：1时的改性膜*

(f) 4g/L双氨基有机硅9300改性膜

图3-85　SEM形貌（均为5000倍放大）

*双氨基有机硅9300浓度为2g/L、反应时间为6h，反应温度为80℃

机硅交联剂9300浓度为4g/L时，如图3-85（f）所示，未与PAA反应的9300水解自缩合，产生大量的微球颗粒，在膜表面进行沉积造成膜堵孔，微球含有大量氨基以及硅羟基，使得膜表面水接触角较低，但水通量几乎为零。

### 3.7.1.4　EDX分析

图3-86（c）所示为改性膜截面的EDX测试结果。从线1中可以看出，原膜只有C和F的特征峰，而在线2改性膜截面出三个新的特征峰，分别属于N、O、Si。其中N来自双氨基有机硅交联剂9300，O元素则由双氨基有机硅9300和PAA共同提供，Si为双氨基有机硅9300提供。结果进一步表明，交联后聚丙烯酸亲水涂层不仅附着到了PTFE平板膜表面，而且在膜孔内壁也有一定的附着，从而说明膜的亲水改性是对整张膜进行的亲水改性，因此使得膜的亲水性和抗污染性大大提高。

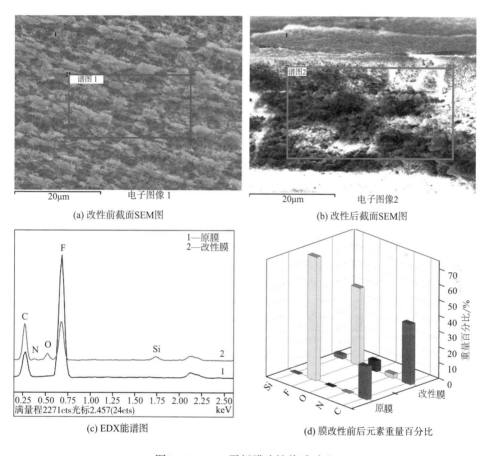

(a) 改性前截面SEM图　　　　　　　　(b) 改性后截面SEM图

(c) EDX能谱图　　　　　　　　(d) 膜改性前后元素重量百分比

图3-86　PTFE平板膜改性前后对比

## 3.7.2　膜表面润湿性与水渗透能力分析

### 3.7.2.1　双氨基有机硅交联剂9300对改性膜亲水性能的影响

PAA与双氨基有机硅9300后交联改性的PTFE膜，双氨基有机硅9300对改性膜水接触角和纯水通量的影响如图3-87所示。在双氨基有机硅交联剂9300浓度较低时，随着交联剂浓度的增加，改性的PTFE膜纯水接触角逐渐增大。当其浓度为2g/L时，改性膜的纯水通量升至最大，为（4300.32±230）kg/（m²·h）。但随着交联剂浓度的进一步增加，改性膜的纯水通量有降低趋势。这是因为，当交联剂的浓度过高时，未反应的双氨基有机硅交联剂9300在酸性条件下水解缩合，形成大量纳米二氧化硅颗粒，二氧化硅颗粒沉积在膜表面造成堵孔现象，所以导致改性膜的纯水通量降低。与纯水通量不同的是，随着双氨基有机硅交联剂9300浓度的增加，改性膜表面水接触角逐渐减小后趋于稳定，这是因为在低浓度时，随着交联剂9300浓度的增加，膜表面包裹的亲水层增加，导致水接触角减小。但膜表面堵孔之后，膜表面亲水基团主要是硅羟基，最终膜表面水接触角稳定。综上，实验所选用双氨基有机硅交联剂9300浓度为2g/L，此时水通量为（4300.32±230）kg/（m²·h）、膜表面水接触角为（30.35±1.3）°。

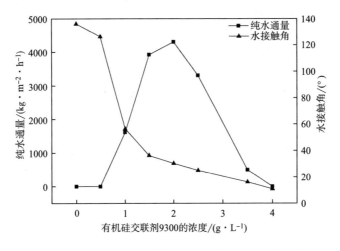

图3-87　双氨基有机硅交联剂9300对改性膜亲水性能的影响

### 3.7.2.2　PAA与双氨基有机硅交联剂9300的质量比对改性膜亲水性能的影响

图3-88所示为PAA/有机硅交联剂9300质量比对改性膜亲水性能的影响。由图可以看出，在无双氨基有机硅交联剂9300条件下对膜进行改性，所得的改性膜在0.1MPa下水通量为0，表面水接触角为（136±2.1）°，表明纯的PAA无法对膜进行改性；随着质量比的降低，改性膜的纯水通量呈先增加后降低的趋势，由图可以看出，在PAA/9300质量比15：1条件下所得到的改性膜水通量最大，为（4300.32±230）kg/（m²·h），此时膜表面水接触角为（30.35±1.3）°，这是因

为，PAA 与双氨基有机硅交联剂 9300 反应后交联在膜纤维表面包裹一层亲水层，使得膜亲水性变强；当质量比小于 15∶1 时，改性膜的水通量开始降低，这是因为增加双氨基有机硅交联剂 9300 的量在反应过程中加大了与 PAA 的反应及自身缩合，从而堵塞了膜孔，降低了改性膜的水通量；当反应溶液中只有双氨基有机硅交联剂 9300 时，由于其自身的水解缩合所形成的微粒在膜孔沉积，具有一定的亲水基团导致改性膜的表面水接触角有所减小，为（120 ± 2.3）°。综上，PAA 与双氨基有机硅交联剂 9300 质量比的最佳选择为 15∶1。

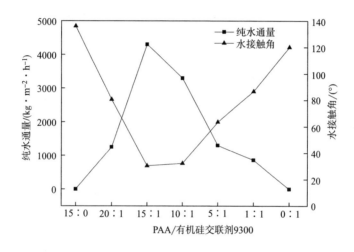

图 3-88　PAA/有机硅交联剂 9300（质量比）对改性膜亲水性能的影响

### 3.7.2.3　反应时间对改性膜亲水性能的影响

图 3-89 所示为反应时间对改性膜亲水性能的影响。由图可以看出，随着反应时间的增加，改性膜的纯水通量先增加，达到最优值后有所降低，最后趋于稳定；当反应时间为 2h 时，改性膜的纯水通量为（1163.39 ± 100）kg/（$m^2 \cdot h$）；当反应时间为 6h 时，改性膜的纯水通量达到最优值，为（4300.32 ± 230）kg/（$m^2 \cdot h$）；当反应时间超过 6h 时，改性膜的水通量变化不大。改性膜的水接触角随着反应时间的增加呈先下降后趋于稳定的趋势。反应 2h 和 6h 的水接触角分别为（90.62 ± 2.3）°和（30.35 ± 1.3）°。但是，反应超过 8h 后，改性膜的水通量有所降低，这可能是由于反应时间过长时溶液中双氨基有机硅交联剂 9300 自身的水解缩合形成的微粒堵孔所致。综上，反应所选择的最佳时间为 6h。

### 3.7.2.4　反应温度对改性膜亲水性能的影响

图 3-90 所示是反应温度对改性膜亲水性能的影响。由图可以看出，随着反

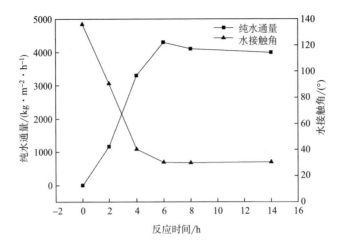

图3-89 反应时间对改性膜亲水性能的影响

应温度的升高，改性膜的是纯水通量呈先增加后趋于稳定的趋势。在35℃以下，改性膜的纯水通量几乎不变，当温度进一步升高时，改性膜的纯水通量进一步增加；当温度不低于80℃时，改性膜的水通量达到最大值且开始趋于稳定，水通量为（4300.32±230）kg/（m² · h）。

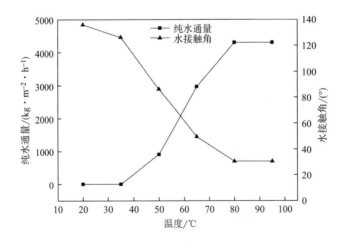

图3-90 反应温度对改性膜亲水性能的影响

### 3.7.3 改性膜的过滤性能与抗污染性能分析

#### 3.7.3.1 改性膜对水晶碾磨废水过滤性能的分析

实验在0.1MPa压力下，用改性的PTFE亲水膜对水晶碾磨废水进行过滤，装置图如图3-91（a）所示，测试亲水平板膜的水通量和浊度去除率。如图3-91（b）（c）所示，水晶碾磨废水经改性PTFE膜过滤前后图片，浊度由2636.21NTU降低至2.36NTU，浊度去除率达到99.91%。

(a) 真空抽滤装置　　　　　　(b) 水晶碾磨废水　　　　　　(c) 滤液

图3-91　实验用装置及材料

图3-92所示为持续过滤水晶碾磨废水180min的水通量图，由图可以看出，水通量呈先降低后趋于稳定的趋势；这是因为，水晶碾磨废水浊度较大，废水中的

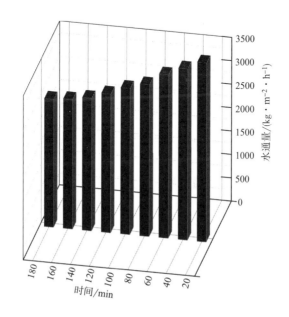

图3-92　水通量随时间的变化

微小颗粒在过滤过程中会堵塞亲水平板膜的膜孔，导致水通量有所下降。

### 3.7.3.2　膜改性前表面Zeta电位及抗污染性能分析

在室温25℃条件下进行PTFE膜改性前后的表面Zeta电位测试和牛血清蛋白吸附测试。膜表面Zeta电位测试结果如图3-93（a）所示，PTFE原膜和改性膜在pH=6.92下均带负电，PTFE原膜表面Zeta电位为（-60.76±1.35）mV，改性膜表面Zeta电位为（-41.83±0.36）mV。改性后PTFE膜表面含有大量羧基，但与PTFE原膜相比，Zeta电位有所降低。

中性条件下改性前后膜表面牛血清蛋白吸附结果如图3-93（b）所示。由于原膜表面具有较强的疏水性，表现出对牛血清蛋白具有较高的吸附量，吸附量为（33.7±0.59）g/m²，说明PTFE原膜容易被蛋白质污染。而改性膜对牛血清蛋白吸附量比较低，吸附量为（4.29±0.62）g/m²，这是因为在中性条件下，牛血清蛋白呈电负性且改性膜电负性较强，由于同离子排斥效应，导致改性膜抗污染性能较强。所以改性PTFE平板膜对蛋白质具有很好的抗污染性。

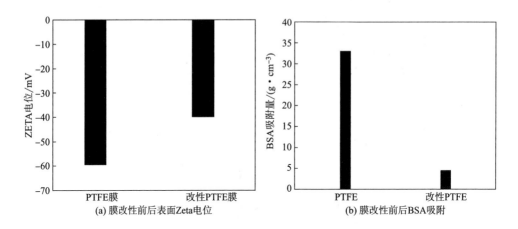

(a) 膜改性前后表面Zeta电位　　　(b) 膜改性前后BSA吸附

图3-93　膜改性前后表面Zeta电位和BSA吸附

### 3.7.3.3　改性膜的稳定性能分析

在现实应用中，改性膜亲水涂层的稳定性对改性膜亲水性能持久性和废水处理过程至关重要。在0.1mol/L盐酸、0.1mol/L氢氧化钠、6%次氯酸钠、无水乙醇中浸泡12h后测试相关膜的亲水性能稳定性。图3-94所示为不同溶液浸泡对改性PTFE平板膜亲水性能的影响。由图可以看出，改性膜在0.1mol/L盐酸溶液和无水乙醇浸泡后，膜的水通量和水接触角基本不变，说明改性膜在强酸条件下较为稳定，且亲水涂层在无水乙醇中不能溶解；但在0.1mol/L氢氧化钠和6%次氯酸钠溶液中浸泡一段时间后，膜的水通量基本为零，水接触分别为116°和100°，表明亲水涂层在强碱性和具有氧化性的溶液中不稳定。这可能是亲水涂层的酰胺键在碱性条件下发生水解，导致亲水涂层分解并溶于水中。

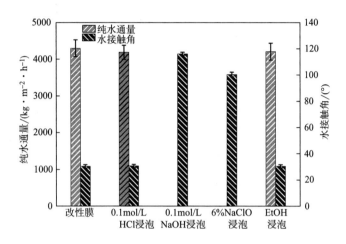

图3-94　不同溶液浸泡对改性PTFE平板膜亲水性能的影响

除了对改性膜亲水涂层进行化学稳定性测试，还检测了亲水涂层在膜表面包裹的物理稳定性。在0.1MPa压力下对改性PTFE平板膜进行72h的纯水过滤测试。结果如图3-95所示。亲水改性膜在持续水洗条件下，膜的水通量呈先降低后稳定的趋势，改性膜的水接触角呈先增大后稳定的趋势。这是因为在水持续冲洗过程中，由于膜孔较小，水中的微小颗粒沉积在改性膜表面，导致部分膜孔堵塞，水通量下降。但总体来讲，亲水涂层在膜表面具有较强的稳定性。

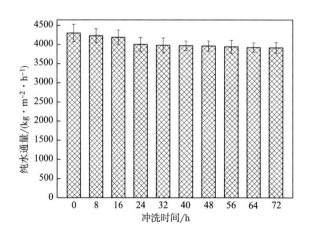

图3-95　冲洗时间对改性PTFE平板膜亲水性能的影响

# 3.8　溶胶凝胶法PTFE微孔膜的超疏水改性

首先在PTFE微孔膜表面通过溶胶凝胶法沉积SiO$_2$纳米颗粒，构造粗糙表面，然后通过浸渍含氟硅烷（全氟癸基三甲氧硅烷，FAS-17），实现PTFE微孔膜的超疏水改性。主要改性步骤如下。

（1）溶胶凝胶胶体溶液的配制。将氨水、乙醇和去离子水在温度60℃条件下混合搅拌30min，滴加一定量TEOS的乙醇溶液至上述混合物中，恒温搅拌90min；再加入MTES的乙醇溶液，恒温搅拌2h，得到SiO$_2$胶体溶液。

（2）PTFE平板微孔膜的改性。将PTFE平板微孔膜样品在乙醇超声浴中清洗15min，然后在温度60℃烘箱中干燥1h作为原样，然后将原样PTFE平板微孔膜浸渍于胶体溶液中5min，取出，在105℃下干燥30min，重复3次；最后将膜在FAS-17溶液中浸涂20min，低温阴干，重复3次[70]。

## 3.8.1　疏水改性对膜表面结构与性能的影响

### 3.8.1.1　溶胶凝胶$m_{MTES}/m_{TEOS}$比例

实验中，其他溶胶凝胶条件不变，FAS-17浓度恒定，通过改变$m_{MTES}/m_{TEOS}$比例研究其对PTFE平板微孔膜疏水性能的影响，测试结果如图3-96所示。

由图3-96可知，恒定FAS-17浓度不变，$m_{MTES}/m_{TEOS}$比例对PTFE平板微孔膜疏

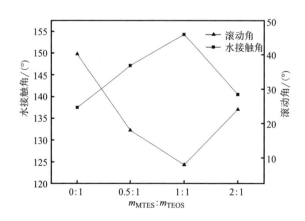

图3-96　$m_{MTES}/m_{TEOS}$比例与膜的水接触角、滚动角的关系

水性能的影响显著。随着$m_{MTES}/m_{TEOS}$比例的增大，疏水改性微孔膜表面水接触角先增大后减小，其对应滚动角则是先减小后增大。未经改性的原膜（M0）表面水接触角为（124.2±1.6）°，滚动角>40°；当$m_{MTES}$：$m_{TEOS}$为0∶1时，PTFE平板微孔膜表面改性效果较小，膜表面的水接触角仅增大到137.5°，滚动角依旧大于40°；而当$m_{MTES}$：$m_{TEOS}$为1∶1时，膜表面的接触角提高到154.3°，滚动角只有8°。

不同$m_{MTES}/m_{TEOS}$比例下疏水改性膜的SEM照片如图3-97所示。由图可知，未改性的原膜（M0）为原纤—结点的网状微孔结构（平均孔径0.409μm，孔隙率63.3%），改性后PTFE的原纤和结点上出现了$SiO_2$纳米粒子。当$m_{MTES}/m_{TEOS}$比例为0∶1（M1）时，$SiO_2$粒径较大且易团聚；随着$m_{MTES}/m_{TEOS}$比例的增加，$SiO_2$粒径减小且分散均匀，这可能是因为加入MTES改变了TEOS在醇溶液中的水解速度和$SiO_2$纳米颗粒的缩聚速率，从而影响$SiO_2$纳米颗粒的粒径和分散性。

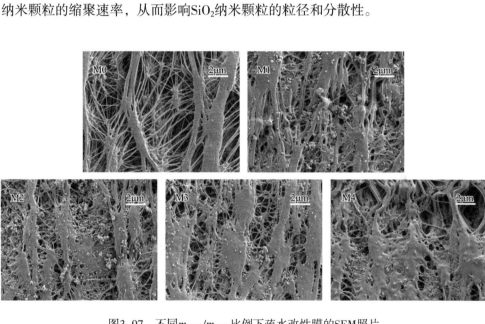

图3-97　不同$m_{MTES}/m_{TEOS}$比例下疏水改性膜的SEM照片

不同$m_{MTES}/m_{TEOS}$比例下疏水改性膜的孔径分布如图3-98所示。由于疏水改性时膜表面附着了$SiO_2$纳米颗粒，堵塞了部分膜孔，因此随着$m_{MTES}/m_{TEOS}$比例的增大，膜平均孔径和孔隙率均随之减小。根据图3-98可以清晰地看到，未经改性的PTFE平板微孔膜的膜平均孔径和平均孔隙率在最大值，膜平均孔径为0.409μm，平均孔隙率约为63.3%，而经改性后，和RA的结果，本实验选取$m_{MTES}/m_{TEOS}$比例为1∶1。

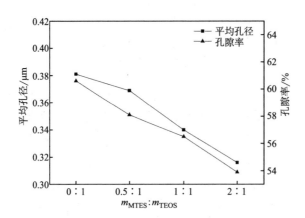

图3-98 $m_{MTES}/m_{TEOS}$比例与改性膜平均孔径、平均孔隙率的关系

不同$m_{MTES}/m_{TEOS}$比例下疏水改性膜的AFM照片和粗糙度如图3-99所示。由图可知，原膜（M0）的表面粗糙度只有196.1nm，其表面水接触角为124.2°。而当$m_{MTES}/m_{TEOS}$比例为1：1时，表面接触角达到最大为154.3°，粗糙度也达到398.5nm。由此可见，膜表面的粗糙度越大，表面疏水性能越好；当$m_{MTES}/m_{TEOS}$比例升高时，表面粗糙度先随之增大，之后由于SiO$_2$纳米颗粒堵塞了部分膜孔，膜表面粗糙度反

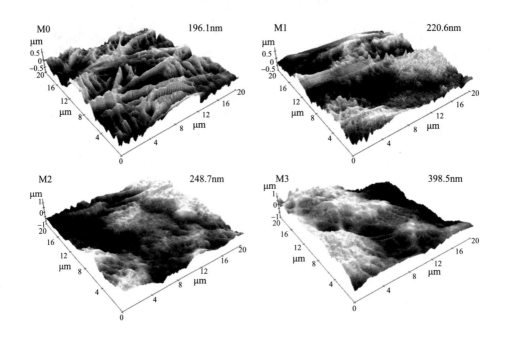

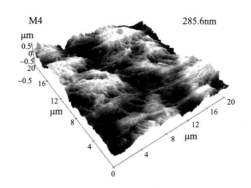

图3-99　不同$m_{MTES}/m_{TEOS}$比例下疏水改性膜的AFM图

而降低。当$m_{MTES}/m_{TEOS}$比例为1∶1时，其表面粗糙度达到最大值，表面疏水性能也达到最优值。

### 3.8.1.2　溶胶凝胶温度

实验中，其他溶胶凝胶条件不变，恒定FAS-17的浓度不变，通过改变制备$SiO_2$纳米颗粒时溶胶凝胶法的温度来探究其对PTFE平板微孔膜疏水性能的影响，测试结果如图3-100所示。

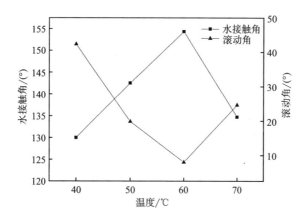

图3-100　溶胶凝胶温度与膜的水接触角、滚动角的关系

由图3-100可知，其他溶胶凝胶条件不变，恒定FAS-17的浓度不变，溶胶凝胶温度变化对PTFE平板微孔膜疏水性能的影响显著。随着溶胶凝胶温度的升高，疏水改性微孔膜的表面水接触角先升高后降低，其对应滚动角则是先减小后增大。未经改性的原膜（M0）的表面水接触角为（124.2±1.6）°，滚动角>40°；当溶胶凝胶温度较低时，PTFE平板微孔膜表面改性效果不明显。当溶胶凝胶温度为40℃

时，PTFE平板微孔膜表面的水接触角仅提高到129.96°，滚动角依旧大于40°；当溶胶凝胶温度为60℃时，PTFE平板微孔膜表面的水接触角提高到154.3°，滚动角仅为8°；而当溶胶凝胶温度继续升高到70℃时，PTFE平板微孔膜表面的水接触角反而下降至134.7°，滚动角增加至24.6°。

不同溶胶凝胶温度下疏水改性膜的SEM照片如图3-101所示。由图可以清晰看到，未改性的原膜（M0）为原纤—结点的网状微孔结构，改性后PTFE的原纤和结点上出现了SiO$_2$纳米粒子。当溶胶凝胶温度为40℃时，在相同反应时间内，SiO$_2$微纳米颗粒合成粒径较小，且发生明显团聚；随着溶胶凝胶温度升高至60℃时，SiO$_2$粒径略有增大且分散逐渐均匀；而当溶胶凝胶温度继续升高至70℃时，SiO$_2$粒径有所减小，但颗粒数量增多。这是因为温度升高，成核速率就会成几何级数增加，较高的成核速率使得生成的核子来不及进行聚合生成大的颗粒，从而使小粒子生成数量增多；体系在高温下相碰撞概率增加，聚集也较容易发生，所以在70℃时，SiO$_2$微纳米颗粒团聚较60℃时明显。

不同溶胶凝胶温度下疏水改性膜的孔径分布如图3-102所示。结合图3-101，

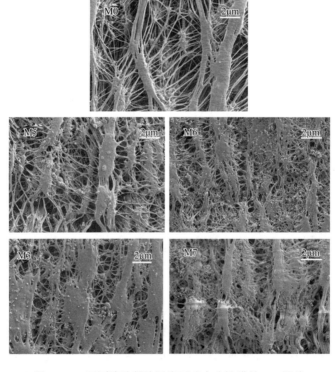

图3-101　不同溶胶凝胶温度下疏水改性膜的SEM照片

由于疏水改性时膜表面附着了SiO₂纳米颗粒，堵塞了部分膜孔，因此随着溶胶凝胶温度升高，膜平均孔径和孔隙率均随之减小。由图3-102可以清晰地看到，未经改性的PTFE平板微孔膜的膜平均孔径和孔隙率在最大值，膜平均孔径为0.409μm，孔隙率约为63.3%，当溶胶凝胶温度升高，膜平均孔径和孔隙率因SiO₂纳米颗粒的团聚堵塞了部分膜孔而下降，当温度在50℃时，膜平均孔隙率达到最低值，仅为49.1%；当温度升至70℃时，平均膜孔径达到最低值，仅为0.337μm，但当溶胶凝胶温度在60℃时，因SiO₂纳米颗粒在PTFE平板微孔膜表面分布均匀，其平均孔径和孔隙率都有所上升，膜平均孔径为0.340μm，孔隙率回升至56.5%。

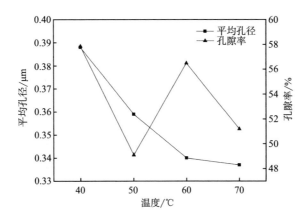

图3-102　溶胶凝胶温度与膜的平均孔径、平均孔隙率的关系

### 3.8.1.3　全氟硅烷浓度

疏水改性实验中，其他溶胶凝胶条件不变，通过改变FAS-17的浓度探究其对PTFE平板微孔膜疏水性能的影响，结果如图3-103所示。

由图3-103可知，其他溶胶凝胶条件不变，FAS-17的浓度改变对PTFE平板微孔膜疏水性能的影响显著。结合图3-104可知，未经改性的原膜（M0）表面水接触角为（124.2±1.6）°，滚动角为45.8°；随着FAS-17浓度的增加，疏水改性微孔膜的表面水接触角先升高后降低，对应的滚动角则是先减小后增大。当FAS-17的浓度为0时，PTFE平板微孔膜表面的水接触角反而下降至122.3°，滚动角增至49.8°；这主要是因为SiO₂微纳米颗粒改变了微孔膜表面的粗糙度，但同时SiO₂微纳米颗粒表面的自由能远远高于PTFE的表面自由能。当FAS-17的浓度增至4%（质量分数）时，PTFE平板微孔膜表面的水接触角升高至154.3°，滚动角仅为8°；这说明，表面张力只有23.7mN/m的FAS-17低表面能的物质修饰在SiO₂上可显著增加

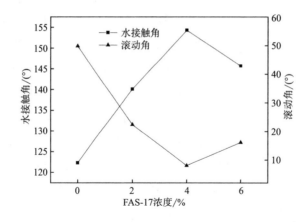

图3-103　FAS-17的浓度与膜水接触角、滚动角的关系

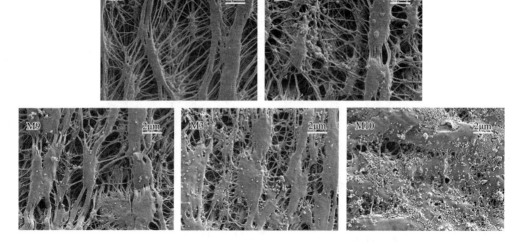

图3-104　不同FAS-17浓度下疏水改性膜的SEM照片

膜的疏水性。而当FAS-17的浓度继续增加至6%（质量分数）时，PTFE平板微孔膜表面的水接触角反而下降至145.7°，滚动角增加至16.1°，这可能是因为FAS-17的浓度为6%（质量分数）时，FAS-17在膜表面形成了一层薄膜，降低了膜表面的粗糙度。

　　FAS-17的浓度对疏水改性膜平均孔径和孔隙率的影响如图3-105所示。由于FAS-17具有很强的黏附性，结合图3-104可以看出，FAS-17极易黏附在SiO$_2$纳米颗粒表面，在PTFE平板微孔膜表面形成薄膜，容易堵塞部分膜孔，使膜的平均孔径和孔隙率明显降低。实验中，当FAS-17的浓度为0时，PTFE平板微孔膜表面的平均孔径为0.358μm，平均孔隙率为58.1%，当FAS-17的浓度增至为6%（质量浓度）时，平均膜孔径下降至0.266μm，平均孔隙率降至40.2%。

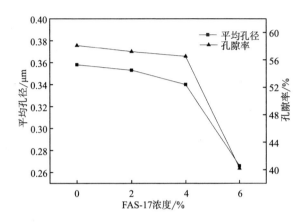

图3-105　FAS-17的浓度与膜平均孔径、平均孔隙率的关系

### 3.8.1.4　PTFE疏水改性平板微孔膜的FTIR分析

图3-16所示为超疏水改性前后微孔膜的FTIR光谱图。M0为未经改性的PTFE平板微孔膜原膜；M3为同时经过溶胶凝胶改性和FAS-17表面修饰的PTFE平板微

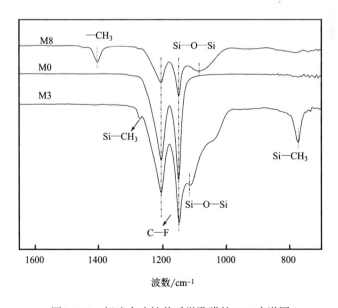

图3-106　超疏水改性前后微孔膜的FTIR光谱图

孔膜；M8为经溶胶凝胶改性而未经过FAS-17表面修饰的PTFE平板微孔膜。由图3-106可知，改性前PTFE平板微孔膜（M0）在1205cm$^{-1}$和1149cm$^{-1}$处有强的C—F特征吸收峰；膜表面附着SiO$_2$纳米粒子后（M8），在1110 cm$^{-1}$附近出现Si—O—Si的特征吸收峰；经FAS-17处理后的膜（M3），在1270 cm$^{-1}$和778 cm$^{-1}$处出现明显的Si—CH$_3$特征峰，这说明FAS-17附着在SiO$_2$纳米粒子上，为超疏水改性提供了低表面能物质。由此说明，PTFE平板微孔膜经超疏水改性后，膜表面的化学基团发生了明显变化。

### 3.8.2　超疏水改性对膜过滤性能的影响

由于M3的接触角为154°，滚动角为8°，达到超疏水效果，采用M3改性平板膜制备膜组件进行气扫式膜蒸馏实验，以M0原膜为对照。

选取模拟海水为料液，在料液温度为70℃、料液流速为50L/h，吹扫气速度0.6m$^3$/h的条件下，连续运行120h。恒温水槽中料液（人造海水）升温到试验温度，打开蠕动泵，调节转速，使液体流量计达到定值；再打开气泵，调节气体流量计达到定值；热侧料液流经平板微孔膜，水蒸气透过膜孔，被空气吹扫至冷凝管中冷凝，并用产水接收器收集。

图3-107所示为120h内产水通量的变化情况。由图可知，在64h内，超疏水改性PTFE平板膜的产水通量小于未改性的原膜，这是因为SiO$_2$纳米粒子附着在疏水改性膜表面，堵塞了部分膜孔，使其膜孔径减小，孔隙率降低，因此改性膜的初始水通量小于原膜。随着工作时间的延长，PTFE原膜的产水通量逐渐下降，120h

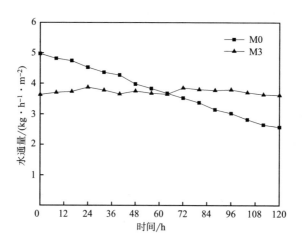

图3-107　120h内PTFE平板膜产水通量的变化情况

后，水通量已下降至初始通量的50%左右。将膜取出发现，膜表面污染严重，膜孔被无机盐沉淀物堵塞，导致产水通量严重下降。而从图3-107中可以看出，超疏水改性平板膜的产水通量一直保持在3.65kg/（h·m²）左右，这是因为改性膜表面的超疏水性使无机盐沉淀物不易在其表面沉积，减少了膜污染，因此膜通量在连续运行过程中能保持较好的稳定性。

图3-108为120h产水电导率和脱盐率随时间的变化情况。由图可知，改性膜对离子的截留率均较高，脱盐率达到99.8%以上，说明改性PTFE平板微孔膜在连续运行中能保持良好的稳定性和对无机盐的去除率。

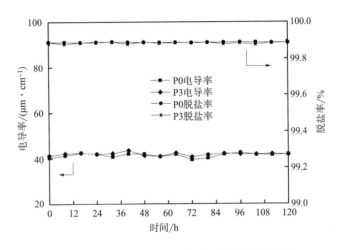

图3-108　120h内产水电导率和脱盐率的变化情况

## 3.9　热处理法PTFE微孔膜的超疏水改性

热处理（热定型）是PTFE微孔膜制备过程中必不可少的一个步骤，其作用有三个方面：①调整加工过程中的内应力，提高膜的尺寸稳定性；②调整膜的结晶结构，改变膜的力学性能；③调控膜的微孔和表面结构，改变膜的孔径和孔径分布。膜结晶度和粗糙程度的改变进而会影响膜的表面张力，会带来疏水性能和水接触角（WCA）的变化。

### 3.9.1　热处理法对PTFE膜疏水性的影响

如图3-109、图3-110所示分别为热处理温度和时间对分离膜WCA的影响。

由图3-109可知，当热处理时间为2min，随着温度由300℃升至380℃时，WCA由124°增大至155°；由图3-110可知，当热处理温度为340℃，随着时间延长，WCA由143°升至149°，WCA的升高表明分离膜表面疏水性增强。

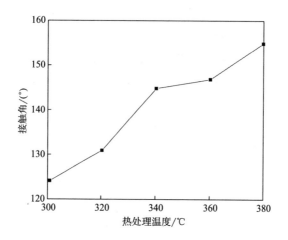

图3-109　热处理温度对非对称结构中空纤维膜表面接触角的影响

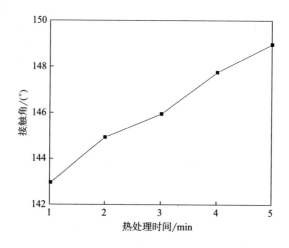

图3-110　热处理时间对非对称结构中空纤维膜表面接触角的影响

### 3.9.2　热处理法对膜疏水性影响原因分析

疏水性增强的内在原因可从分离膜化学结构、表面形貌、粗糙度及结晶度四个方面分析得出。

### 3.9.2.1　化学结构

图3-111、图3-112所示为不同条件制备的非对称结构中空纤维膜的FTIR谱图，图3-113所示为非对称结构中空纤维膜的XPS谱图，由图可知，热处理前后分离膜中仅含有—$CF_2$基团，化学结构未改变，所以疏水性增强与化学结构无关。

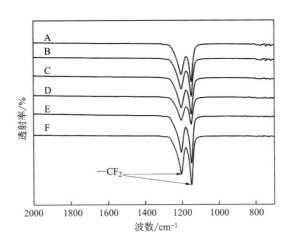

图3-111　不同热处理温度下非对称结构中空纤维膜的FTIR谱图

A—膜未处理　B~F—膜的热处理温度（℃）分别为300、320、340、360、380，热处理时间2min

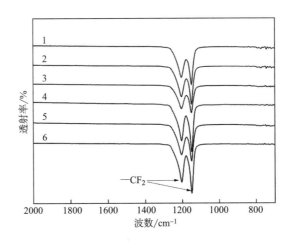

图3-112　不同热处理时间下非对称结构中空纤维膜的FTIR谱图

1—膜未处理　2~6—膜的热处理时间（min）分别为1、2、3、4、5，热处理温度340℃

### 3.9.2.2　表面形貌及粗糙度

图3-114所示为非对称结构中空纤维膜外表面的AFM照片。由图可知，热处理

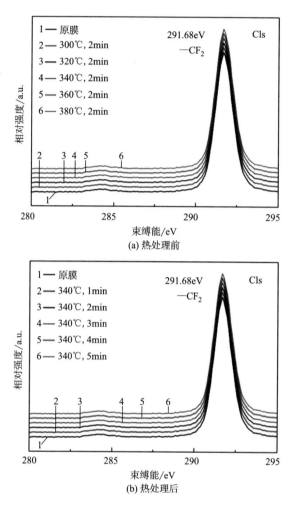

图3-113　热处理前后非对称结构中空纤维膜的XPS谱图

前分离膜外表面因原纤节点结构而呈现山谷状粗糙结构，如图3-114（a）所示；在380℃下处理2min后，山谷状粗糙结构因PTFE熔融而逐渐消失，表面趋于平整，如图3-114（d）所示。表面形貌反映出的分离膜粗糙度变化与图3-115、图3-116中的定量分析数据一致。因此，高温长时间的热处理可使分离膜表面部分熔融，粗糙度下降。

非对称结构PTFE中空纤维膜具有疏水性，根据Wenzel模型[114]，疏水膜表面粗糙度的降低会导致WCA下降。但本实验中分离膜的WCA非但没有随着粗糙度的降低而下降，反而出现升高趋势，因此，本实验中粗糙度的变化并不是引起表面

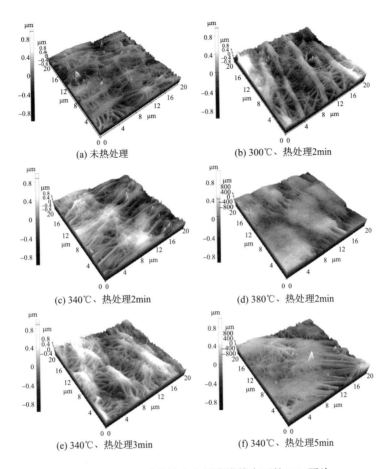

(a) 未热处理　　　　　　　　(b) 300℃、热处理2min

(c) 340℃、热处理2min　　　　　(d) 380℃、热处理2min

(e) 340℃、热处理3min　　　　　(f) 340℃、热处理5min

图3-114　非对称结构中空纤维膜外表面的AFM照片

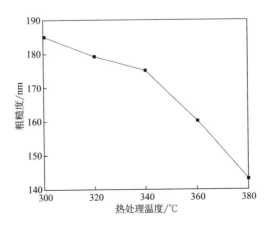

图3-115　热处理温度对非对称结构中空纤维膜表面粗糙度的影响
热处理时间2min

疏水性改变的主要原因。

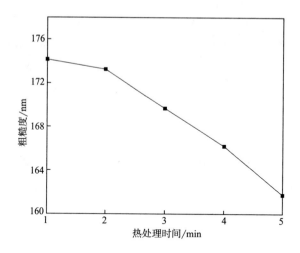

图3-116　热处理时间对非对称结构中空纤维膜表面粗糙度的影响
热处理温度340℃

### 3.9.2.3　结晶度

图3-117所示为热处理温度对分离膜结晶度的影响曲线图，由图可知，当热处理时间为2min，随着温度由300℃升至380℃，分离膜结晶度由90.5%降至65.2%。图3-118所示为热处理时间对分离膜结晶度的影响曲线图，由图可知，当温度为340℃，随着时间的延长，分离膜结晶度由88%降至71.4%。材料表面张力与其结

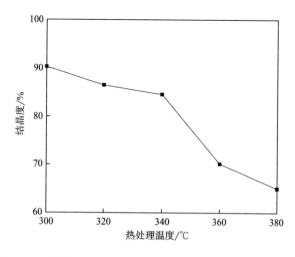

图3-117　热处理温度对非对称结构中空纤维膜结晶度的影响

晶结构有关：非晶相密度低，其表面张力较晶相低[115]。热处理降低了分离膜的结晶度，非晶相增多，导致表面张力下降，疏水性增强。因此，热处理后PTFE微孔膜结晶度的降低是其表面疏水性增大的主要原因。

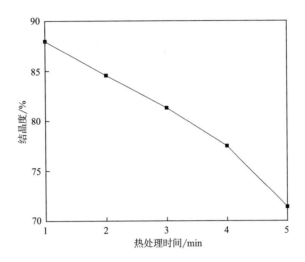

图3-118  热处理时间对非对称结构中空纤维膜结晶度的影响

# 参考文献

［1］M S SHOICHET, T J MC CARTHY. Convenient syntheses of carboxylic acid functionalized fluoropolymer surfaces ［J］. Macromolecules, 1991, 24（5）：982-986.

［2］CHRISTINE A COSTELLO, THOMAS J MCCARTHY. Surface-selective introduction of specific functionalities onto poly（tetrafluoroethylene）［J］. Macromolecules, 1987, 20（11）：2818-2828.

［3］CHRISTOPH LÖHBACH, UDO BAKOWSKY, CARSTEN KNEUER, et al. Wet chemical modification of PTFE implant surfaces with a specific cell adhesion molecule ［J］. Chemical Communication, 2002（21）：2568-2569.

［4］S WANG, J LI, J SUO, et al. Surface modification of porous polytetrafluoroethylene film by a simple chemical oxidation treatment ［J］. Appllied Surface Science, 2010, 256：2293-2298.

［5］C FU, S LIU, T GONG, et al. Investigation on surface structure of potassium permanganate/nitric acid treated poly（tetrafluoroethylene）［J］. Appllied Surface Science, 2014, 317：771-775.

［6］李子东，王素英，于敏. 钠—萘处理液的制备及其对聚四氟乙烯的处理［J］. 化学

与黏结，1995（3）：139-141.

［7］徐保国. 聚四氟乙烯的表面活化与黏接［J］. 化学与黏合，1996（4）：206-208.

［8］李雷，蒋金芝，尚玉明，等. 基于微孔聚四氟乙烯的复合质子交换膜［J］. 化工进展，2009，28（8）：1395-1399.

［9］C COMBELLAS, F KANOUFI, D MAZOUZI, et a1.Surface modification of halogenated polymers.4.Functionalisation of poly（tetrafluoroethylene）surfaces by diazonium salts［J］. Polymer, 2003, 44（1）：19-24.

［10］张敬，王敏，蒲长永，等. 预辐照聚偏氟乙烯粉体接枝甲基丙烯酸缩水甘油酯［J］. 核技术，2009，36（6）：448-452.

［11］A CHAPIRO. Radiation induced grafting［J］. Radiation Physics and Chemistry, 1977, 9（1-3）：56-67.

［12］TURMANOVA S, KALAIJIEV O, KOSTOV G, et al.Radiation grafting of acrylic acid onto polytetrafluoroethylene films for glucose oxidase immobilization and its application in membrane biosensor［J］. Journal of Membrane Science, 1997, 127：1-7.

［13］韦亚兵，钱翼清. 聚四氟乙烯薄膜表面光接枝改性的ESCA研究［J］. 南京化工大学学报，1999，21（2）：65-67.

［14］N M HIDZIR, Q LEE, D J T HILL, et al. Grafting of acrylic acid-co-itaconic acid onto ePTFE and characterization of water uptake by the graft co-polymers［J］. Journal of Appllied Polymer Science, 2015, 132（7）：41482-41494.

［15］MOHAMED MAHMOUD NASEF, HAMDANI SAIDI. Surface studies of radiation grafted sulfonic acid membranes：XPS and SEM analysis［J］. Applied Surface Science, 2006, 252（1）：3073-3084.

［16］KANG KAI, KANG PHIL HYUN. Preparation and characterization of a proton-exchange membrane by the radiation grafting of styrene onto polytetrafluoroethylenefilms［J］. Journal of Applied Polymer Science, 2006, 99（1）：1415-1428.

［17］卢婷利，梁国正，杨洁颖，等. 聚四氟乙烯膜辐射接枝反应条件的研究［J］. 辐射研究与辐射工艺学报，2003，21（4）：251-255.

［18］蔺爱国，张国忠，刘刚. 改性聚四氟乙烯膜在油田含油污水处理中的动电现象［J］. 石油学报，2007，23（6）：66-69.

［19］蔺爱国，刘刚. 改性聚四氟乙烯膜用于油田污水精细处理［J］. 工程塑料应用，2006，34（3）：39-41.

［20］PENG J F, QIU J Y, NI J F, et al. Radiation synthesis and characteristics of PTFE-g-PSSA ion exchange membrane applied in vanadium redox battery［J］. Nuclear Science and Techniques, 2007, 18（1）：50-54.

［21］BUCIO E, BURILLO G. Radiation grafting of pH and thermosensitive N-isopropylacrylamide and acrylic acid onto PTFE films by two-steps process [J]. Radiation Physics and Chemistry, 2007, 76 (11-12): 1724-1727.

[22] S W LEE, JW HONG, M Y WYE, et al. Surface modification and adhesion improvement of PTFE film by ion beam irradiation [J]. Nuclear Instruments and Methods in Physical Research Section B, 2004 (219-220): 963-967.

[23] AKANE KITAMURA, TOMOHIRO KOBAYASHI, TAKASHI MEGURO, et al. The mechanism of protrusion formation on PTFE surface by ion-beam irradiation [J]. Surface & Coatings Technology, 2009 (203): 2406-2409.

[24] YAN CHEN, ZIQIANG ZHAO, YINGMIN LIU. Wettability characteristic of PTFE and glass surface irradiated by keV ions [J]. Applied Surface Science, 2008, 254 (17): 5497-5500.

[25] H YASUDA, H C MARSH, S BRANDT, et al. ESCA study of polymer surfacestreated by plasma [J]. Journal of Polymer Science Part A: Polymer Chemistry, 1977, 15 (4): 991-1019.

[26] GRIESSER H J, CHATELIER R C, GENGENBACH T R, et al. Plasma surface modifications for improved biocompatibility of commercial polymers [J]. Polymer International, 1992, 27 (2): 109-117.

[27] D J WILSON, R L WILLIAMS, R C POND. Plasma modification of PTFE surfaces. part I: Surfaces immediately following plasma treatment [J]. Surface and Interface Analysis, 2001, 31: 385-396.

[28] D J WILSON, R L WILLIAMS, R C POND. Plasma modification of PTFE surfaces. part II: Plasma-treated surfaces following storage in air or PBS [J]. Surface and Interface Analysis, 2001, 31: 397-408.

[29] 方志，邱航昌，罗毅. 用大气压下空气辉光放电对聚四氟乙烯进行表面改性 [J]. 西安交通大学学报，2004，38（2）：190-194.

[30] HUA X, ZHENG H, SHIHUA W, et al.Surface modification of polytetrafluoroethylene by microware plasma treament of $H_2O$/Ar mixture at low pressure [J]. Materials Chemistry and Physics, 2003, 80 (1): 278-282.

[31] 孙海翔，张林，陈欢林. 聚四氟乙烯膜的亲水化改性研究进展 [J]. 化工进展，2006，25（4）：378-382.

[32] 杨少斌，刘小冲.等离子体引发PTFE膜固定化脲酶处理废水研究 [J]. 河南化工，2007，24（10）：23-24.

[33] TURMANOVA S, MINCHEV M, VASSILEV K, et al. Surface grafting polymerization of vinyl monomers on poly (tetrafluoroethylene) films by plasma treatment [J]. Journal of Polymer Research, 2008, 15: 309-318.

[34] JIN G, YAO Q Z, ZHANG S Z, et al. Surface modifying of microporous PTFE capillary for bilirubin removing from human plasma and its blood compatibility [J]. Materials Science

and Engineering, Part C: Materials Science and Engineering, 2008, 28（8）: 1480–1488.

［35］M C ZHANG, E T KANG, K G NEOH. Consecutive graft copolymerization of glycidyl methacrylate and aniline on poly（tetrafluoroethylene）films［J］. Langmuir, 2000, 16: 9666–9672.

［36］L Y JI, E T KANG, K G NEOH. Oxidative graft polymerization of aniline on PTFE films modified by surface hydroxylation and silanization［J］. Langmuir, 2002, 18: 9035–9040.

［37］YING–LING LIU, MIN–TZU LUO, JUIN–YIH LAI. Poly（tetrafluoroethylene）film surface functionalization with 2–bromoisobutyrylbromide as initiator for surface–initiated atom–transfer radical polymerization［J］. Macromolecular Rapid Communications, 2007, 28: 329–333.

［38］YING–LING LIU, CHUN–CHIEH HAN, TA–CHIN WEI, et al. Surface–initiated atom transfer radical polymerization from porous poly（tetrafluoroethylene）membranes using the C–F groups as initiators［J］. Journal of Polymer Science Part A: Polymer Chemistry, 2010, 48（10）: 2076–2083.

［39］S WU, E T KANG, K G NEOH. Surface modification of ptfe films by graft copolymerizationfor adhesion improvement with evaporated copper［J］. Macromolecules, 1999, 32: 186–193.

［40］SUN HAIXIANG, ZHANG LIN. Surface modification of poly（tetrafluoroethylene）films via plasma treatment and graft copolymerization of acrylic acid［J］. Desalination, 2006, 192（1）: 271–279.

［41］NJATAWIDJAJA ELLYANA, KODAMA MAKOTO. Hydrophilic modification of expandedpoly-tetrafluoroethylene（ePTFE）by atmospheric pressure glow discharge（APG）treatment［J］. Surfaceand Coatings Technology, 2006, 201（3）: 699–706.

［42］A Lin, S Shao, H Li, et al. Preparation and characterization of a new negatively charged polytetrafluoroethylene membrane for treating oilfield wastewater[J]. Journal of Membrane Science, 2011, 371: 286–292.

［43］Q ZHANG, C WANG, Y BABUKUTTY, et al. Biocompatibility evaluation of ePTFE membrane modified with PEG in atmospheric pressure glow discharge［J］. Journal of Biomedical Material Research, 2002, 60: 502–509.

［44］SHASHA FENG, ZHAOXIANG ZHONG, YONG WANG, et al. Progress and perspectives in PTFE membrane: preparation, modification, and applications［J］. Journal of Membrane Science, 2018, 549: 332–349.

［45］NIINO H, YABE A. Chemical surface modification of fluorocarbon polymers by excimer laser processing［J］. Applied Surface Science, 1996, 96–98: 550–557.

［46］NIINO H, OKANO H, INUI K, et al. Surface modification of poly（tetrafluoroethylene）by excimer laser processing: enhancement of adhesion［J］. Applied Surface Science, 1997,

109-110；259-263.

［47］ B HOPP, ZS GERETOVSZKY, I W Boyd. Comparative tensile strength study of the adhesion improvement of PTFE by UV photon assisted surface processing ［J］. Applied Surface Science, 2002, 186：80-84.

［48］ HIROYUKI NIINO, AKIRA YABE. Surface modification on metallization of fluorocarbon polymers by excimer laser processing ［J］. Appllied Physical letters, 1993, 63（25）：3527-3529.

［49］ TOSHIO OKAMOTO, TOMOAKI SHIMIZU, KEN HATAO. Development of even exposure system for improvement of dying property of fluorocarbon-resin surface ［J］. Laser Science Progress Report of Riken, 1997, 19：67-69.

［50］吴金坤. 氟塑料的表面改性 ［J］. 塑料, 1996, 25（1）：7-12.

［51］袁海根, 曾金芳, 杨杰. 聚四氟乙烯改性研究进展 ［J］. 塑料工业, 2005, 33（8）：7-10.

［52］ SHIJIE LIU, SUPING CUI, Zhenping Qin, et al. Modification of a poly（tetrafluoroethylene）porous membrane to superhydrophilicity with improved durability ［J］. Chemical Engineering and Technology, 2019, 42（5）：1027-1036.

［53］ J B XU, S LANGE, J P BARTLEY, et al. Alginate-coated microporous PTFE membranes for use in the osmotic distillation of oily feeds ［J］. Journal of Membrane Science, 2004, 240：81-89.

［54］ J B XU, J P BARTLEY. Application of sodium alginate-carrageenan coatings to PTFE membranes for protection against wet-out by surface-active agents ［J］. Separation Science and Technology, 2005, 40：1067-1081.

［55］ FENG X J, JIANG L. Design and creation of superwetting/antiwetting surfaces ［J］. Advanced Materials, 2006, 18（23）：3063-3078.

［56］ BLOSSEY R. Self-cleaning surfaces-virtual realities ［J］. Nature materials, 2003, 2（5）：301-306.

［57］ MCHALE G, SHIRTCLIFFE N J, NEWTON M I. Contact-angle hysteresis on super-hydrophobic surfaces ［J］. Langmuir, 2004, 20（23）：10146-10149.

［58］ ZHENG A, ZHOU M, YANG J H. Fabrication and wettability study of bionic super-hydrophobic surface ［J］. Journal of Functional Materials, 2007, 38（11）：1874.

［59］ LEE W, JIN M K, YOO W C, et al. Nanostructuring of a polymeric substrate with well-defined nanometer-scale topography and tailored surface wettability ［J］. Langmuir, 2004, 20（18）：7665-7669.

［60］ QUÉRÉ D. Rough ideas on wetting ［J］. Physica A：Statistical Mechanics and its Applications, 2002, 313（1）：32-46.

［61］KANG M, JUNG R, KIM H S, et al. Preparation of super-hydrophobic polystyrene membranes by electrospinning［J］. Colloids and Surfaces A: Physicochemical and Engineering Aspects, 2008, 313: 411-414.

［62］LIU H, FENG L, ZHAI J, et al. Reversible wettability of a chemical vapor deposition prepared ZnO film between super-hydrophobicity and super-hydrophilicity［J］. Langmuir, 2004, 20（14）: 5659-5661.

［63］TAVANA H, AMIRFAZLI A, Neumann A W. Fabrication of super-hydrophobic surfaces of N-hexatriacontane［J］. Langmuir, 2006, 22（13）: 5556-5559.

［64］LAU K K S, BICO J, TEO K B K, et al. Super-hydrophobic carbon nanotube forests［J］. Nano Letters, 2003, 3（12）: 1701-1705.

［65］SUN T, WANG G, LIU H, et al. Control over the wettability of an aligned carbon nanotube film［J］. Journal of the American Chemical Society, 2003, 125（49）: 14996-14997.

［66］TADANAGA K, MORINAGA J, MATSUDA A, et al. Superhydrophobic-superhydrophilic micropatterning on flowerlike alumina coating film by the sol-gel method［J］. Chemistry of materials, 2000, 12（3）: 590-592.

［67］MAHADIK S A, MAHADIK D B, KAVALE M S, et al. Thermally stable and transparent super-hydrophobic sol-gel coatings by spray method［J］. Journal of sol-gel science and technology, 2012, 63（3）: 580-586.

［68］LATTHE S S, IMAI H, GANESAN V, et al. Porous super-hydrophobic silica films by sol-gel process［J］. Microporous and Mesoporous Materials, 2010, 130: 155-121.

［69］MANCA M, CANNAVALE A, DE MARCO L, et al. Durable super-hydrophobic and antireflective surfaces by trimethylsilanized silica nanoparticles-based sol-gel processing［J］. Langmuir, 2009, 25（11）: 6357-6362.

［70］王燕敏. PTFE平板微孔膜的超疏水改性及其在膜蒸馏中的应用［D］. 杭州: 浙江理工大学, 2015.

［71］段辉, 熊征蓉, 汪厚植, 等. 超疏水性涂层的研究进展［J］. 化学工业与工程, 2006, 23（1）: 81-87.

［72］HOU W, WANG Q. Stable polytetrafluoroethylene super-hydrophobic surface with lotus-leaf structure［J］. Journal of colloid and interface science, 2009, 333（1）: 400-403.

［73］LI Y, CAI W, DUAN G, et al. Super-hydrophobicity of 2D ZnO ordered pore arrays formed by solution-dipping template method［J］. Journal of colloid and interface science, 2005, 287（2）: 634-639.

［74］SHIRTCLIFFE N J, MCHALE G, NEWTON M I, et al. Dual-scale roughness produces unusually water-repellent surfaces［J］. Advanced Materials, 2004, 16（21）: 1929-1932.

［75］KIM H M, SOHN S, AHN J S. Transparent and super-hydrophobic properties of PTFE films coated on glass substrate using RF–magnetron sputtering and cat–CVD methods［J］. Surface and Coatings Technology, 2013, 228：S389–S392.

［76］JAFARI R, MENINI R, FARZANEH M. Super–hydrophobic and ice–phobic surfaces prepared by RF–sputtered polytetrafluoroethylene coatings［J］. Applied Surface Science, 2010, 257（5）：1540–1543.

［77］FAVIA P, CICALA G, MILELLA A, et al. Deposition of super–hydrophobic fluorocarbon coatings in modulated RF glow discharges［J］. Surface and Coatings Technology, 2003（169）：609–612.

［78］W FAN, J QIAN, F BAI, et al. A facile method to fabricate superamphiphobic polytetrafluoroethylene surface by femtosecond laser pulses［J］. Chemical Physics Letters, 2016（644）：261–266.

［79］ZHONGLI QIN, JUN AI, QIFENG DU, et al. Superhydrophobic polytetrafluoroethylene surfaces with accurately and continuously tunable water adhesion fabricated by picosecond laser direct ablation［J］. Materials and Design, 2019（173）：107782–107790.

［80］J YONG, Y FANG, F CHEN, et al. Femtosecondlaser ablated durable superhydrophobic PTFE films with micro–through–holes for oil/water separation：separating oil from water and corrosive solutions［J］. Appllied Surface Science, 2016（389）：1148–1155.

［81］SALMA FALAH TOOSI, SONA MORADI, SAEID KAMAL, et al. Superhydrophobic laser ablated PTFE substrates［J］. Applied Surface Science, 2015（349）：715–723.

［82］M HASHIDA, H MISHIMA, S TOKITA, et al.Non–thermal ablation of expanded polytetrafluoroethylene with an intense femtosecond–pulse laser［J］. Optics Express, 2009（17）：13116–13121.

［83］MAMOSE Y, TAMURA Y, OGINO M, et al. Chemical reactivity between Teflon surfaces subjected to argon plasma treatment and atmosperic oxygen［J］. Journal of Fluorine Chemistry, 1991（54）：166.

［84］BARSHILIA H C, ANANTH A, GUPTA N. et al. Superhydrophobic nanostructured Kapton surfaces fabricated through Ar+O$_2$ plasma treatment：effects of different environments on wetting behaviour［J］. Applied Surface Science, 2013（268）：464–471.

［85］KIM S R. Surface modification of poly（tetrafluoroethylene）film by chemical etching, plasma, and ion beam treatments［J］. Journal of Applied Polymer Science, 2000（77）：1913–1920.

［86］J RYU, K KIM, J PARK, et al. Nearly perfect durable superhydrophobic surfaces fabricated by a simple one–step plasma treatment［J］. Science Report, 2017, 7（1）：1981–1988.

［87］HOZUMI A, TAKAI O. Preparation of ultra–water–repellent films by microwave plasma–enhanced CVD［J］. Thin Solid Films, 1997（303）：222–225.

［88］CHEN Y, ZHAO Z, DAI J, et al. Topological and chemical investigation on super-hydrophobicity of PTFE surface caused by ion irradiation［J］. Applied Surface Science, 2007, 254（2）: 464-467.

［89］CHONG XU, JIAN FANG, ZE-XIAN LOW, et al. Amphiphobic PFTMS@nano-SiO₂/ePTFE membrane for oil aerosol removal［J］. Indian Engineering Chemical Research, 2018, 57（31）: 10431-10438.

［90］S FENG, Z ZHONG, F ZHANG, et al. Amphiphobic polytetrafluoroethylene membranes for efficient organic aerosol removal［J］. ACS Appllied Material Interfaces, 2016, 8（13）: 8773-8781.

［91］JIANG C, HOU W, WANG Q, et al.Facile fabrication of superhydrophobic poly（tetrafluoroethylene）surface by cold pressing and sintering［J］. Applied Surface Science, 2011, 257（11）: 4821-4825.

［92］刘鸣. PTFE微孔膜物理亲水改性研究［D］. 杭州: 浙江理工大学, 2010.

［93］朱定一, 戴品强, 罗晓斌, 等. 润湿性表征体系及液固界面张力计算的新方法（Ⅰ）［J］. 科学技术与工程, 2007, 7（13）: 3067-3072.

［94］朱定一, 张远超, 戴品强, 等. 润湿性表征体系及液固界面张力计算的新方法（Ⅱ）［J］. 科学技术与工程, 2007, 7（13）: 3073-3079.

［95］张玉亭, 吕彤. 胶体与界面化学［M］. 北京: 中国纺织出版社, 2008: 176-177.

［96］大连理工大学无机化学教研室. 无机化学［M］. 4版. 北京: 高等教育出版社, 2003: 247.

［97］张太平. 离子的电负性的计算及应用［J］. 高等函授学报（自然科学版）, 2003, 16（5）: 31-32.

［98］任永丽, 董海峰, 吴启勋. 自适应模糊神经网络预测金属离子水解常数的研究［J］. 西南师范大学学报（自然科学版）, 2009, 34（4）: 42-46.

［99］陈小明, 童明良. 羧基配位结构—共面与非共面［J］. 大学化学, 1997, 12（6）: 24-27.

［100］DEACON G B, PHILLIPS R J. Relationships between the carbon-oxygen stretching frequencies of carboxylate complexes and the type of carboxylate coordination［J］. Coordination Chemistry Reviews, 1980, 33: 227-250.

［101］中本一雄. 无机和配位化合物的红外和拉曼光谱［M］. 4版. 北京: 化学工业出版社, 1999: 255-258.

［102］魏姗姗, 张艺, 许家瑞. 聚丙烯酸/Fe₃O₄纳米复合材料的制备及性能研究［J］. 中山大学学报（自然科学版）, 2006, 45（5）: 47-50.

［103］李国锋, 李小俊, 黄允兰. 硬脂酸盐对石蜡油的增稠作用与其结构的关系［J］. 化学研究与应用, 2001, 13（6）: 645-648.

［104］王峰. PTFE中空纤维膜的亲水性和抗污性研究［D］. 杭州：浙江理工大学，2012.

［105］C K YEOM, K H LEE. Pervaporation separation of water-acetic acid mixtures through poly （vinyl alcohol）membranes crosslinked with glutaraldehyde［J］. Journal of Membrane Science, 1996, 109：257-265.

［106］DAI WS, BARBARI TA. Hydrogel membranes with mesh size asymmetry based on the gradient crosslinking of poly（vinyl alcohol）［J］. Journal of Membrane Science, 1999, 156：67-79.

［107］L Q SHI, X K BIAN, X F LU. Preparation and performance of polyvinyl alcohol composite nanofiltration membrane［J］. Water Purification Technology, 2002, 21：21-22.

［108］MASAHARU ASANO, JINHUA CHEN, YASUNARI MAEKAWA, et al. Novel UV-induced photografting process for preparing poly（tetrafluoroethylene）-based proton-conducting membranes［J］. Journal of Polymer Science：Part A：Polymer Chemistry, 2007, 45：2624-2637.

［109］YOU-LIN WU, JING-JENN LIN, PO-YEN HSU, et al. Highly sensitive polysilicon wire sensor for DNA detection using silica nanoparticles/γ-APTES nanocomposite for surface modification［J］. Sensors and Actuators B, 2011, 155：709-715.

［110］M HOUMARD, D C L VASCONCELOS, W L VASCONCELOS, et al. Water and oil wettability of hybrid organic-inorganic titanate-silicate thin films deposited *via* a sol-gel route［J］. Surface Science, 2009, 603：2698-2707.

［111］SEOGIL OH, TAEWOOK KANG, HONGGON KIM, et al. Preparation of novel ceramic membranes modified by mesoporous silica with 3-aminopropyltriethoxysilane（APTES）and its application to Cu2+ separation in the aqueous phase［J］. Journal of Membrane Science, 2007, 301：118-125.

［112］ZHUAN YI, LI-PING ZHU, YOU-YI XU, et al. Polysulfone-based amphiphilic polymer for hydrophilicity and fouling-resistant modification of polyethersulfone membranes［J］. Journal of Membrane Science, 2010, 365：25-33.

［113］李成才. 聚四氟乙烯平板微滤膜的后交联法亲水改性研究［D］. 杭州：浙江理工大学，2017.

［114］WENZEL RN. Resistance of solid surfaces to wetting by water［J］. Industrial & Engineering Chemistry, 1936, 28（8）：988-994.

［115］WU S. 高聚物的界面与黏合［M］. 潘强余，吴敦汉，译. 北京：纺织工业出版社，1987：186-190.

# 第4章　PTFE微孔膜的应用研究

　　PTFE微孔膜具有丰富的微孔结构（孔径35nm～5μm）、高孔隙率（80%以上）、高蓬松结构，同时具有耐酸、耐碱、耐氧化、耐腐蚀、耐高温、生物相容性好等优点，在功能性防风透湿服装、消防、医用和核生化防护服装、低压密封材料、生物医用材料以及分离和过滤材料上应用广泛[1-3]。在分离和过滤材料领域，PTFE微孔膜一方面可以利用孔径筛分机理，在液固分离和气固分离等场合，分离出液体或固体中的颗粒物，用于工业废水处理和大气污染治理；另一方面，可以利用疏水PTFE微孔膜的多微孔结构及防止液体穿透特性，产生大面积液—气或液—液传质分离界面而用于膜接触器领域，替代传统填料塔、精馏塔、吸收塔等化工分离过程。和平板膜相比，中空纤维膜能够提供更大的接触面积，因此在膜接触领域，更多采用中空纤维膜组件形式。本章重点介绍PTFE中空纤维膜以膜蒸馏、膜吸收、渗透蒸馏等在脱盐、废水处理和食品加工等领域的应用研究[4-14]。

## 4.1　膜蒸馏及其研究进展

### 4.1.1　膜蒸馏的原理及特点

　　膜蒸馏（MD，membrane distillation）是近几年发展的一种新型膜分离技术，它是将膜技术与蒸馏过程相结合的过程，利用膜的疏水性，将温度不同的两种水溶液相隔开，以膜两侧挥发性组分的蒸气压差为传质推动力而实现物质分离[15]。膜蒸馏是一个能量和物质同时传递的过程[16]，膜蒸馏与常规蒸馏中的过程相同，两者都是以气—液平衡为基础，都需要蒸发潜热以实现相变，在整个膜蒸馏过程中，膜并不直接参与分离作用，只起到分隔两相的作用，选择完全由气—液平衡决定。膜蒸馏过程区别于其他膜过程的特征是，膜是微孔膜，且膜不能被所处理的液体浸润，膜孔内无毛细管冷凝现象发生，只有蒸汽能通过膜孔传质，膜不能改变操作液体中各组分的汽液平衡，膜至少有一侧要与操作液体直接接触。对每一组分而言，膜操作的推动力是该组分的气相分压梯度。

（1）膜蒸馏的优点

与其他常规分离技术相比较，膜蒸馏具有以下优点[17-21]。

①膜蒸馏的操作条件简易，几乎是在常压下进行，且设备简单，占用空间小，在其他特定的区域均可实现。

②由于其特定的分离方式，即只有蒸气才能透过膜孔，故膜蒸馏的产水水质非常好，几乎可以达到100%的截留率，从而可以制取超纯水以及对高浓度的废水进行浓缩利用。

③相比较多级闪蒸、多效蒸发而言，膜蒸馏的操作条件温和，可以将工厂余热以及温泉、太阳能等低品级能源作为热源，实现能源最大化[22]。

④可处理高浓度料液，膜蒸馏在浓缩过程中，可以将进料液浓缩出结晶，使得进料液中无任何废液排出，实现工业废水零排放。

⑤可处理废液中挥发性有机物及热敏性物质[23]。

（2）膜蒸馏过程的主要缺点

①膜成本高，且与UF、RO相比，产水量太小，热能消耗较大，限制了其工业化应用[24]。

②与亲水膜相比，膜蒸馏的膜材料品种有限，选择余地与发展空间小。

③膜蒸馏过程的理论较复杂，对传质与传热机理及参数影响的定量分析还不够。

④膜孔在长期运行期间容易出现结垢、堵塞等问题，且没有好的清洗方式以及清洗过程较麻烦。

## 4.1.2　膜蒸馏的主要形式

根据透过侧蒸汽冷凝方式的不同，可以将膜蒸馏分为直接接触式膜蒸馏（DCMD）[25-26]、空气间隙式膜蒸馏（AGMD）[27-28]、气扫式膜蒸馏（SGMD）[29-30]和减压式膜蒸馏（VMD）[31]四种主要形式，如图4-1所示。

（1）直接接触式膜蒸馏（DCMD）/渗透膜蒸馏（OMD）

直接接触式膜蒸馏，如图4-1（a）所示，是指经过加热的原溶液与冷却水分别与膜直接接触，然后从溶液中蒸发出的蒸气在冷凝侧直接与冷却水相接触，冷

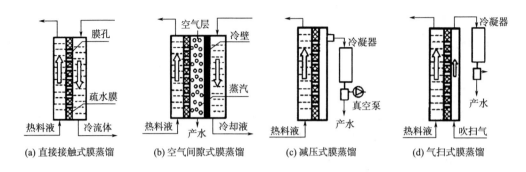

图4-1　各种形式的膜蒸馏

凝水与冷却水汇成一股水。DCMD结构简单，通量较大，主要应用于苦咸水的脱盐、果汁的浓缩、工业废水的浓缩、血液的透析等。但这种膜蒸馏的缺点是大量热量从热侧直接进入冷侧，热效率较低，因此在运行时，除膜组件外，还需有回收热量的装置，以提高热效率。

　　渗透膜蒸馏[32-33]，也称为膜渗透浓缩或渗透蒸发，是20世纪80年代发展起来的一种新型膜分离技术，是直接接触式膜蒸馏[34]的一种。其中，在膜的一侧是一种溶液，其中含有一种或多种挥发组分，称为物料相；在膜的另一侧是另一种溶液，可以吸收挥发性组分，称为提取相[35]。渗透蒸馏能够在常温常压下，使被处理物料实现高倍浓缩，克服一些常规分离方法产生的热损失及机械损失，同时还具备投资少、能耗低等一般膜分离技术的优点。

　　通常情况下，物料相与提取相均为水溶液。在渗透蒸馏的过程中，如果水是选择性疏水微孔膜一边的易挥发性组分，这时会浓缩物料相，浓缩像果汁、蔬菜汁、药物、生化产品等[36]属于此类情况；如果选择性透过的易挥发性组分不是溶剂水，这时物料相中降低的是挥发性组分的浓度，像制备低浓度酒时采用的就是渗透膜蒸馏，酒精作为一种易挥发性组分透过疏水性微孔膜。

　　（2）空气间隙式膜蒸馏(AGMD)

　　AGMD装置如图4-1（b）所示。空气间隙式膜蒸馏透过侧不直接与冷溶液相接触，而保持一定的空气间隙，透过蒸汽在冷却的固体表面（即冷凝壁，如金属板）上进行冷凝，即凝结液与冷却液拥有各自的管道，这样降低了透过侧的压力，其传质推动力大小与直接接触膜蒸馏相当，均为水的饱和蒸汽压，这样通量和热传导均受到了阻力。与DCMD相比，由于存在气隙，虽然增加了传质阻力，但减少了温差极化，减少了热损耗[37]，因此是四种主要膜蒸馏形式中最节能的形式。冷凝产品可以准确计量，能够从水溶液中脱除挥发性物质，特别适合实验室研究使用[38]。过程中产物和冷凝液不接触，可有效减少产物的污染。其缺点是膜组件结构复杂，较直接法通量小。

（3）减压式膜蒸馏(VMD)

减压式膜蒸馏又称真空膜蒸馏，是指膜的一侧直接与热料液相接触，膜另一侧采用抽真空的方式，从而在膜两侧形成更大的蒸汽压差，挥发组分从膜孔透出后直接被冷凝，从而实现溶液的浓缩与分离。VMD过程如图4-1（c）所示。目前主要用于去除溶液中的易挥发组分。这种膜蒸馏的热传导损失可以忽略，因而可用来测定温度边界层的传热效率。但这种形式的膜蒸馏两侧的料液压差大，为防止料液进入膜孔，需采用较小孔径的膜。真空膜蒸馏比其他膜蒸馏过程具有更大的传质通量，所以近几年来受到较大关注[39]。

（4）气扫式膜蒸馏（SGMD）

SGMD过程如图4-1（d）所示。SGMD过程中蒸发出来的水蒸气透过膜孔，被吹入的空气带出，再经过冷凝系统冷却，然后收集产水。SGMD用载气吹扫膜的透过侧，以带走透过的蒸汽，其传质推动力除了蒸汽的饱和蒸汽压外，还有由于载气的吹扫而形成的负压，因此传质推动力比直接接触式膜蒸馏和空气间隙式膜蒸馏大。与其他三种主要MD形式相比，SGMD温差极化较小，且膜表面可保持良好的疏水性，但气扫装置使热回收变得困难。SGMD是上述四种MD中应用、研究最少的[40]。

（5）其他变化形式的膜蒸馏

为提高膜蒸馏通量，降低热能损耗，国内外一些研究机构如德国弗劳恩霍夫太阳能研究所、荷兰应用科学研究组织、荷兰Aquastill公司、德国Memsys水务公司等对膜蒸馏形式进行了进一步改进，出现了一些新的膜蒸馏形式的研究和开发，其中包括真空辅助直接接触式膜蒸馏（vacuum enhanced direct contact membrane distillation，VEDCMD）[41]、材料隙膜蒸馏（material-gap membrane distillation，MGMD）[42]、多效膜蒸馏（multi-effect membrane distillation，MEMD）[43-44]、真空多效膜蒸馏（vacuum-multi-effect membrane distillation，V-MEMD）[45-46]。

由于膜蒸馏过程需要的热源温度低，特别适合以太阳能等可再生能源和低温余热为驱动热源。因此，近年来利用太阳能、地热能等清洁能源和工业低温余热等热源驱动膜蒸馏已受到了广泛关注[40]，出现了太阳能驱动膜蒸馏[47-48]、地热驱动膜蒸馏[49-50]、工业低温余热驱动膜蒸馏[51-52]的研究和开发，以降低膜蒸馏的应用成本，一些典型的膜蒸馏海水淡化或盐水浓缩工程化应用项目中均不同程度采用太阳能或工业余热作为热源[53]。

近年来，膜蒸馏过程研究虽然取得了非常大的进展，例如，在对机理的数学描述、膜蒸馏组件的优化设计等，但从工业化应用的角度而言，尚存在亟待解决的问题：①完善膜蒸馏机理模型。目前，有一些模型的提出大多是针对具体的试验装备和过程，不少模型中存在大量的难以确定的参数，尚需进一步完善。②研制分离性能好、耐腐蚀的膜蒸馏用膜，尤其是中空纤维膜。③为改善膜蒸馏普遍存在的通量不够高、能耗比较大等弊病，需要在四种主要膜蒸馏形式的基础上进一步改进膜蒸馏过程，促进膜蒸馏从实验室研究走向大规模工业化应用。

### 4.1.3　膜蒸馏的应用

膜蒸馏作为一种新型的膜分离技术，以其独特的气液分离方式被人们所接受，目前，经过广大科研者们共同的探索与发展，已在海水及苦咸水脱盐、工业废水的处理、反渗透浓水的处理、化工物质的深度浓缩等领域展现出良好的应用前景，部分已经取得小规模工业化应用。

（1）海水及苦咸水脱盐

随着经济飞速发展以及人口的不断增长，水资源紧缺问题日益凸显，面对海洋这个巨大的资源，如何将海水变为能被人类利用的淡水，成为急需解决的问题。据预测，在不远的将来，海水淡化将成为未来海岛淡化资源的首选，成为沿海和岛屿地区解决供水不足的重要途径之一。

虽然反渗透在20世纪60年代就已经在海水和苦咸水淡化的商业化应用上很成熟，但反渗透过程存在许多不足，如设备复杂、操作压力高、难以处理高盐溶液等。相比反渗透，膜蒸馏具有许多优势，不需要复杂的蒸馏系统，对设备和场地的要求较小，其蒸发效率更高且产水更纯净，膜蒸馏过程还可以在低压下处理高盐浓度的水溶液[54]。而膜蒸馏技术最初的提出就是为了用于海水淡化，它的产水水质是其他膜过程无法比拟的，还可以充分利用太阳能、废热和余热等低品级热源，具有易操作、可制动化、能耗低等优点[55]。海水淡化和脱盐研究也是膜蒸馏技术研究中最活跃的领域。

（2）工业废水的处理

水是工业的血液，任何一种工业的生产都离不开水。随着新环保法的实施，工业废水对周边环境的破坏也越来越受到人们的重视，与此同时，人们对开发新型废水处理和回用技术的研究也达到了一个前所未有的高度。近年来，相比于其他的膜分离技术，MD由于产水水质优，操作条件温和，对进水水质要求低等特点，使其在工业废水处理上展示出广阔的应用前景。

反渗透技术在生产中总会产生大约30%的浓水无法处理,反渗透浓水盐分高,有机物多,导致水质具有易结垢、易污堵、易污染等特点,对周边环境造成污染的同时也造成了水资源的极大浪费,而MD技术的出现刚好解决了反渗透浓水难以处理的问题。

大量文献报道了膜蒸馏技术用于含重金属的工业废水[56]、含低量放射性元素的化学废水、染料污染的纺织废水[57]、从工业废酸中回收挥发性酸性和醇类物质[58]、含有机酸的制药废水[59]、反渗透浓水的处理[60]等方面的应用研究。

（3）化学物质的回收与浓缩

在低温下运行以及可处理极高浓度的水溶液是膜蒸馏具有的两个明显优势,因此膜蒸馏在化学物质水溶液的回收与浓缩方面具有极大的潜力。目前,对化工物质的浓缩大多采用传统的多效蒸发、多级闪蒸、蒸汽机械再压缩等技术,它们存在能耗大、占地面积大、操作条件高、需要高品级蒸汽等缺点,而膜蒸馏具有操作条件温和,仅需利用低品级能源就可进行气液分离等特点,非常适合对化工物质进行深度浓缩,如硫酸的浓缩[61]、磷酸的浓缩[62]、赖氨酸的浓缩[63]、反渗透浓水的浓缩[5]等。

（4）食品工业中的应用

MD技术用于食品工业可以防止高温蒸发造成的营养成分的破坏与流失,保持产品的颜色、风味和营养价值[64]。应用于食品工业的研究最初主要以DCMD为主,而随着研究的深入,其他MD形式也得到了更多的重视,效果显著,如蔗糖溶液的浓缩[65]、红葡萄汁的浓缩[66]、黑加仑果汁的浓缩等。

## 4.2　膜吸收及其研究进展

### 4.2.1　膜吸收原理及特点

膜吸收法是一种新型气体分离方法,有效地将膜接触器与化学吸收结合起来。20世纪80年代中期,Qi和Cussler[67-68]首次提出用中空纤维膜接触器代替传统的填料塔对$CO_2$、$H_2S$以及$NH_3$进行脱除。

在膜吸收法中所采用的膜材料并不能对混合气体中的某一特定组分进行选择性分离,而是利用膜材料另一侧特定吸收液使需要分离的气体达到选择性作用,从而起到吸收分离的效果。在膜接触器中,所用的疏水性微孔膜仅仅作为屏障阻止气液两相之间的相互渗透。膜吸收法的原理如图4-2所示,需要分离的气体组分通过膜上的微孔向膜另一侧扩散,然后被特定的吸收液吸收。从理论上讲,需要分离的特定气体分子只需要在较低压力下就可以穿过膜上的微孔从而到达膜另一侧的液相中,然后,膜一侧的吸收液与穿过膜的分离气体通过化学反应的方式固定在液相中,最终达到分离的目的[69-70]。

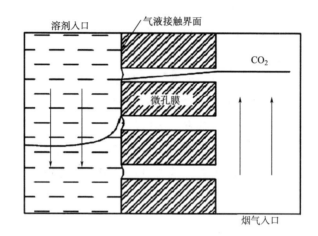

图4-2    膜吸收$CO_2$的原理

(1)膜吸收法的特点

①由于疏水性微孔膜阻止了气液两相之间的相互渗透,使气液两相被分布在膜孔两侧的表面处,从而避免了在化学吸收法中常见的起泡、沟流、雾沫夹带等问题,除此之外,还能解决在膜分离方法中涉及膜两侧压差不够、使推动力小的问题。

②气液两相相互独立运行,可以更加灵活地对膜吸收工艺进行调节,从而提高吸收效率。在膜接触器的布置上更加灵活,可以选择垂直、水平或者其他方向放置[71]。而在常规的填料塔中,细微的倾斜就可能导致吸收性能下降。

③中空纤维膜接触器具有很大的比表面积,传统填料塔反应器的比表面积一般为$100 \sim 800 \mathrm{m}^2/\mathrm{m}^3$,然而中空纤维膜接触器的比表面积能够达到$1500 \sim 3000 \mathrm{m}^2/\mathrm{m}^3$[72-74],能够有效提高吸收液与分离气体的接触面积[75],大大提升吸收效率。在处理$CO_2$较高含量的混合气时更经济[76]。

④由于气液接触面积相对固定,不受温度、压力、吸收液流速、气液比等的影响,在对工艺参数的调整优化上更准确。

⑤中空纤维膜接触器的设计较为简单,在经过工艺设计优化后可以较简单地线性放大[77]。

（2）膜吸收技术上面临的不足

①由于中空纤维的直径较小而且膜间的流道较窄，使得气液相的流动雷诺系数较低，通常状态下为层流。所以在传质系数方面与其他方法相比，优势并不太明显。如果加快气液相的流动速度，则会导致液相压力的陡增使膜孔增加被润湿的风险。

②长期的不间断运行会使膜材料出现污染、老化甚至降解等问题，使膜的性能和寿命大大降低，加大了膜运行系统维护的成本。

③在膜的实际使用过程中，当气液两相的压差大于膜孔的临界压力时，膜孔就会被吸收液堵塞，从而加剧了气体的传质阻力。这也是膜吸收系统能稳定维持而急需解决的问题[78-79]。

### 4.2.2　膜吸收的应用

膜吸收法在对于气体的捕集及分离上有较广泛的应用，主要如下。

（1）氨气回收的应用

在传统的氨气脱离技术中，主要采用填料法和蒸氨法吸收。填料法吸收会产生大量稀氨水，而蒸氨法的能耗较高并且分离效率较低，蒸后余液里依旧含有大量稀氨水。采用中空纤维膜吸收法可以将生成的再生气体和氨吸收液相互隔离，大大增加对氨气的脱除效果，有研究表明，当混合再生气体的氨浓度在20.0g/m$^3$时，中空纤维膜组件的脱氨率大于99.9%[80]。

（2）$SO_2$、$H_2S$等酸性气体的应用

传统的工业脱硫方法容易对环境造成二次污染，并且分离成本较高。而膜吸收法对酸性气体的处理能耗较低并且操作简单，也不会对环境造成二次污染。Clarssen[81]等使用长方形中空纤维膜组件装置进行串并联吸收，对于$SO_2$的吸收效率达到95%。Wang[82]等使用多孔非对称聚偏氟乙烯膜去除混合气体中的$H_2S$，使$H_2S$的脱除率大于99%。

（3）对于天然气净化的应用

由于天然气中除$CH_4$外还含有$CO_2$、$H_2S$、$N_2$、水蒸气等杂质气体，在天然气的输送过程中会对输送管道和输送设备进行腐蚀，除此之外，未净化的天然气还会造成$SO_2$的燃烧，对环境造成污染。Monasanto、Sepaxes等公司利用中空纤维膜和卷式膜对天然气进行一级或多级膜吸收处理，从而脱除天然气中的$SO_2$和$H_2S$等气体，提高了天然气的利用效率。Jansen[83]等利用膜吸收法，控制天然气和吸收液间的压差在50～500kPa之间，对$CO_2$、$H_2S$、水蒸气等进行脱除。

（4）挥发性有机废气（VOCS）的吸收应用

对于常规的有机废气处理方法中，处理成本较高并且伴随有二次污染。而膜吸收法处理VOCS气体具有能源消耗低、回收效率高、不产生二次污染、流程相对简单等特点。Majumdar等[84]采用疏水性中空纤维复合膜对甲基酮、乙基酮和乙醇等挥发性有机废气进行净化，去除效率达到90%以上。

（5）在$CO_2$气体捕集和分离上的应用

Chen等[85]使用两种醇胺溶液作为吸收剂,通过微孔聚丙烯中空纤维膜组件对$CO_2$气体进行吸收—解吸，对空气进行$CO_2$分离，使得空气中$CO_2$的体积分数从1%下降到0.3%。朱宝库等[86]使用微孔聚丙烯中空纤维膜接触器分别用一乙醇胺（MEA）、NaOH、二乙醇胺(DEA)等作为吸收剂对$CO_2/N_2$混合气体进行分离处理，$CO_2$气体的脱除率可达95%～99.5%。秦向东等[87]采用高选择性和渗透性膜基材料对$CO_2$气体进行吸收，使$CO_2$的分压降至很低的范围。岳丽红等[8]利用中空纤维膜成功分离出能在较高$CO_2$浓度条件下生长的小球藻Z-Y-1，并且利用旁路的中空纤维膜组件作为吸收供气装置，使烟道气从中空纤维膜的表面穿过，小球藻吸收培养液后从中空纤维膜外表面流过。膜供气与鼓泡供气方式下小球藻对于$CO_2$的固定能力相近，膜组件同时还具有消除在小球藻光合作用过程中产生的部分氧的作用，这是充足光照下密闭式培养系统的关键。

对于膜吸收$CO_2$工艺，吸收剂的选择需要满足反应速率高、吸收容量大、易再生、能耗低等特点，主要包括强碱类吸收剂、物理吸收剂、有机胺吸收剂、无机盐和氨基酸盐类吸收剂等[14]。

# 4.3 真空膜蒸馏脱盐研究

## 4.3.1 试验装置与材料

试验所用的膜蒸馏形式为浸没式VMD，试验装置如图4-3所示，其中膜组件如图4-4所示。

试验采用间歇式操作，每次试验根据不同的操作方式大约历时2h。每次试验完成后向料液箱中加入一定量的纯净水，保持原料液箱中料液的NaCl浓度不变。外界操作条件见表4-1，膜组件条件因素见表4-2。所用膜丝的规格见表4-3，操作条件对VMD性能影响试验中使用膜M-1，膜组件对VMD性能影响试验使用膜M-2。

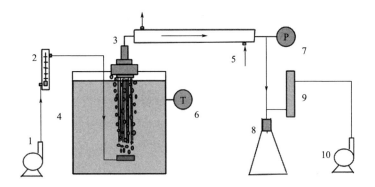

图4-3 膜蒸馏示意图

1—空气泵 2—空气流量计 3—膜组件 4—料箱 5—冷凝管 6—温度计
7—压力表 8—产水收集罐 9—干燥器 10—真空泵

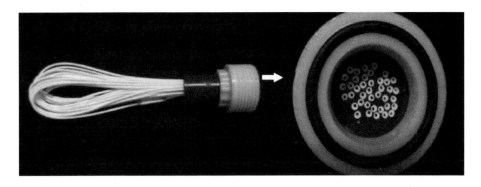

图4-4 膜组件

表4-1 VMD试验条件

| 试验变量 | 参数 |
|---|---|
| 曝气量/（$m^3 \cdot m^{-2} \cdot h^{-1}$） | 0, 2, 4, 6, 8, 10 |
| 料液温度/℃ | 0, 55, 60, 65, 70, 75, 80 |
| 真空度/MPa | −0.08, −0.085, −0.09, −0.095 |
| 料液中NaCl浓度（质量分数）/% | 0.5, 1.0, 3.0, 5.0, 10.0, 15.0, 20.0 |

表4-2 膜组件规格

| 膜组件因素 | 参数 |
|---|---|
| 装填根数/根 | 15, 20, 25, 30 |
| 膜长度/mm | 190, 250, 310, 370 |

表4-3　膜规格

| 膜 | 内径/mm | 外径/mm | 壁厚/mm | 泡点/MPa | 孔隙率/% | 平均孔径/μm | 最大孔径/μm |
|---|---|---|---|---|---|---|---|
| M-1 | 1.2 | 2.3 | 0.55 | 0.12 | 40 | 0.25 | 0.92 |
| M-2 | 0.8 | 2.3 | 0.75 | 0.12 | 38 | 0.25 | 0.86 |

## 4.3.2　操作条件对VMD性能的影响

### 4.3.2.1　曝气量对VMD性能的影响

曝气量对VMD的通量及脱盐率的影响如图4-5所示，由图可知，当料液温度及真空度恒定时，VMD的水通量随曝气量的增加先增加，到达一个峰值后再减小。膜表面曝气量能在一定程度上增加膜的通量，但超过某个值时通量反而下降。在温度为75℃时，通量的峰值为8.87kg/（m²·h），此时曝气量值为6m³/（m²·h），且整个试验过程中脱盐率均超过99.9%。曝气量可增大通量有两方面的原因：①曝气冲刷膜的外表面，可在一定程度上减小膜丝表面的温差和浓差极化[91-92]，由文献可知，膜表面的温差极化和浓差极化能在一定程度上减小膜两侧的传质和传热；②在液体水的内部为新相（水蒸气）的形成提供一个表面，使水蒸气的生成加快，加多。但在一定温度下，曝气量到达某个特定值时［如75℃时，通量峰值出现在6m³/（m²·h）处］，通量又有所下降，这是因为：通过膜孔的气体由两部分组成(水蒸气和空气)，当曝气量过大时，通过膜孔的混合气体体系中水蒸气的含量就降低，但单位时间内通过一定膜面积的气体量是一定的，所以水通量下降。

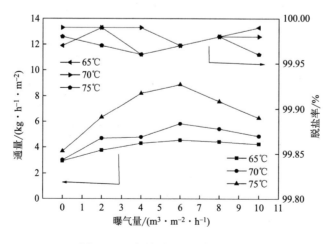

图4-5　曝气量对VMD性能的影响

在膜蒸馏过程中引入曝气量因素，在过去的文献中很少见。这主要是因为引入曝气量后，水蒸气通过膜孔的驱动力为蒸汽压力和曝气压力差，违背传统的膜蒸馏定义（MD过程传质动力为膜两侧的蒸汽压差）。膜蒸馏过程引入曝气虽然在一定程度上增加运行的成本，但也有很多好处，如能成倍地增加膜通量、能冲刷膜的表面、能有效减小矿物质在膜表面的沉积和附着、能延长膜的清洗周期等。

### 4.3.2.2 料液温度对VMD性能的影响

料液温度对VMD的通量及脱盐率的影响如图4-6所示，由图可知，当曝气量及真空度恒定时，VMD的水通量随料液温度的增加而增加。曝气量为6m³/（m²·h）、真空度为-0.095MPa时，料液温度由50℃上升到80℃时，通量由2.01kg/（m²·h）上升到6.85kg/（m²·h），过程中脱盐率均超过99.9%。温度的升高能增加水汽化的速率，使单位时间内单位膜面积上的水蒸气量增加；另外水蒸气量的增加也会增加膜两侧的蒸汽压力差，增加传质的驱动力，从而使膜通量不断增加。

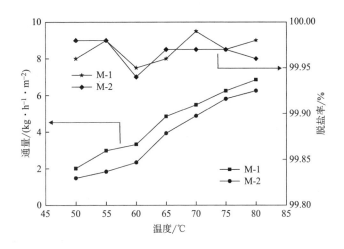

图4-6 温度对VMD性能的影响

### 4.3.2.3 真空度对VMD性能的影响

真空度对VMD性能的影响如图4-7所示。由图可知，真空度对膜通量的影响非常大，对产水的脱盐率也有一定的影响。在温度为75℃时，真空度由-0.08MPa上升到-0.095MPa过程中，水通量从4.57kg/（m²·h）上升到8.53kg/（m²·h）。这主要是因为，增加真空度能使膜两侧的水蒸气压差增大，从而直接增大了水蒸气传质的驱动力，使通量明显上升。对于低真空度下产水脱盐率低的现象，目前还无法解释。但这并不是一个特例，在其他文献[89]中也出现过类似的现象。

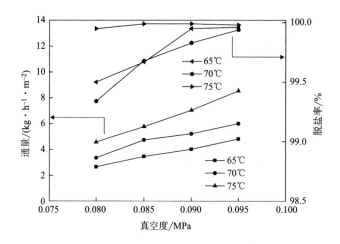

图4-7  真空度对VMD的性能影响

### 4.3.2.4  盐浓度对VMD性能的影响

图4-8所示为料液中NaCl浓度对VMD过程中水通量和脱盐率的影响。由试验结果可知，通量随料液中含盐浓度的升高而降低，但产水的脱盐率没有明显变化，均在99.9%以上。在温度为75℃，真空度为-0.095MPa，曝气量为66m³/（m²·h）时，含盐量由0.5%上升到20.0%的过程中，膜通量由10.86kg/（m²·h）下降到3.90kg/（m²·h）。通量的下降是由于NaCl浓度的升高使水挥发为水蒸气的能耗增加。水发生相变，变为水蒸气变难，从而使膜两侧的蒸汽压差降低，水通量减小。

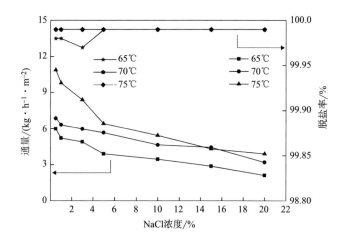

图4-8  NaCl浓度对VMD性能的影响

### 4.3.2.5　膜组件规格对VMD性能的影响

图4-9和图4-10所示为膜组件中装填密度及膜长度对VMD过程中产水通量及脱盐率的影响。在装填密度试验中，温度为75℃时，通量基本稳定在6.40kg/（m²·h）左右；在膜长度测试试验中，温度为75℃时，通量基本稳定在6.3kg/（m²·h）左右。两组试验中产水的脱盐率均超过99.9%。对比两组试验数据可以得出如下结论：在外界操作条件均有富余的情况下，膜组件的膜装填密度及装填膜的长度对VMD过程的通量影响较小，可认为这两者对VMD性能没有影响。

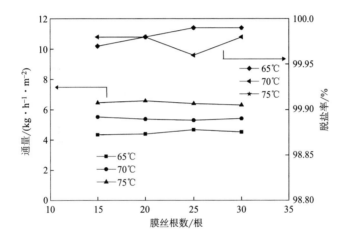

图4-9　膜组件装填密度对VMD性能的影响

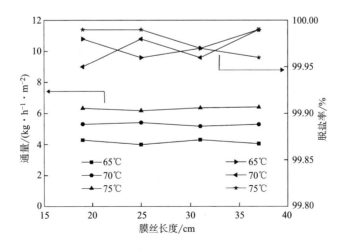

图4-10　装填膜长度对VMD性能的影响

### 4.3.3 膜污染清理及膜通量恢复

在VMD过程中，膜的表面会吸附和沉积一部分固体颗粒和难溶性的盐类[90]，如图4-11所示。首先为钙盐结晶，然后其他难溶性盐以钙盐结晶为晶核，沉积在钙盐结晶上，形成结晶混合物。这些吸附物和沉积物会在一定程度上堵塞膜表面的微孔，使水蒸气透过膜的途径减小，从而减小膜丝的通量，降低VMD产物的性价比。因此，VMD过程中膜通量的恢复和膜表面的清理非常重要。

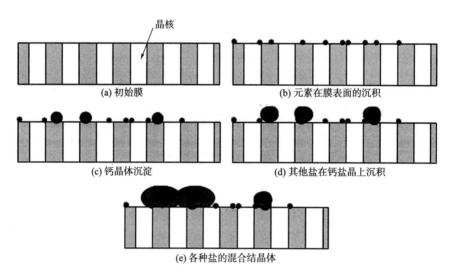

图4-11　膜表面杂质沉积和吸附图

本节主要研究：使用NaCl溶液，做连续一个月的稳定性测试试验，测试自制的PTFE中空纤维膜的疏水性能；使用取自浙江宁波象山的海水，来测试PTFE中空纤维膜在处理真实海水时的通量衰减周期；考察VMD过程中膜抗负压通量的恢复和膜表面污染物的清洗对通量的影响。

试验中使用的膜为M-1，规格参数见表4-3。膜组件装填根数为20根，膜有效长度为310mm，料液温度为70℃，曝气量为6m³/（m²·h），真空度为-0.095MPa。在膜稳定性测试试验中，料液为质量分数为3%的NaCl溶液，电导率为45000μS/cm；膜污染和通量恢复测试试验中，料液为浙江宁波象山所取的海水，含盐总量为20g/L，电导率为18000μS/cm左右。实验装置图如图4-3所示。

图4-12所示是PTFE中空纤维膜在一个月内，24h连续不断的持久性测试结果。由图可以看出，膜的初始通量为6.99kg/（m²·h），通量随工作时间的延长而逐渐

降低，大约到达100h时开始稳定在4.00kg/（m²·h）左右，而试验过程中产水的脱盐率均高于99.9%。试验过程中通量的下降主要是由两方面的原因造成的：①矿物质在膜表面的沉积，长时间测试后，可在膜表面看到用肉眼能分辨的NaCl结晶颗粒，而且膜组件里面也可以看到一部分NaCl结晶（图4-13）堵塞一部分膜孔，导致通量降低；②由膜的制备工艺所决定，拉伸致孔，热定型后，膜的抗收缩强度不够，导致PTFE膜在长时间受作用力的情况下，材料内部发生了蠕变现象，使膜收缩，膜孔变小，所以通量降低。

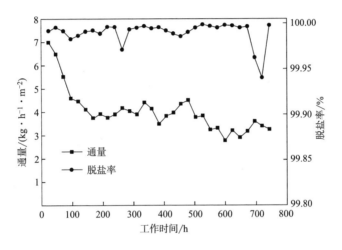

图4-12　PTFE中空纤维膜的寿命测试

图4-13　NaCl在膜组件中的沉积

### 4.3.4 膜污染周期

膜通量衰减周期如图4-14所示。由图可知，PTFE中空纤维膜通量大约在3kg/（$m^2 \cdot h$）左右，膜在连续工作时，会有一个通量的衰减过程。其原因主要有两方面：①膜的收缩；②海水中的盐分在膜表面结垢（表4-4）。由表4-4可以看出，在未进行膜蒸馏时，膜的表面元素主要为氟和碳，膜蒸馏后化学元素在膜的表面沉积附着，膜表面的Na、K、Ca、Mg等元素的量都有增加。并且随着膜的测试时间的延长，膜表面附着的元素含量增加；另外，膜丝的表面结垢会影响膜的疏水性能，使膜的使用寿命缩短。研究表明：处理海水时，必须考虑海水中溶解度低的盐类，防止这类溶解度低的盐类沉积和附着在膜的表面堵塞膜孔；在海水淡化的过程中，应该在海水的预处理过程中给海水脱硬，降低溶解度低的物质在膜表面的沉积和附着量，可延长膜的清洗周期和使用寿命。另外，还可采取其他措施防止膜的表面结垢，如使原料液流动起来，让流动的料液冲刷膜的表面，带走一部分膜表面的结垢；可以对膜的表面曝气，不仅可以降低膜表面的温差、浓度差，极化增加通量，还可以用气体冲刷膜的表面，减少结垢。

表4-4　膜表面的元素含量

| 元素 | 在海水中的含量/（$g \cdot kg^{-1}$） | 原始/% | 周期1/% | 周期2/% | 周期3/% | 周期4/% |
|---|---|---|---|---|---|---|
| B | 0.000045 | — | — | — | — | — |
| C | 0.0224 | 26.96 | 26.35 | 26.37 | 26.31 | 26.16 |
| O | 1.9275 | — | 0.18 | 0.26 | 0.40 | 0.65 |
| F | 0.0013 | 73.04 | 71.87 | 71.54 | 71.27 | 70.87 |
| Na | 10.77 | — | 0.86 | 0.90 | 0.91 | 0.90 |
| Mg | 1.299 | — | 0.13 | 0.17 | 0.20 | 0.28 |
| S | 0.904 | — | 0.09 | 0.13 | 0.20 | 0.32 |
| Cl | 19.354 | — | 0.42 | 0.49 | 0.50 | 0.53 |
| K | 0.399 | — | 0.04 | 0.05 | 0.05 | 0.07 |
| Ca | 0.4121 | — | 0.05 | 0.08 | 0.15 | 0.21 |
| Br | 0.0673 | — | 0.01 | 0.01 | 0.01 | 0.01 |
| Sr | 0.0079 | — | — | — | — | — |

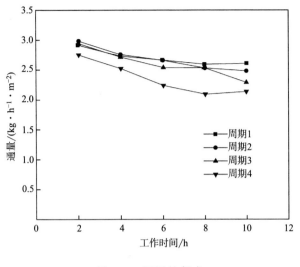

图4-14　通量的衰减

### 4.3.5　膜通量恢复

（1）膜自身弹性形变恢复

图4-15所示为膜在间歇式工作情况下的通量下降周期测试。由图可知，间歇式工作可在一定程度上恢复通量，但是不能使膜的通量恢复到原始值。测试分为4个周期，每个周期每间隔2h测试一次膜通量。每个周期间隔时间为12h，间隔

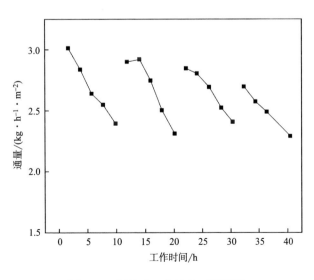

图4-15　间歇式工作情况下通量图

时间内膜丝置于70℃的烘箱中烘干。由图可知，每个周期膜的初始通量分别为：3.01kg/（$m^2 \cdot h$）、2.90kg/（$m^2 \cdot h$）、2.85kg/（$m^2 \cdot h$）和2.7kg/（$m^2 \cdot h$）。在间隔12h且烘干的情况下，膜通量较前一周期最后一次测量的通量高，但是仍然比第一周期的第一次通量低，膜通量并不能恢复到初始值。由通量的变化也可以看出，膜在压力下的形变主要为非弹性形变，在撤销外力的情况下，能在一定程度上恢复原来的微孔结构，但是不能恢复到初始值，VMD测试后，膜的收缩率为5%左右。试验结果表明，间歇式的工作能使膜通量在一定程度上得到恢复，但不能恢复到初始值。

（2）膜污染后通量的恢复

图4-16所示为膜的清洗方法和后处理对VMD性能的影响。膜通量的恢复方法为：水洗、水洗后烘干、酸洗、酸洗后烘干。由于测试过程中膜丝并没有亲水性，因此水/酸洗和水/酸洗再加烘干，膜的通量变化不大。由图可知，膜的最初通量大约为3.20kg/（$m^2 \cdot h$）。由于PTFE中空纤维膜具有良好的疏水性能，水洗和水洗后烘干，膜的通量变化不太明显；同样，酸洗和酸洗后烘干，膜的通量变化也不明显，因此这里不比较烘干与否的通量变化。但是酸洗的效果明显优于纯水洗的效果。水洗和酸洗虽然都能除掉由物理吸附在膜表面的杂物，但难以洗掉膜表面和膜孔中难溶盐的结垢，但用酸液浸泡膜可使膜表面的难溶性盐去除（表4-5）。

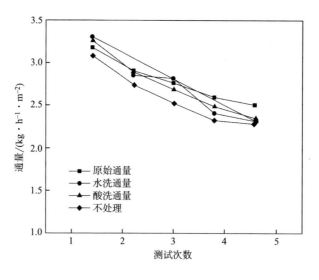

图4-16　清洗方法对膜通量的影响

表4-5　清洗后膜表面元素含量

| 元素 | 原始/% | 不处理/% | 水洗/% | 酸洗/% |
|---|---|---|---|---|
| B | — | — | — | — |
| C | 26.96 | 26.35 | 26.97 | 27.61 |
| O | — | 0.18 | 0.06 | 0.04 |
| F | 73.04 | 71.87 | 72.54 | 72.27 |
| Na | — | 0.86 | 0.01 | 0.01 |
| Mg | — | 0.13 | 0.12 | 0.01 |
| S | — | 0.09 | 0.13 | 0.02 |
| Cl | — | 0.42 | 0.12 | 0.02 |
| K | — | 0.04 | 0.01 | 0.01 |
| Ca | — | 0.05 | 0.04 | 0.01 |
| Br | — | 0.01 | — | — |
| Sr | — | — | — | — |

# 4.4　空气间隙式膜蒸馏脱盐研究

## 4.4.1　试验装置与材料

试验材料：自制PTFE中空纤维膜，膜丝规格见表4-6；自制PTFE中空纤维膜组件，组件参数见表4-7；PTFE中空实壁管（冷膜），由上海聚氟五金有限公司购买，内径0.4mm，外径0.8mm，壁厚0.2mm。

表4-6　五种PTFE中空纤维膜的结构参数

| 膜丝 | 膜内径/mm | 膜外径/mm | 膜壁厚/mm | 平均孔径/μm | 孔隙率/% |
|---|---|---|---|---|---|
| P1 | 0.8 | 1.6 | 0.40 | 0.22 | 39.8 |
| P2 | 0.8 | 2.0 | 0.60 | 0.25 | 40.2 |
| P3 | 0.8 | 2.3 | 0.70 | 0.32 | 41.4 |

| 膜丝 | 膜内径/mm | 膜外径/mm | 膜壁厚/mm | 平均孔径/μm | 孔隙率/% |
|---|---|---|---|---|---|
| P4 | 0.8 | 1.6 | 0.40 | 0.18 | 35.3 |
| P5 | 0.8 | 1.6 | 0.40 | 0.30 | 45.6 |

**表4-7 试验中所用膜组件规格**

| 编号 | 内径/mm | 外径/mm | 壁厚/mm | 孔隙率/% | 缠绕比例 | 根数 | 有效长度/m | 有效面积/m² |
|---|---|---|---|---|---|---|---|---|
| C-1 | 0.8 | 1.6 | 0.4 | 39.8 | 1:6 | 50 | 1.2 | 0.25 |
| C-2 | 0.8 | 1.6 | 0.4 | 40.2 | 1:6 | 50 | 1.2 | 0.25 |
| C-3 | 0.8 | 1.6 | 0.4 | 41.4 | 1:6 | 50 | 1.2 | 0.25 |
| C-4 | 0.8 | 1.6 | 0.4 | 35.3 | 1:6 | 50 | 1.2 | 0.25 |
| C-5 | 0.8 | 1.6 | 0.4 | 45.6 | 1:6 | 50 | 1.2 | 0.25 |
| C-6 | 0.8 | 1.6 | 0.4 | 45.6 | 1:4 | 50 | 1.2 | 0.25 |
| C-7 | 0.8 | 1.6 | 0.4 | 45.6 | 1:8 | 50 | 1.2 | 0.25 |

膜组件的制备：将相同长度的PTFE中空纤维膜与PTFE中空实壁管以一定比例相互缠绕成一束，然后分别进行分头、浇筑前处理（主要是胶黏剂封头和钠萘处理）、首末端均采用树脂进行浇注等工序，再待胶干后进行切头、挑孔。然后将膜丝的一端封住，在0.12MPa条件下进行测漏，漏水的膜丝进行打结或封头后再测，直至无漏水现象出现为止。测漏结束后，将组件装置装在φ10.16的ABS管内，待头盖胶好后，再次对组件进行检修测漏，测试完成后，将组件固定在机架上进行进一步试验研究。

试验装置如图4-17所示，从图中可以看出，试验装置主要由换热器、膜蒸馏组件和磁力驱动泵组成，其中换热器中全是PTFE中空实壁管，管内是要加热或冷却的NaCl溶液，管外充满了热水或冷凝水；膜组件中是PTFE中空纤维膜丝和PTFE中空实壁管按照一定比例互相缠绕而成。原水箱中的NaCl溶液先经磁力泵驱动进入换热器系统并被加热到指定温度后，经流量计流入膜组件中进行膜蒸馏过程。膜蒸馏产生的水蒸气在温度较低的实壁管上凝结成产水，在重力作用下经膜组件下端的PE两分管流入储水罐中收集并检测其电导率和体积。而浓缩液则从膜组件下端的热丝出口流出，经过冷凝器系统初步冷凝再回流至膜蒸馏系统中的实壁管内，提供冷凝能量，最后再流回原水箱。料液入口处设置的压力表则是为了防止系统压力过大使膜丝破裂，影响试验结果。

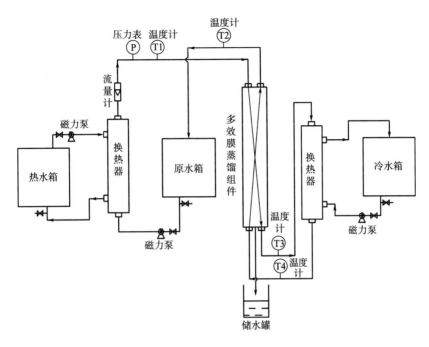

图4-17　空气间隙式膜蒸馏试验装置图

内部有热能交换的空气间隙式膜蒸馏组件如图4-18所示，膜组件中热膜与冷膜以一定的比例相互缠绕，原水箱中料液经换热器与热水箱中的热水换热后形成热料液进入热膜；由于PTFE中空纤维膜丝疏松多孔，疏水性优异，只有水蒸气分子可以透过膜丝，则热料液中透过膜孔的蒸气在冷膜外壁冷凝成产水，同时将冷膜中的冷料液加热，这时冷凝潜热被冷料液吸收，使其温度升高，实现热量回收利用；流出热膜的料液与冷凝器中的冷水换热后变成冷料液进入冷膜；流出冷膜的料液回到原水箱；而透过热膜膜孔的水蒸气在冷膜外壁冷凝成产水后经产水收集管流出并收集。

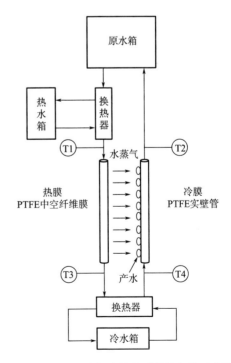

图4-18　内部有热能交换的膜蒸馏组件示意图

### 4.4.2 膜结构对膜蒸馏性能的影响

#### 4.4.2.1 膜丝壁厚对膜蒸馏性能的影响

选用孔隙率基本相同但壁厚不同的P1、P2、P3型膜丝浇铸成组件C-1、C-2、C-3，以质量分数为2%的NaCl溶液为料液，固定料液流量为35L/h，研究在料液温度分别为65℃、70℃、75℃、80℃、85℃时，膜丝壁厚对产水通量的影响如图4-19和表4-8所示。

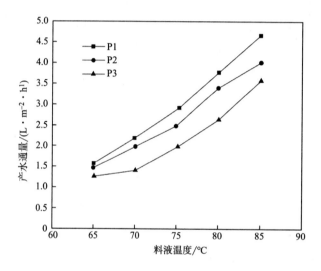

图4-19 膜丝壁厚对产水通量的影响

**表4-8 膜丝壁厚对脱盐率的影响**

| 料液温度 $T_1$/℃ | 电导率/（μS·cm⁻¹） | | | 脱盐率/% | | |
|---|---|---|---|---|---|---|
| | P1 | P2 | P3 | P1 | P2 | P3 |
| 65 | 3.6 | 2.9 | 3.4 | 99.99 | 99.99 | 99.99 |
| 70 | 3.5 | 3.1 | 3.7 | 99.99 | 99.99 | 99.99 |
| 75 | 4.0 | 3.5 | 4.5 | 99.99 | 99.99 | 99.99 |
| 80 | 2.9 | 3.9 | 4.6 | 99.99 | 99.99 | 99.99 |
| 85 | 3.2 | 4.3 | 4.1 | 99.99 | 99.99 | 99.99 |

由图可知，膜丝壁厚越小，产水通量越大，这是因为随着膜丝壁厚的减小，水蒸气穿过膜壁发生冷凝的距离也就减小，进而降低了在此过程中水蒸气小分子与膜孔内壁发生碰撞的次数，也就减小了传质阻力，从而提高了膜渗透通量。

同时，从图中还可以看出，壁厚相同的膜丝，产水通量随着料液温度的升高而升高，当温度从65℃升高到85℃时，膜组件C-1的产水通量从1.525L/（m²·h）增加到4.75 L/（m²·h），这是因为，温度的升高增加了料液的水蒸气分压，进而增大了膜两侧的传质推动力。从表中可以看出，全过程盐脱盐率一直保持在99.99%，说明膜丝壁厚对脱盐率影响较小。

### 4.4.2.2　膜孔径和孔隙率对膜蒸馏性能的影响

选用壁厚同为0.4mm但孔隙率不同的P1、P4、P5型膜丝浇铸成组件C-1、C-4、C-5，研究孔径和孔隙率对膜蒸馏性能的影响。以质量分数为2%的NaCl溶液作为料液，固定吸料液流速为35L/h，研究料液温度分别为65℃、70℃、75℃、80℃、85℃时膜孔隙率对产水通量和脱盐率的影响，如图4-20和表4-9所示。

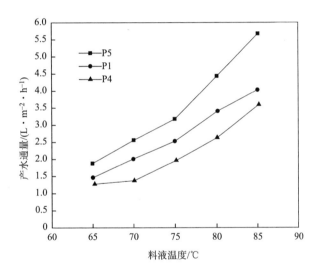

图4-20　膜孔径和孔隙率对产水通量的影响

**表4-9　膜孔径和孔隙率对脱盐率的影响**

| 料液温度 $T_1$/℃ | 电导率/（μS·cm⁻¹） | | | 脱盐率/% | | |
|---|---|---|---|---|---|---|
| | P4 | P1 | P5 | P4 | P1 | P5 |
| 65 | 2.9 | 3.4 | 4.4 | 99.99 | 99.99 | 99.99 |
| 70 | 3.4 | 3.6 | 4.7 | 99.99 | 99.99 | 99.99 |
| 75 | 3.7 | 3.2 | 5.5 | 99.99 | 99.99 | 99.99 |
| 80 | 3.2 | 4.1 | 5.6 | 99.99 | 99.99 | 99.99 |
| 85 | 3.1 | 4.4 | 5.8 | 99.99 | 99.99 | 99.99 |

由图可知，随着孔径和孔隙率的增大，产水通量也随之升高，当温度从65℃升高到85℃，膜组件C-5的产水通量从1.95L/（m²·h）升高到5.76L/（m²·h），这是由于中空纤维膜孔径和孔隙率的增大，降低了水蒸气分子穿过膜孔的阻力，提高了膜蒸馏的传质推动力，故而系统的产水通量增大。从表中可以看出，在PTFE中空纤维膜孔隙率在35%～45%之间时，脱盐率一直稳定在99.99%，孔径和孔隙率对脱盐率影响较小。

### 4.4.2.3 热膜与冷膜的比例对膜蒸馏性能的影响

选用P5型膜丝，控制热冷丝缠绕比例为1∶4、1∶6、1∶8分别制得编号为C-6、C-5、C-7的膜组件。以质量分数为2%的盐水溶液为进料液，固定料液流量为35L/h，料液温度分别为65℃、70℃、75℃、80℃、85℃，研究冷丝与热丝的比例分别为1∶4、1∶6、1∶8时对产水通量和脱盐率的影响如图4-21所示。

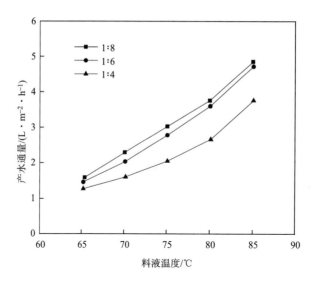

图4-21 热膜和冷膜的比例对产水通量的影响

由图4-21可知，热冷丝比例越小，产水通量越大，在料液温度为85℃时，冷热丝比为1∶4、1∶6、1∶8分别对应的产水通量是3.781L/（m²·h）、4.724L/（m²·h）、4.856L/（m²·h）。这是因为，组件中PTFE中空纤维膜面积不变，冷热丝比例减小，增加了水蒸气的冷凝面积，提高了传质推动力，使产水通量不断上升。从图中还可以看出，膜丝比例为1∶6和1∶8的膜组件的产水通量相差不大，这是因为冷丝比重的增加，不但增加了水蒸气的冷凝器面积，还会使冷料进口液温度升高，微孔膜两侧温差减小，从而导致膜两侧蒸汽压差减小，降低了膜蒸馏过程中的推动力，冷丝比重越大，后者作用越明显。在实际操作中，考虑到膜材料的节省，选择热冷丝比例为1：6的膜组件。从表4-10中可以看出，热冷丝比例对脱盐率影响较小，脱盐率稳定在99.99%。

表4-10　膜孔隙率对脱盐率的影响

| 料液温度 $T_1$/℃ | 电导率/（μS·cm⁻¹） | | | 脱盐率/% | | |
|---|---|---|---|---|---|---|
| | C-5 | C-6 | C-7 | C-5 | C-6 | C-7 |
| 65 | 2.9 | 3.3 | 3.5 | 99.99 | 99.99 | 99.99 |
| 70 | 3.3 | 4.4 | 3.9 | 99.99 | 99.99 | 99.99 |
| 75 | 4.5 | 4.1 | 5.2 | 99.99 | 99.99 | 99.99 |
| 80 | 3.9 | 4.6 | 4.5 | 99.99 | 99.99 | 99.99 |
| 85 | 4.6 | 4.6 | 4.3 | 99.99 | 99.99 | 99.99 |

### 4.4.3　操作条件对膜蒸馏性能的影响

以质量分数为2%的NaCl溶液为料液，对其进行PTFE中空纤维膜空气间隙式膜蒸馏试验研究，以产水通量、造水比以及产水电导率作为衡量指标，考察了热料液进口温度、冷料液进口温度、料液流量以及料液浓度等操作条件对膜蒸馏性能的影响。试验中所用的膜丝为自制PTFE中空纤维膜，采用混合—挤出—膨化拉伸—热处理法制成，具体规格见表4-11。PTFE中空实壁管（冷膜）由上海聚氟五金有限公司购买，内径0.4mm，外径0.8mm，壁厚0.2mm。自制膜组件具体参数见表4-12。试验装置如图4-17所示，主要由换热器、膜蒸馏组件和磁力驱动泵组成。热料液经转子流量计进入膜组件中，在膜表面进行传质、传热后回到原料箱中，同时透过膜孔的水蒸气冷凝成产水流出。

表4-11　PTFE中空纤维膜规格

| 参数 | 泡点/MPa | 平均孔径/μm | 孔隙率/% | 外径/mm | 内径/mm | 壁厚/mm | 有效组件面积/m² |
|---|---|---|---|---|---|---|---|
| 规格 | 0.12 | 0.20 | 45.6 | 2.0 | 0.8 | 0.6 | 0.25 |

表4-12　试验所用膜组件参数

| 参数 | PTFE中空纤维膜 | PTFE实壁膜丝 |
|---|---|---|
| 根数 | 100 | 600 |
| 有效长度/m | 1.2 | 1.2 |

| 参数 | PTFE中空纤维膜 | PTFE实壁膜丝 |
|---|---|---|
| 内径/mm | 0.8 | 0.4 |
| 壁厚/mm | 0.6 | 0.2 |
| 平均孔径/μm | 0.22 | — |
| 有效膜面积/m² | 0.25 | — |
| 孔隙率/% | 45.6 | — |

### 4.4.3.1　热料液进口温度$T_1$对膜蒸馏性能的影响

图4-22所示为热料液进口温度对产水通量的影响。由图可知，随着热料液进口温度$T_1$的升高，产水通量显著增大。在料液流量$Q$为20L/h时，产水通量随着$T_1$的增加，由初始的1.268L/（m²·h）增加至2.945L/（m²·h）；在料液流量$Q$为40L/h时，产水通量随着$T_1$的升高，由初始的1.734L/（m²·h）增加至4.656L/（m²·h），产水通量随$T_1$的增加而大幅增大的原因是空气间隙式膜蒸馏以膜两侧的压力差为传质推动力，而根据安托万公式可知料液的饱和蒸汽压随温度呈指数型增大，则$T_1$的增加大幅提升了膜两侧的传质推动力，继而也使产水通量显著提高。可以预见，料液温度过高，会增加热损失，降低膜丝的使用寿命；料液温度过低，则产水通量也过低，经济性差。一般而言，空气间隙式膜蒸馏的适宜温度为60～90℃。

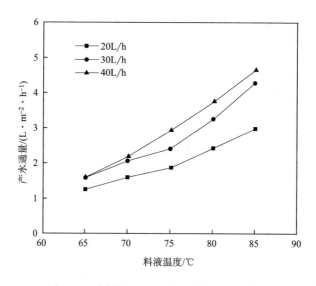

图4-22　热料液进口温度对产水通量的影响

图4-23所示为热料液进口温度对造水比的影响，由图可知，随着热料液进口

温度$T_1$的升高，造水比也相应增加。在料液流量$Q$为20L/h时，造水比随着$T_1$的增加，由原来的1.445增加至2.113；在料液流量$Q$为40L/h时，造水比随着$T_1$的升高，由原来的0.850增加至1.299。造成造水比升高的主要原因是因为$T_1$的增加，使得膜蒸馏过程的产水通量呈指数性增加，则会有一大部分额外的热量随产水被带出膜蒸馏系统，降低了从热侧对流到冷侧的热量损失百分比，即减小了$\Delta T$（$T_1-T_2$），根据造水比的公式可知，造水比随$T_1$的增大而增大。

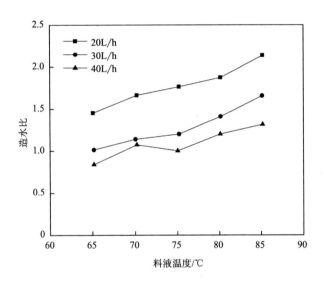

图4-23　热料液进口温度对造水比的影响

热料液进口温度对产水电导率和脱盐率的影响见表4-13。从表中可以看出，产水电导率值保持在2.3～5.7μS/cm之间，且随料液温度的增大而略有提高，且脱盐率一直稳定在99.99%，则料液温度对脱盐率影响较小。

表4-13　热料液进口温度对产水电导率和脱盐率的影响

| 料液温度 $T_1$/℃ | 电导率/（μS·cm⁻¹） | | | 脱盐率/% | | |
|---|---|---|---|---|---|---|
| | 20L·h⁻¹ | 30L·h⁻¹ | 40L·h⁻¹ | 20L·h⁻¹ | 30L·h⁻¹ | 40L·h⁻¹ |
| 65 | 2.3 | 2.6 | 4.5 | 99.99 | 99.99 | 99.99 |
| 70 | 3.0 | 3.8 | 3.7 | 99.99 | 99.99 | 99.99 |
| 75 | 2.9 | 2.9 | 5.4 | 99.99 | 99.99 | 99.99 |
| 80 | 3.4 | 4.8 | 5.7 | 99.99 | 99.99 | 99.99 |
| 85 | 4.5 | 5.9 | 5.1 | 99.99 | 99.99 | 99.99 |

#### 4.4.3.2　冷料液进口温度$T_4$对产水通量、造水比和脱盐率的影响

图4-24所示为冷料液进口温度$T_4$对产水通量的影响。从图中可以看出，随着冷料液进口温度$T_4$的升高，产水通量逐渐变小。在热料液进口温度$T_1$为75℃时，随着冷料液进口温度$T_4$的升高，产水通量由初始的3.499L/（m²·h）下降到1.774L/（m²·h），在热料液进口温度$T_1$为85℃时，由初始的5.469L/（m²·h）下降到4.210L/（m²·h）。这是因为保持热料液进口温度$T_1$不变，随着冷料液进口温度$T_4$增大，冷料液和热料液在膜组件内部进行的热交换作用一定程度上增加了冷料液出口温度$T_2$，则降低了膜两侧的温度差，从而导致膜两侧蒸汽压差减小，最终降低了传质推动力使产水通量下降。

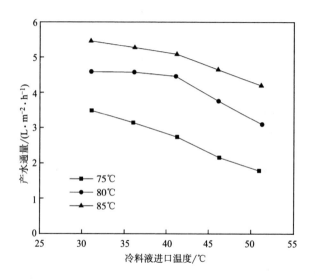

图4-24　冷料液进口温度$T_4$对产水通量的影响

图4-25所示为冷料液进口温度$T_4$对造水比的影响。从图中可以看出，随着冷料液进口温度$T_4$的升高，造水比不断降低。在热料液进口温度$T_1$为75℃时，造水比由0.772增加至1.201，在热料液进口温度$T_1$为85℃时，造水比由原先的0.949增加至1.315。原因可能是在保持$T_1$不变的前提下，$T_3$的增加的同时也一定程度上提高了冷料液进口温度$T_2$，减小了$T_1$与$T_2$的差值，但此时产水通量下降的程度要小于这个差值，再根据造水比的计算公式可以得出造水比随着冷料液进口温度的增大而减小。

冷料液进口温度$T_3$对脱盐率的影响见表4-14。而从表中可以看出冷料液进口温度的变化对脱盐率影响较小，脱盐率一直稳定在99.99%，而产水电导率则一直保持在6.0μS/cm以下。

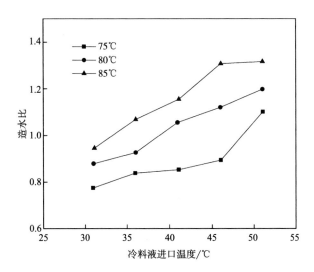

图4-25　冷料液进口温度$T_4$对造水比的影响

**表4-14　冷料液进口温度$T_4$对脱盐率的影响**

| 冷料液进口温度$T_4$/℃ | 电导率/（μS·cm⁻¹） | | | 脱盐率/% | | |
|:---:|:---:|:---:|:---:|:---:|:---:|:---:|
| | 75℃ | 80℃ | 85℃ | 75℃ | 80℃ | 85℃ |
| 30 | 3.1 | 2.8 | 4.5 | 99.99 | 99.99 | 99.99 |
| 35 | 3.3 | 4.1 | 4.4 | 99.99 | 99.99 | 99.99 |
| 40 | 2.9 | 4.9 | 4.8 | 99.99 | 99.99 | 99.99 |
| 45 | 4.6 | 3.8 | 5.3 | 99.99 | 99.99 | 99.99 |
| 50 | 5.9 | 5.0 | 4.6 | 99.99 | 99.99 | 99.99 |

### 4.4.3.3　料液流量$Q$对产水通量、造水比和脱盐率的影响

料液流量对产水通量的影响如图4-26所示。从图中可以看出，随着料液流量$Q$的增大，产水通量逐渐变大，在热料液进口温度$T_1$为75℃时，产水通量由原先的1.455L/（m²·h）上升至2.972L/（m²·h），在热料液进口温度$T_1$为85℃时，由初始的2.330L/（m²·h）上升至6.141L/（m²·h）。这是因为空气间隙式膜蒸馏过程存在浓度边界层和温度边界层，原液流速的增加，降低了浓度和温度边界层厚度，增大了料液的传质系数，减小了温差极化和浓度极化的作用，而且料液流量的增加给予膜蒸馏系统更多的能量，膜蒸发量增加，即产水通量随料液流量的增大而增大。从图中还可以看出，随着料液流速增加，产水通量增加幅度趋于缓和，上述效应逐渐减弱，故实际应用中应选择合适的料液流速，以获取最大的经济效益。

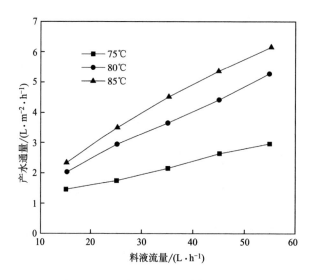

图4-26　料液流量对产水通量的影响

　　料液流量对造水比的影响如图4-27所示。从图中可以看出，随着料液流量$Q$的增大，造水比逐渐降低。在热料液进口温度$T_1$为75℃时，随着原液进口流量$Q$的增大，造水比由2.156降低到0.647，$T_1$为85℃时，造水比由2.856减小到0.940。这是因为进料流速$Q$的增加，使单位体积的料液在实壁管内的停留时间减少，换热作用减弱，从而降低了回收单位体积内蒸汽携带的潜热的效率，再加上，$Q$增加的同时要保持$T_1$不变，就需要外部换热器提供更多的热量，故造水比随着$Q$的升高而减小。

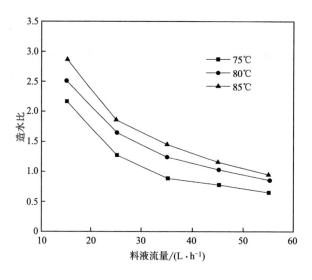

图4-27　料液流量对造水比的影响

料液流量Q对脱盐率的影响见表4–15。从表中可以看出，膜组件的脱盐率仍然稳定在99.9%以上，不随料液流量Q的变化而变化，而产水电导率则稳定在3.1～5.5之间，变化不明显。

表4-15　料液流量Q对脱盐率的影响

| 料液流量Q/（L·h⁻¹） | 电导率/（μS·cm⁻¹） | | | 脱盐率/% | | |
|---|---|---|---|---|---|---|
| | 75℃ | 80℃ | 85℃ | 75℃ | 80℃ | 85℃ |
| 15 | 3.5 | 3.5 | 3.1 | 99.99 | 99.99 | 99.99 |
| 25 | 4.1 | 5.3 | 3.8 | 99.99 | 99.99 | 99.99 |
| 35 | 4.9 | 4.8 | 3.6 | 99.99 | 99.99 | 99.99 |
| 45 | 4.7 | 5.1 | 5.4 | 99.99 | 99.99 | 99.99 |
| 55 | 4.7 | 5.5 | 5.1 | 99.99 | 99.99 | 99.99 |

#### 4.4.3.4　料液浓度C对产水通量、造水比和脱盐率的影响

料液浓度对产水通量的影响如图4–28所示。从图中可以看出，随着料液浓度C的增大，产水通量逐渐变小。在料液流量Q为15L/h时，随着料液浓度C的增大，产水通量由2.011L/（m²·h）降低到1.475L/（m²·h），在Q为35L/h时，产水通量由3.512L/（m²·h）降低到2.455L/（m²·h）。这是因为料液浓度的增大，降低了料液的蒸汽分压，使膜两侧蒸汽压差减小，再者，随着料液浓度的增大，增强了浓差极化作用，二者的联合作用降低了膜蒸馏传质推动力，使得产水通量随着料液浓度的增大而减小。从图中还可以看出，产水通量的降低幅度越来越大，这主要是因为料液浓度的增加加剧了膜孔堵塞，降低了膜丝的性能。

料液浓度对造水比的影响如图4–29所示。从图中可以看出，随着料液浓度C的提高，造水比逐渐降低。在料液流量Q为15L/h时，随着料液浓度C的增大，造水比由2.522降低到1.598，在料液流量Q为35L/h时，造水比由1.241减小至0.856。首先是因为，由于产水通量随着料液浓度增大而下降，这导致馏出液所携带的潜热热量也减少，进而导致实壁管中料液温度下降，微孔膜两侧温差的增大导致更多的热量以热传导的方式损失到实壁管内的料液中，这也就意味着多效膜蒸馏过程热利用率的降低。另外，两侧温差的增大需要外部换热器提供更多的热量来维持稳定的$T_3$，因此随着料液浓度增大，造水比不断下降。

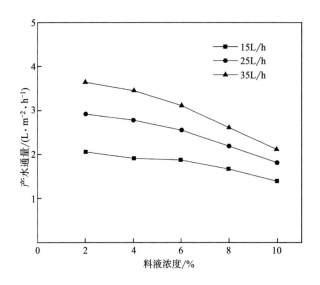

图4-28 料液浓度对产水通量的影响

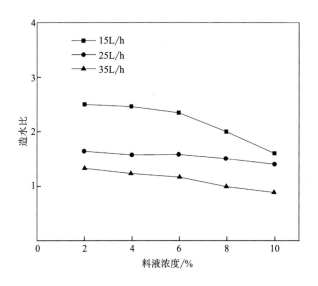

图4-29 料液浓度对造水比的影响

料液浓度C对脱盐率的影响见表4-16。从表中可以看出，随着料液浓度的增大，由初始的1%增加至5%，多效膜组件的脱盐率略有下降，由原先的99.99%下降至99.98%，变化不明显，而产水电导率则由2.2μS/cm增加到18.5μS/cm，考虑到质量分数为5%的盐水溶液的电导率已达到125000μS/cm，试验所用自制膜组件对NaCl具有良好的截留效果，适用于海水淡化。

表4-16　料液浓度*C*对脱盐率的影响

| 料液浓度C/% | 电导率/（μS·cm⁻¹） | | | 脱盐率/% | | |
|---|---|---|---|---|---|---|
| | 15L/h | 25L/h | 35L/h | 15L/h | 25L/h | 35L/h |
| 1 | 2.2 | 3.1 | 3.3 | 99.99 | 99.99 | 99.99 |
| 2 | 4.7 | 4.3 | 5.2 | 99.99 | 99.99 | 99.99 |
| 3 | 8.8 | 7.9 | 6.5 | 99.99 | 99.99 | 99.99 |
| 4 | 11.4 | 13.5 | 10.9 | 99.99 | 99.99 | 99.99 |
| 5 | 18.5 | 17.3 | 18.2 | 99.98 | 99.99 | 99.98 |

# 4.5　太阳能气隙式膜蒸馏脱盐研究

## 4.5.1　试验装置与材料

本节采用自主研发的疏水性PTFE中空纤维膜（规格见表4-17），以3%（质量分数）NaCl溶液作为测试料液，以太阳能为热源进行太阳能气隙式膜蒸馏脱盐试验，研究热料液进口温度和流量、膜组件连接方式以及不同天气条件等对膜蒸馏产水通量和电导率的影响，并对太阳能膜蒸馏系统进行30天的稳定性测试。

表4-17　试验中所用PTFE膜丝规格

| 参数 | 泡点/MPa | 平均孔径/μm | 孔隙率/% | 外径/mm | 内径/mm | 壁厚/mm | 有效组件面积/m² |
|---|---|---|---|---|---|---|---|
| 规格 | 0.12 | 0.20 | 37.4 | 2.0 | 0.8 | 0.6 | 0.25 |

太阳能膜蒸馏盐水淡化装置如图4-30所示，由太阳能集热器、换热装置、膜蒸馏组件和磁力泵组成。太阳能集热器：20支真空管，集热面积为1.85m²；自制气隙式膜蒸馏组件（每个组件有效膜面积0.25m²）所用疏水性PTFE中空纤维膜（热膜）：内径0.8mm，外径2.0mm，壁厚0.6mm，平均孔径0.22μm，浙江东大环境工程有限公司生产；PTFE中空实壁管（冷膜）：内径0.4mm，外径0.8mm，壁厚0.2mm；膜蒸馏组件：有效膜面积0.25m²（基于疏水PTFE中空纤维膜的内径计算），热膜与冷膜的根数比为1：6。

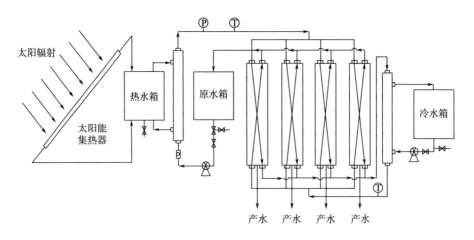

图4-30 太阳能膜蒸馏盐水淡化装置示意图

　　膜组件中热膜与冷膜间隔排放，原水箱中料液（质量分数为3%的NaCl）经换热器与太阳能蓄水箱中的热水换热后形成热料液进入热膜；热料液中水蒸气透过膜孔在冷膜外壁冷凝成产水，同时将冷膜中的冷料液加热，这时冷凝潜热被冷料液吸收，使其温度升高，实现热量回收利用；流出热膜的料液与冷凝器中的冷水换热后变成冷料液进入冷膜；流出冷膜的料液回到原水箱；而透过热膜膜孔的水蒸气在冷膜外壁冷凝成产水后经产水收集管流出并收集，并用电导率仪检测产水的电导率。

### 4.5.2　热料液进口温度和流量对膜蒸馏产水通量和电导率的影响

　　图4-31和图4-32所示为热料液进口温度和流量对产水通量和电导率的影响。由图可知，随着热料液进口温度的升高，产水通量显著增大，在进料液流速为150L/h时，系统的产水通量随着进料液温度的升高，从0.5L/（m² · h）提高到了2.69L/（m² · h）。原因有两方面：一方面，热料液中水的饱和蒸汽压随着温度的升高呈指数型增长，传质推动力变大，透过膜孔的水蒸气增多，因此产水通量增大；另一方面，提高热料液的温度能降低溶液黏度，减小浓差极化，提高水蒸气的扩散系数。在相同的温度条件下，随着热料液流量的增加，产水通量增大。这是因为随着流量的增加，膜壁面与流动主体间层流边界层减小，减小了浓差极化效应，降低热传递阻力，因此产水通量增加。而产水的电导率不受热料液进口温度和流量的影响，保持在5~11μS/cm之间，而且脱盐率稳定在99.99%以上，表明PTFE中空纤维膜疏水性强，对NaCl的脱盐率高。

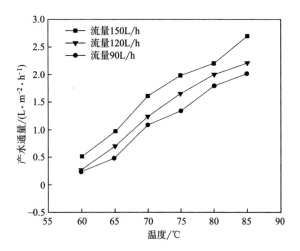

图4-31　热料液进口温度和流量对产水通量的影响

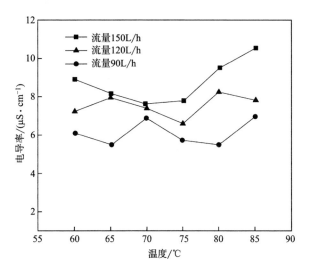

图4-32　热料液进口温度和流量对电导率的影响

### 4.5.3 冷料液进口温度对膜蒸馏产水通量和电导率的影响

图4-33和图4-34分别为冷料液进口温度对产水通量和电导率的影响。由图可知，在热料液进口温度恒定时，随着冷料液进口温度的升高，产水通量明显下降，在固定料流流速为150L/h时，太阳能膜蒸馏系统的产水通量随着冷料液进口温度的升高由2.7L/（m²·h）降低到1L/（m²·h）。这是因为，随着冷料液进口温度的升高，PTFE实壁冷膜自下而上各处的温度也相应升高，导致PTFE中空纤维热膜

213

与PTFE实壁冷膜之间的温差变小，蒸汽压差减小，进而传质推动力减小，因此产水通量减小。从图4-34中可以看出，在试验条件下，产水电导率一直保持在10μS/cm以下，脱盐率稳定在99.99%以上。

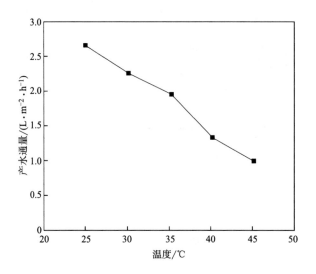

图4-33　冷料液进口温度对产水通量的影响

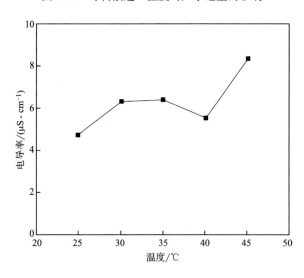

图4-34　冷料液进口温度对电导率的影响

### 4.5.4　不同天气条件下太阳能蓄热温度对膜蒸馏产水通量和导电率的影响

图4-35所示为浙江诸暨10月不同天气条件下（晴天、多云和阴天）不同时段

太阳能蓄热水箱的温度。图4-36与图4-37所示为不同天气条件下膜蒸馏产水通量和电导率。由图4-36可知，晴天8点后，太阳辐照量随时间的增加显著增大，太阳能热水器的集热管吸收辐射，蓄热水箱温度一直升高，最高温度可达85℃，膜蒸馏产水通量随蓄热水箱温度的升高而显著增大，13点时达到峰值；之后随着蓄热水箱温度的下降，产水通量逐渐降低。多云天气条件下，太阳的辐照量小于晴天，蓄热水箱温度最高可达70℃，膜蒸馏产水通量比晴天小。阴天天气条件下，太阳的辐照量非常低，蓄热水箱温度一直保持在55℃以下，且到14点后反而有所下降，因此膜蒸馏产水通量极低，几乎不出水。另外，从图4-37中可以看出，产水的电导率一直维持在5～11μS/cm之间，脱盐率稳定在99.99%以上，不受运行时间的影响。

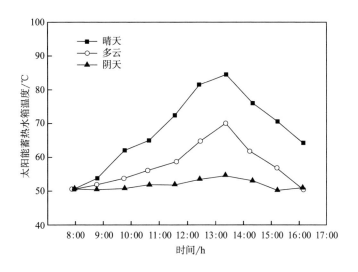

图4-35　不同天气条件下太阳能蓄热水箱温度

在晴天太阳辐射量较大时，太阳能热水器能及时补充因料液在PTFE中空纤维膜表面发生相变以及流动过程中热量损失所需要的能量，因此太阳能膜蒸馏集成系统能在较长时间内保持较高的产水通量。而在太阳辐射强度较弱的阴天，集热管接收的辐射能不足以维持料液在膜表面发生相变所需的能量，产水通量也因此迅速下降，所以太阳能膜蒸馏系统不适合在阴雨天气工作。根据本文的试验结果，当太阳能的集热面积为1.85m²，有效膜面积为1m²，料液流量为150L/h时，该系统最大产水通量可达2.7L/（m²·h），日产水总量最大可达11.8kg。

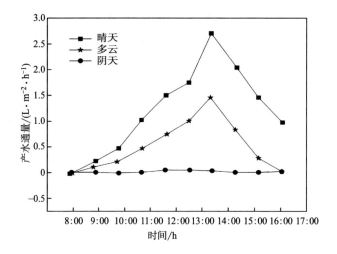

图4-36 不同天气条件下膜蒸馏的产水通量

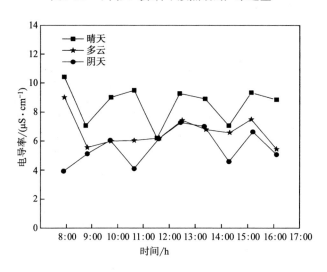

图4-37 不同天气条件下膜蒸馏的导电率

## 4.5.5 组件连接方式对产水通量和导电率的影响

图4-38和图4-39所示为PTFE中空纤维膜组件分别以并联和串联方式连接时的产水通量和电导率。从图4-38中可以看出，在相同的热料液进口温度下，膜组件并联的产水通量比膜组件串联的大。主要原因为并联的每个膜组件热料液温度均为蓄热水箱初始温度，而串联膜组件的进口温度逐级递减，前者的平均料液温度比后者大。在冷却液进口温度保持不变的情况下，前者中空纤维热膜与实壁冷膜

之间的温差大，传质推动力变大，因此透过膜孔的水蒸气增加，产水通量增大。从图4-39中可以看出，膜组件的联接方式对产水电导率的影响并不大。故综合两点可得出，膜组件并联形式优于串联形式。

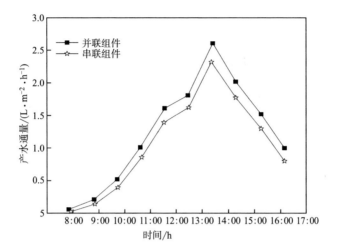

图4-38　组件并联和串联形式下的产水通量

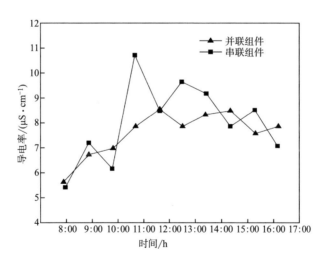

图4-39　组件并联和串联形式下的导电率

### 4.5.6　稳定性测试

在太阳能集热面积为1.85m²，PTFE中空纤维膜有效面积为1m²，热料液质量分数为3%NaCl溶液，热料液流量为150L/h条件下，于2014年10月连续运行1个月，测试产水通量和电导率，测试太阳能膜蒸馏系统的稳定性。膜蒸馏工作时间为8点至16点，当蓄热水箱温度低于55℃时，膜蒸馏停止工作。表4-18为10月的天气情况和膜蒸馏每天的产水总量和电导率。图4-40、图4-41为2014年10月太阳能蒸馏系统日产水量变化和导电率变化。由图可知，晴天时，产水总量在9～11.8L/d，多云时，产水总量在4～9L/d，阴雨天产水量小于3L/d。产水电导率一直稳定在5～15μS/cm，脱盐率大于99.99%，说明PTFE中空纤维膜对NaCl具有良好的去除效果。

表4-18　2014年10月天气情况和膜蒸馏的产水总量和电导率

| 日期 | 天气 | 产水总量/(L·d⁻¹) | 产水电导率/(μS·cm⁻¹) |
|---|---|---|---|
| 1 | 阴转多云 | 5.7 | 9.5 |
| 2 | 多云 | 8.7 | 6.6 |
| 3 | 多云转晴 | 10.9 | 8.4 |
| 4 | 晴 | 11.7 | 11.8 |
| 5 | 晴转多云 | 9.5 | 5.3 |
| 6 | 多云 | 6.3 | 12.4 |
| 7 | 多云转晴 | 8.8 | 6.9 |
| 8 | 多云 | 6.4 | 7.4 |
| 9 | 多云 | 6.6 | 7.8 |
| 10 | 多云转阵雨 | 3.0 | 8.4 |
| 11 | 多云 | 7.8 | 9.1 |
| 12 | 阴 | 1.2 | 15.3 |
| 13 | 阴转多云 | 2.1 | 12.2 |
| 14 | 多云转晴 | 7.9 | 11.6 |
| 15 | 晴 | 11.3 | 10.3 |
| 16 | 晴 | 11.2 | 6.8 |
| 17 | 晴 | 11.3 | 8.2 |
| 18 | 多云 | 7.7 | 10.3 |
| 19 | 多云 | 7.8 | 12.7 |
| 20 | 晴 | 11.8 | 14.2 |
| 21 | 多云转阵雨 | 5.4 | 13.6 |
| 22 | 阵雨转多云 | 0.1 | 6.2 |
| 23 | 晴 | 10.3 | 8.4 |
| 24 | 晴 | 10.4 | 11.3 |
| 25 | 晴 | 11.1 | 9.2 |
| 26 | 晴 | 11.8 | 7.7 |

续表

| 日期 | 天气 | 产水总量/(L·d⁻¹) | 产水电导率/(μS·cm⁻¹) |
|------|------|------------------|---------------------|
| 27 | 多云转阴 | 4.3 | 10.6 |
| 28 | 阴转多云 | 2.0 | 8.5 |
| 29 | 多云 | 7.6 | 11.1 |
| 30 | 多云 | 6.5 | 13.5 |

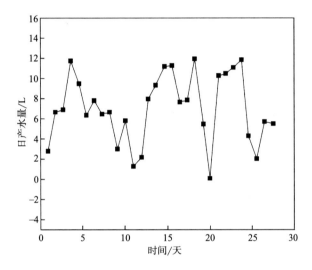

图4-40　2014年10月太阳能膜蒸馏系统的日产水量变化

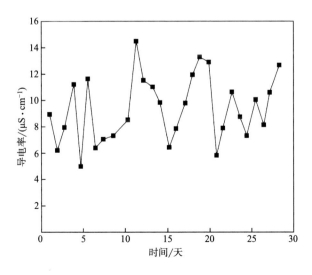

图4-41　2014年10月太阳能膜蒸馏系统的电导率变化

## 4.6　渗透蒸馏用于茶多酚浓缩的研究

渗透蒸馏，也称膜渗透浓缩或渗透蒸发，是20世纪80年代发展起来的一种新型膜分离技术。其中在膜的一侧是一种溶液，含有一种或多种的挥发组分，称为物料相；在膜的另一侧是另一种溶液，可以吸收挥发性组分，称为提取相。渗透蒸馏能够在常温常压下，使被处理的物料实现高倍浓缩，克服一些常规分离方法产生的热损失及机械损失，同时还具备投资少、能耗低等一般膜分离技术的优点。

渗透蒸馏包括三个连续过程。

①料液中的组分传递到热侧膜表面；②组分在热侧膜表面汽化，并透过膜孔扩散到膜的另一侧；③挥发出的组分在膜的另一侧发生相变冷凝。

在渗透蒸馏过程中，起关键作用的是疏水性微孔膜。用于渗透蒸馏的膜材料应该满足疏水性及多孔性两个要求，以确保水不会渗入微孔内影响分离和提纯效果，且具有较高的渗透通量。通常情况下，物料相与提取相均为水溶液。在渗透蒸馏过程中，如果水是选择性疏水微孔膜一边的易挥发性组分，这时会浓缩物料相，浓缩像果汁、蔬菜汁、药物、生化产品等[48]属于此类情况；如果选择性透过的易挥发性组分不是溶剂水，这时物料相中降低的是挥发性组分的浓度，像制备低浓度酒时采用的渗透蒸馏，酒精作为一种易挥发性组分透过疏水性微孔膜。

渗透蒸馏可以在常温常压下实现物料的高倍浓缩，且不受高渗透压的限制，因此特别适合处理热敏性物料。现今，茶多酚的提取浓缩工艺为：溶剂浸提→超滤澄清→反渗透浓缩→喷雾干燥成粉。在反渗透浓缩过程中，随着浓缩度的不断提高，茶多酚溶液的渗透压显著增加，易导致能耗过大，同时对机器的耐压性要求更高，导致生产成本的增加。如果不提高反渗透浓缩过程中的渗透压，会导致茶多酚溶液浓缩度底，需要喷雾干燥的溶液量过大，导致能耗增加，生产成本过高。因此需要大力研发和推广高效、无毒、无污染的茶多酚浓缩工艺。

茶多酚属于热敏性物料，在高温下易氧化分解。本部分对渗透蒸馏浓缩茶多酚进行研究，分别以PTFE中空纤维膜和平板微孔膜作为膜材料，以茶多酚水溶液为进料液，以氯化钙（$CaCl_2$）溶液为渗透液，进行渗透蒸馏浓缩试验，研究膜结构及操作条件等对渗透蒸馏过程中渗透通量及截留率的影响和抑制膜污染的措施，为采用渗透蒸馏技术浓缩茶多酚的工业化应用提供理论基础。

### 4.6.1　试验装置与材料

如图4-42所示，恒温水浴加热进料液至预定温度，采用蠕动泵抽取进料液进入中空纤维膜组件；同时，右侧蠕动泵抽取位于电子天平上方的渗透液，将渗透液送入冷凝器中，降温至室温（25℃）后的渗透液进入中空纤维膜组件。在中空纤维膜进料液侧产生的蒸汽，通过跨膜传质进入渗透液侧后被冷凝。通过电子天平称量确定渗透液的增量，即产水质量；采用GB/T 8313—2008中分光光度法检测渗透液中的茶多酚含量。通过式（4-1）和式（4-2）分别计算渗透通量$F$和茶多酚截留率$R$:

$$F = \frac{Q}{At} \tag{4-1}$$

式中：$Q$为测试时间内渗透液的增量，即产水质量（kg）；$A$为有效膜面积（$m^2$）；$t$为测试时间（h）。

$$R = \frac{C_i - C_p}{C_i} \times 100\% \tag{4-2}$$

式中：$C_i$为进料液中茶多酚的浓度（g/mL）；$C_p$为渗透液中茶多酚的浓度（g/mL）。

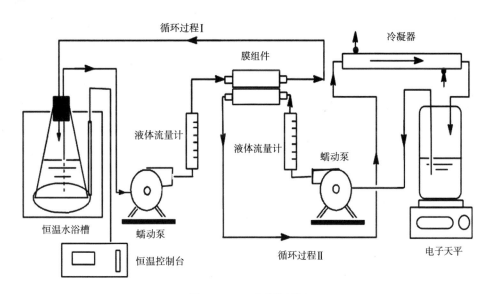

图4-42　OD试验装置图

　　使用的PTFE中空纤维膜组件规格见表4-19，膜组件内部结构如图4-43所示。中空纤维膜组件两端采用环氧树脂固化，其中，进料液通过膜组件管程，渗透液通过膜组件壳程，采用对流的操作方式。使用的PTFE中空纤维膜具体结构参数见表4-20。

表4-19　中空纤维膜组件规格

| 膜丝编号 | 内径/mm | 外径/mm | 膜丝数量/根 | 有效长度/cm | 有效面积/m² |
|---|---|---|---|---|---|
| P1 | 0.8 | 2.3 | 40 | 50 | 0.05 |
| P2 | 0.8 | 2.3 | 40 | 50 | 0.05 |
| P3 | 0.8 | 1.6 | 40 | 50 | 0.05 |
| P4 | 0.8 | 1.6 | 40 | 50 | 0.05 |

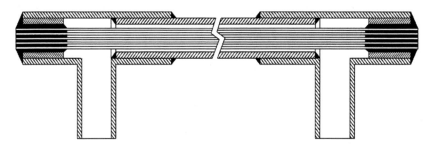

图4-43　中空纤维膜组件内部结构

表4-20　中空纤维膜结构参数

| 膜丝编号 | 内径/mm | 外径/mm | 壁厚/mm | 泡点压力/kPa | 平均孔径/μm | 最大孔径/μm | 孔隙率/% |
|---|---|---|---|---|---|---|---|
| P1 | 0.8 | 2.3 | 0.75 | 122 | 0.22 | 0.50 | 40.2 |
| P2 | 0.8 | 2.3 | 0.75 | 86 | 0.45 | 0.75 | 58.4 |
| P3 | 0.8 | 1.6 | 0.40 | 120 | 0.22 | 0.48 | 41.1 |
| P4 | 0.8 | 1.6 | 0.40 | 88 | 0.45 | 0.73 | 57.2 |

　　中空纤维膜结构SEM照片如图4-44所示。由图可见，采用推压—拉伸—烧结法制备的PTFE中空纤维膜具有不对称的微孔结构，为外侧致密、内侧疏松的多孔海岛状结构。

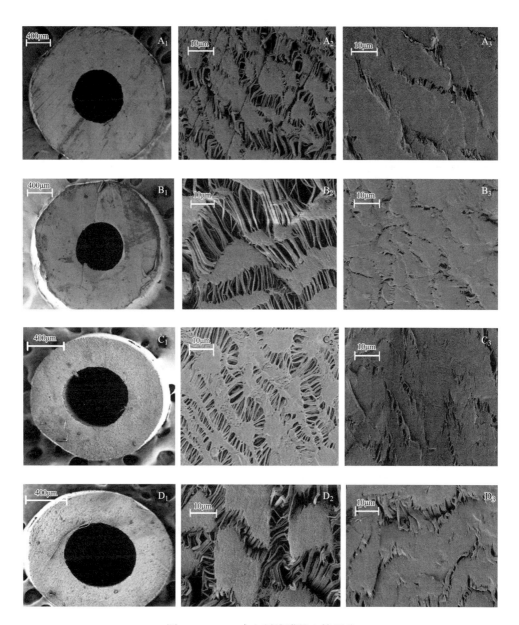

图4-44　PTFE中空纤维膜的电镜照片

$A_1 \sim A_3$：P1；$B_1 \sim B_3$：P2；$C_1 \sim C_3$：P3；$D_1 \sim D_3$：P4；

$A_1 \sim D_1$：截面；$A_2 \sim D_2$：内表面；$A_3 \sim D_3$：外表面

试验采用间歇式操作，每次试验依据不同的操作方式历时2～4h。有些试验采用进料液浓度恒定的方式进行，因此操作中每15min左右需向进料液贮槽内补给蒸发的水；每30min左右需调换渗透液，使其浓度保持稳定。总的试验操作条件见表4-21。

表4-21　OD试验条件

| 试验参数 | 数值 |
| --- | --- |
| 进料液温度/℃ | 30，35，40，45，50 |
| 渗透液温度/℃ | 25 |
| 进料液浓度（质量分数）/% | 1，2，4，6，8，10，20 |
| 渗透液浓度（质量分数）/% | 20、25、30、35、40 |
| 进料液流量/（L·h$^{-1}$） | 5，10，15，20 |
| 渗透液流量/（L·h$^{-1}$） | 20，25，30，35 |

表4-22为PTFE中空纤维膜的动态水接触角数据。一般而言，当材料表面水接触角大于110°时，说明材料具有较好的疏水性。因此所用的四种PTFE中空纤维膜都具有优异的疏水性。

表4-22　PTFE中空纤维膜的动态水接触角

| 膜丝编号 | 动态水接触角/（°） | 膜丝编号 | 动态水接触角/（°） |
| --- | --- | --- | --- |
| P1 | 126.2±1.8 | P3 | 127.1±1.4 |
| P2 | 127.7±2.1 | P4 | 125.5±2.3 |

本节同时考察了平板PTFE微孔膜的渗透膜蒸馏性能，所使用的PTFE平板微孔膜组件内部结构如图4-45所示，膜组件由对称的两部分组成，试验开始前，将平板微孔膜夹在两部分的O型垫圈之间，四周用4个粗螺丝机械固定。膜的两侧流体通道是直径为8.6cm的圆（膜的有效面积为0.0058m$^2$）。膜组件由有机玻璃制作，流体进出口接管为不锈钢管。使用的PTFE平板微孔膜具体结构参数见表4-23。图4-46所示为PTFE平板微孔膜的FESEM照片，具有"原纤—结点"的网状微孔结构。当纵向拉伸倍数较低时，微孔膜结构中结点较大，纤维粗且短，孔隙分布不均匀；随着纵向拉伸倍数的增加，结点逐渐变小，纤维变细、伸长，且孔隙分布均匀。

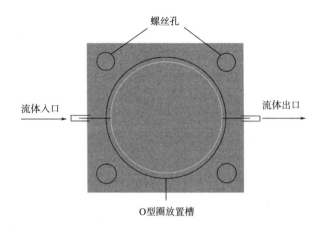

图4-45　平板微孔膜组件内部结构

**表4-23　PTFE平板微孔膜的结构参数**

| 平板微孔膜 | 膜厚度/μm | 泡点压力/kPa | 孔隙率/% | 平均孔径/μm | 最大孔径/μm |
|---|---|---|---|---|---|
| P-100 | 43 | 162 | 46.9 | 0.24 | 0.28 |
| P-200 | 43 | 135 | 47.5 | 0.33 | 0.37 |
| P-300 | 42 | 101 | 52.9 | 0.41 | 0.43 |
| P-500 | 41 | 45 | 78.3 | 0.79 | 1.04 |

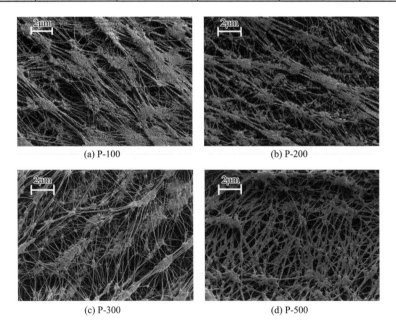

图4-46　PTFE平板微孔膜的FESEM照片

试验采用间歇式操作，每次试验依据不同的操作方式历时120～240min。有些试验采用进料液浓度恒定的方式进行，因此操作中每15min左右需向进料液贮槽内补给蒸发的水；每30min左右需调换渗透液，使其浓度保持稳定。

图4-47所示为PTFE平板微孔膜的静态接触角数据。一般而言，当材料表面静态水接触角大于110°时，说明材料具有较好的疏水性。由图可知，四种不同纵向拉伸倍数下得到的PTFE平板微孔膜均具有优异的疏水性。

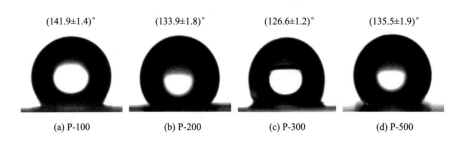

(a) P-100  (b) P-200  (c) P-300  (d) P-500

图4-47　PTFE平板微孔膜的静态水接触角（n=5）

### 4.6.2　膜结构对渗透通量和截留率的影响

#### 4.6.2.1　PTFE中空纤维膜的壁厚对渗透通量和截留率的影响

图4-48所示为在不同进料温度下PTFE中空纤维膜的壁厚对渗透通量及截留率的影响。由图可知，恒定进料液和渗透液的浓度及流速，在相同的进料温度下，减小膜的壁厚使渗透通量增加；但对截留率影响不大，均在99.9%以上。这主要是因为减小膜的壁厚会减短水蒸气通过膜层的路程，渗透阻力降低，渗透通量增大。从图4-48可知，由于PTFE的超疏水性，不同壁厚的中空纤维膜对茶多酚的截留率均在99.9%以上，说明减少膜的壁厚并不会影响渗透蒸馏的效果，但可以提高渗透通量，节省原料降低生产成本。

另外，由图4-48可知，对于同种壁厚的中空纤维膜，提高进料温度可明显提高渗透通量。渗透通量随进料温度上升明显提高的原因有两方面：一方面，进料温度的升高使中空纤维膜两侧温差增大，提高水蒸气透过膜壁的推动力；另一方面，提高温度能降低溶液黏度，减弱浓差极化效应，提高水蒸气的扩散系数。但由于茶多酚是还原性物质，不宜长时间在高温下处理，因此实际操作温度选择略高于室温为好。

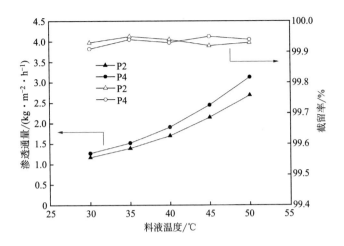

图4-48　PTFE中空纤维膜的壁厚对渗透通量和截留率的影响

恒定进料液浓度（质量分数）为1%，进料液流速为15L/h，渗透液浓度（质量分数）为40%，渗透液流速为30L/h等操作参数，在进料液温度为40℃的情况下，中空纤维膜P2的渗透通量为1.70kg/（m²·h），P4则达到了1.91kg/（m²·h），减少壁厚可提高渗透通量，同时两种膜对茶多酚的截留率均在99.9%以上，不影响茶多酚的品质。

### 4.6.2.2　PTFE中空纤维膜的孔径对渗透通量和截留率的影响

图4-49所示为不同进料温度下PTFE中空纤维膜孔径对渗透通量及截留率的影响。由图可知，随着孔径的增大，渗透通量逐渐提高。由于增大中空纤维膜孔径能降低水蒸气通过膜孔的阻力，使分子扩散加快，增大水蒸气通过量，因此显著提高渗透通量。从图可知，由于PTFE的超疏水性，两种不同孔径的中空纤维膜对茶多酚的截留率均在99.9%以上，说明孔径在0.25～0.45μm范围内的PTFE中空纤维膜适用于茶多酚的渗透蒸馏浓缩。

恒定进料液浓度（质量分数）为1%，进料液流速为15L/h，渗透液浓度（质量分数）为40%，渗透液流速为30L/h等操作参数，在进料液温度为40℃的情况下，中空纤维膜P1的渗透通量为1.08kg/（m²·h），P2则达到了1.70kg/（m²·h），增大膜的孔径可显著提高渗透通量，同时两种膜对茶多酚的截留率均在99.9%以上，不影响茶多酚的品质。

### 4.6.2.3　PTFE平板微孔膜的膜孔径对渗透通量和截留率的影响

图4-50所示为PTFE平板微孔膜孔径对渗透通量及截留率的影响。由图可知，随着孔径的增大，渗透通量逐渐提高。由于增大平板微孔膜孔径能降低水蒸气通

过膜孔的阻力，使分子扩散加快，增大水蒸气通过量，因此能显著提高渗透通量。从图可知，由于PTFE的超疏水性，四种不同纵向拉伸倍数下得到的PTFE平板微孔膜对茶多酚的截留率均在99.9%以上，说明孔径在0.25～0.80μm范围内的PTFE平板微孔膜均适用于茶多酚的渗透蒸馏浓缩。

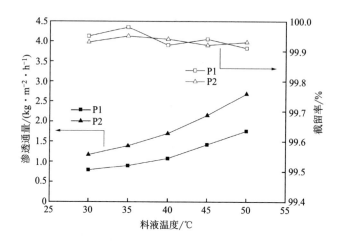

图4-49 PTFE中空纤维膜的孔径对渗透通量和截留率的影响

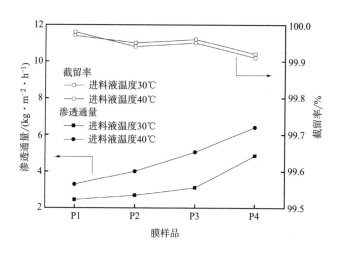

图4-50 平板微孔膜孔径对渗透通量和截留率的影响

另外，从图4-50中可以发现，当进料液温度从30℃增加至40℃时，渗透通量也明显增大。渗透通量随着进料液温度上升明显提高的原因有两个方面：一方面，进料液温度的升高使平板微孔膜两侧温差增大，提高水蒸气透过膜壁的推动力；另一方面，提高温度能降低溶液黏度，减弱浓差极化效应，提高水蒸气的扩散系数。但由于茶多酚是还原性物质，不宜长时间在高温下处理，因此实际操作温度选择略高于室温为好。

恒定进料液浓度（质量分数）为1%，进料液流速为20L/h，渗透液浓度（质量分数）为40%，渗透液流速为25L/h等操作参数，在进料液温度为40℃的情况下，平板微孔膜P1的渗透通量为3.29kg/（m$^2$·h），P2为4.01kg/（m$^2$·h），P3为5.06kg/（m$^2$·h），P4为6.40kg/（m$^2$·h），增大膜孔径可显著提高渗透通量，同时四种膜对茶多酚的截留率均在99.9%以上，说明增大膜孔径并不会影响茶多酚的品质。

### 4.6.3   操作条件对PTFE中空纤维膜渗透通量和截留率的影响

#### 4.6.3.1   渗透液和进料液的浓度对PTFE中空纤维膜渗透通量和截留率的影响

图4–51所示为渗透液浓度对渗透通量及截留率的影响。由图可知，渗透通量随着渗透液浓度的增加而增大。由于渗透液中盐浓度越高，蒸汽压越低，增加渗透液浓度能增大疏水膜两侧的表观渗透压差，增大了传质推动力。图4–52所示为进料液浓度对渗透通量及截留率的影响。由图可知，随着进料液浓度的增加，渗透通量有所下降。这主要是因为渗透蒸馏的驱动力就是水在茶多酚溶液和盐溶液中的蒸汽压差，随着进料液浓度的增加，茶多酚中水蒸气的气压有所下降，而盐溶液中水蒸气的气压不变，导致水的蒸气压差有所下降，所以渗透通量有所降低。由此可知，渗透蒸馏适用于茶多酚等热敏性物质的高倍浓缩。另外，从图中可以看出，渗透液和进料液浓度的变化对茶多酚的截留率没有明显影响，截留率均保持在99.9%以上。

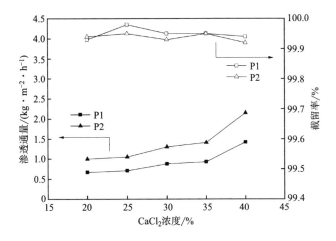

图4–51   渗透液中CaCl$_2$的浓度对渗透通量和截留率的影响

进料液浓度1%，进料液温度45℃，进料液流速15L/h，渗透液流速30L/h

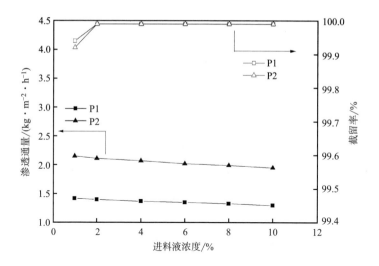

图4-52　进料液浓度对渗透通量和截留率的影响

进料液温度45℃，渗透液浓度40%，进料液流速15L/h，渗透液流速30L/h

### 4.6.3.2　渗透液和进料液的流速对PTFE中空纤维膜渗透通量和截留率的影响

图4-53和图4-54所示分别为渗透液流速和进料液流速对渗透通量及截留率的影响。由图可知，渗透通量随流速的增加而增大。这主要是由于流速增加，减小了浓差极化，提高了水蒸气的扩散系数。而渗透液和进料液流速的变化对茶多酚的截留率没有明显影响，截留率均保持在99.9%以上。

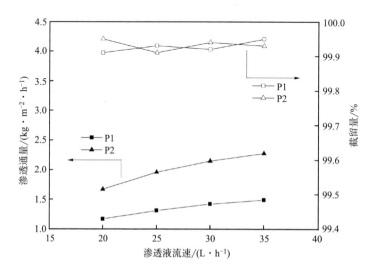

图4-53　渗透液流速对渗透通量和截留率的影响

进料液温度45℃，渗透液浓度40%，进料液浓度1%，进料液流速15L/h

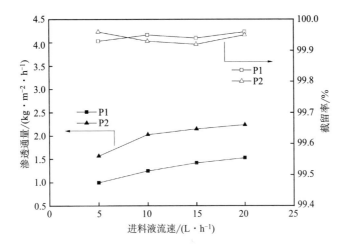

图4-54　进料液流速对渗透通量和截留率的影响

进料液温度45℃，渗透液浓度40%，进料液浓度1%，渗透液流速30L/h

### 4.6.3.3　PTFE中空纤维膜OD过程中各条件的综合影响

采用拟水平法（将水平数不同的问题转化为水平数相同的问题来处理），通过正交试验（表4-24），考察膜结构和操作条件对OD过程中渗透通量的综合影响。

表4-24　正交试验

| 序号 | 膜壁厚/mm | 膜孔径/μm | 进料温度/℃ | 渗透液浓度/% | 进料液浓度/% | 渗透液流量/(L·h⁻¹) | 进料液流量/(L·h⁻¹) | 渗透通量/(kg·m⁻²·h⁻¹) |
|---|---|---|---|---|---|---|---|---|
| 试验1 | 0.40 | 0.22 | 35 | 30 | 1 | 25 | 10 | 0.66 |
| 试验2 | 0.40 | 0.5 | 40 | 35 | 2 | 30 | 15 | 1.28 |
| 试验3 | 0.40 | 0.45 | 45 | 40 | 4 | 35 | 20 | 2.21 |
| 试验4 | 0.75 | 0.22 | 35 | 35 | 2 | 35 | 20 | 0.62 |
| 试验5 | 0.75 | 0.45 | 40 | 40 | 4 | 25 | 10 | 1.23 |
| 试验6 | 0.75 | 0.45 | 45 | 30 | 1 | 30 | 15 | 1.3 |
| 试验7 | 0.75 | 0.22 | 40 | 30 | 4 | 30 | 20 | 0.65 |
| 试验8 | 0.75 | 0.45 | 45 | 35 | 1 | 35 | 10 | 1.54 |
| 试验9 | 0.75 | 0.45 | 35 | 40 | 2 | 20 | 15 | 1.28 |
| 试验10 | 0.40 | 0.22 | 45 | 40 | 2 | 30 | 10 | 1.44 |
| 试验11 | 0.40 | 0.45 | 35 | 30 | 4 | 35 | 15 | 0.75 |
| 试验12 | 0.40 | 0.45 | 40 | 35 | 1 | 25 | 20 | 1.46 |
| 试验13 | 0.75 | 0.22 | 40 | 40 | 1 | 35 | 15 | 1.15 |

| 序号 | 膜壁厚/mm | 膜孔径/μm | 进料温度/℃ | 渗透液浓度/% | 进料液浓度/% | 渗透液流量/($L \cdot h^{-1}$) | 进料液流量/($L \cdot h^{-1}$) | 渗透通量/($kg \cdot m^{-2} \cdot h^{-1}$) |
|---|---|---|---|---|---|---|---|---|
| 试验14 | 0.75 | 0.45 | 45 | 30 | 2 | 25 | 20 | 1.2 |
| 试验15 | 0.75 | 0.45 | 35 | 35 | 4 | 30 | 10 | 0.54 |
| 试验16 | 0.75 | 0.22 | 45 | 35 | 4 | 25 | 15 | 0.65 |
| 试验17 | 0.75 | 0.5 | 35 | 40 | 1 | 30 | 20 | 1.46 |
| 试验18 | 0.75 | 0.45 | 40 | 30 | 2 | 35 | 10 | 0.95 |
| 均值1 | 1.300 | 0.862 | 0.885 | 0.918 | 1.262 | 1.080 | 1.060 | |
| 均值2 | 1.007 | 1.243 | 1.120 | 1.015 | 1.128 | 1.112 | 1.068 | |
| 均值3 | 1.088 | 1.290 | 1.390 | 1.462 | 1.005 | 1.203 | 1.267 | |
| 极差 | 0.293 | 0.428 | 0.505 | 0.544 | 0.257 | 0.123 | 0.207 | |

由表4-24可知，将PTFE中空纤维膜用于渗透蒸馏浓缩茶多酚的研究中，渗透液浓度和进料温度对渗透通量的影响极为重要，这也直观地反映出渗透蒸馏过程的驱动力为疏水膜两侧溶液的水蒸气压差，但由于进料液为还原性物质，温度不宜过高，否则容易氧化变质，一般略高于室温，因此渗透液浓度大小才是渗透蒸馏能够实现高倍浓缩最关键的因素；PTFE中空纤维膜的孔径对渗透通量的影响也较为重要，然后是膜的壁厚对渗透通量的影响，而只有膜结构可以通过制膜技术的改进得以提高；进料液浓度在OD过程中也是一个极为重要的因素，它直接关系到膜一侧水蒸气的气压大小，是渗透蒸馏能够实现高倍浓缩较关键的因素；进料液流量和渗透液流量也对渗透蒸馏过程有着不同程度的影响，但与前面提到的几种因素比较，影响较小。

### 4.6.4 操作条件对PTFE平板膜渗透通量和截留率的影响

#### 4.6.4.1 渗透液和进料液的浓度对PTFE平板膜渗透通量和截留率的影响

图4-55所示为渗透液中$CaCl_2$浓度对渗透通量及截留率的影响。由图可知，渗透通量随着渗透液浓度的增加而增大。这主要是由于渗透液中盐浓度越高，蒸汽压越低，增加渗透液浓度能增大疏水膜两侧的表观渗透压差，增大了传质推动力。图4-56所示为进料液浓度对渗透通量及截留率的影响。由图可知，随着进料液浓度的提高，渗透通量有所下降。这主要是因为渗透蒸馏的驱动力是水在茶多

酚溶液和盐溶液中的蒸汽压差，随着进料液浓度的提高，茶多酚中水蒸气的气压有所下降，而盐溶液中水蒸气的气压不变，导致水的蒸气压差有所下降，所以以渗透通量有所下降。由此可知，渗透蒸馏适合用茶多酚等热敏性物质的高倍浓缩。另外，从图中可以看出，渗透液和进料液浓度的变化对茶多酚的截留率没有明显影响，截留率均保持在99.9%以上。

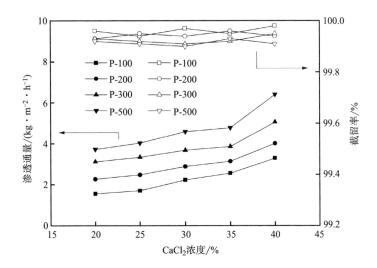

图4-55　渗透液中CaCl$_2$的浓度对渗透通量和截留率的影响

进料液浓度1%，进料液温度30℃，进料液流速20L/h，渗透液流速25L/h

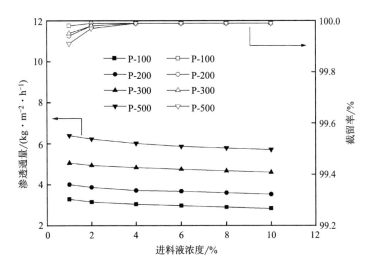

图4-56　进料液浓度对渗透通量和截留率的影响

进料液温度30℃，渗透液浓度40%，进料液流速20L/h，渗透液流速25L/h

### 4.6.4.2 渗透液和进料液的流速对PTFE平板膜渗透通量和截留率的影响

如图4-57、4-58所示分别为渗透液流速和进料液流速对渗透通量及截留率的影响。由图可知，渗透通量随流速的增加而增大。这主要是由于增加流速，减小浓差极化，提高水蒸气的扩散系数。而渗透液和进料液流速的变化对茶多酚的截留率没有明显影响，截留率均保持在99.9%以上。

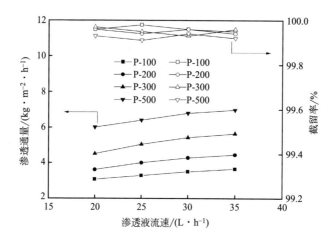

图4-57 渗透液流速对渗透通量和截留率的影响

进料液温度30℃，渗透液浓度40%，进料液浓度1%，进料液流速20L/h

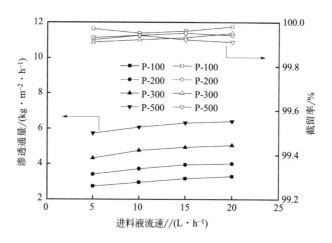

图4-58 进料液流速对渗透通量和截留率的影响

进料液温度30℃，渗透液浓度40%，进料液浓度1%，渗透液流速25L/h

### 4.6.4.3　PTFE平板膜OD过程中各条件的综合影响

通过设计正交试验（表4-25），考察膜结构和操作条件对OD过程中渗透通量的综合影响。

由表4-25可知，采用PTFE平板微孔膜渗透蒸馏浓缩茶多酚的过程中，进料温度和膜孔径对渗透通量的影响相对于渗透液浓度这一因素要大一些，但进料温度

**表4-25　正交试验**

| 序号 | 膜孔径 | 进料温度/℃ | 渗透液浓度/% | 进料液浓度/% | 渗透液流量/(L·h⁻¹) | 进料液流量/(L·h⁻¹) | 空列 | 渗透通量/(kg·m⁻²·h⁻¹) |
|---|---|---|---|---|---|---|---|---|
| 试验1 | P-100 | 35 | 30 | 1 | 25 | 10 | 1 | 2.41 |
| 试验2 | P-100 | 40 | 35 | 2 | 30 | 15 | 2 | 2.59 |
| 试验3 | P-100 | 45 | 40 | 4 | 35 | 20 | 3 | 4.08 |
| 试验4 | P-200 | 35 | 30 | 2 | 30 | 20 | 3 | 2.46 |
| 试验5 | P-200 | 40 | 35 | 4 | 35 | 10 | 1 | 3.04 |
| 试验6 | P-200 | 45 | 40 | 1 | 25 | 15 | 2 | 4.41 |
| 试验7 | P-300 | 35 | 35 | 1 | 35 | 15 | 3 | 3.24 |
| 试验8 | P-300 | 40 | 40 | 2 | 25 | 20 | 1 | 4.95 |
| 试验9 | P-300 | 45 | 30 | 4 | 30 | 10 | 2 | 4.33 |
| 试验10 | P-100 | 35 | 40 | 4 | 30 | 15 | 1 | 2.47 |
| 试验11 | P-100 | 40 | 30 | 1 | 35 | 20 | 2 | 2.51 |
| 试验12 | P-100 | 45 | 35 | 2 | 25 | 10 | 3 | 2.69 |
| 试验13 | P-200 | 35 | 35 | 4 | 25 | 20 | 2 | 2.25 |
| 试验14 | P-200 | 40 | 40 | 1 | 30 | 15 | 2 | 3.98 |
| 试验15 | P-200 | 45 | 30 | 2 | 35 | 15 | 1 | 4.31 |
| 试验16 | P-300 | 35 | 40 | 2 | 35 | 10 | 2 | 3.87 |
| 试验17 | P-300 | 40 | 30 | 4 | 25 | 15 | 3 | 3.36 |
| 试验18 | P-300 | 45 | 35 | 1 | 30 | 20 | 3 | 4.98 |
| 均值1 | 2.792 | 2.783 | 3.230 | 3.588 | 3.345 | 3.387 | 3.693 | |
| 均值2 | 3.408 | 3.405 | 3.132 | 3.478 | 3.468 | 3.397 | 3.327 | |
| 均值3 | 4.122 | 4.133 | 3.960 | 3.255 | 3.508 | 3.538 | 3.302 | |
| 极差 | 1.330 | 1.350 | 0.828 | 0.333 | 0.163 | 0.151 | 0.391 | |

不宜过高，所以影响有限，渗透蒸馏过程中渗透通量的提高主要靠改进疏水膜的性能，以及通过对渗透液浓度的调整；进料液浓度对渗透通量的影响也比较重要；渗透液流量和进料液流量对渗透通量也有一定程度的影响，但相对于前几种因素，影响较小。

### 4.6.5 膜污染与膜清洗

#### 4.6.5.1 膜寿命测试及膜污染

选取中空纤维膜P4制备膜组件，以质量分数20%的茶多酚水溶液为进料液，以质量分数40%的氯化钙溶液为渗透液，在进料液温度为40℃、进料液流速为20L/h及渗透液流速为35L/h的条件下，对PTFE中空纤维膜组件进行200h连续运行的稳定性测试。

图4-59所示为PTFE中空纤维膜200h OD过程中渗透通量和截留率的变化情况。由图可知，渗透通量开始先随着工作时间的增加而下降；在100h后，渗透通量逐渐达到稳定状态。而在此过程中截留率波动较小，均保持在99.9%以上。渗透通量下降的原因是，在长时间渗透蒸馏过程中，茶多酚晶体沉积在PTFE中空纤维膜的内表面，导致中空纤维膜内表面的微孔堵塞，使通量下降；当茶多酚晶体沉积在膜表面形成稳定的多孔污染层后，渗透通量就逐渐达到恒定状态。图4-60所示为膜污染前后的FESEM照片。

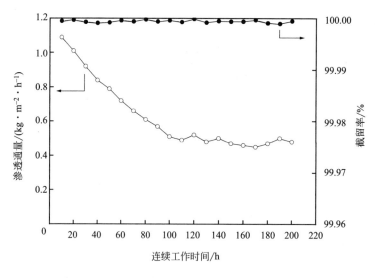

图4-59　PTFE中空纤维膜OD过程中渗透通量和截留率随时间的变化

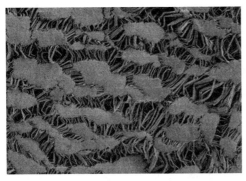

图4-60　膜污染前后的FESEM照片

采用平板微孔膜P-300制备膜组件，以质量分数为20%的茶多酚水溶液为进料液，以质量分数为40%的氯化钙溶液为渗透液，在进料液温度为40℃条件下，进行稳定性测试，得到了相似的结论。图4-61所示为PTFE平板微孔膜P-300连续工作200h内渗透通量和截留率的变化情况，图4-62所示为膜污染前后的FESEM照片。

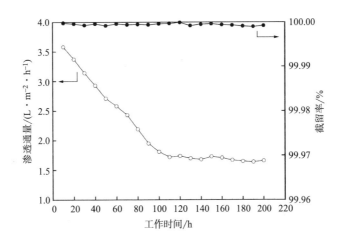

图4-61　PTFE平板微孔膜OD过程中渗透通量和截留率随时间的变化

平板微孔膜P-300，进料液浓度20%，渗透液浓度40%，进料液温度40℃

### 4.6.5.2　膜清洗

对于疏水性微孔膜，用蒸馏水、0.5%HCl溶液、0.5%NaOH溶液进行循环冲洗，均有较好的清洗效果。若先用0.5%NaOH溶液冲洗30min，再用蒸馏水冲洗15min，然后用0.5%HCl溶液冲洗30min，再用蒸馏水冲洗15min，最后60℃烘干，可使疏水性微孔膜通量基本得到恢复（95%以上），这主要是因为黏附在膜表面的茶多酚在碱性条件下溶解性较好。当然，延长NaOH溶液和HCl溶液的冲洗时间，甚至用NaOH溶液和HCl溶液浸泡疏水性微孔膜，可以使疏水性微孔膜的渗透通量得到更好的恢复。表4-26为PTFE中空纤维膜P4用不同方法清洗的通量恢复情况。表4-27为PTFE平板微孔膜P-300用不同方法清洗的通量恢复情况。

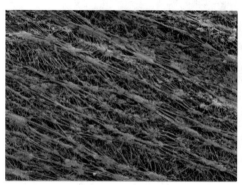

图4-62　膜污染前后的FESEM照片

**表4-26　PTFE中空纤维膜P4不同清洗方法的清洗效果**

| 清洗方法 | 通量的恢复率/% |
| --- | --- |
| 蒸馏水，1h | 71.2 |
| 0.5%HCl，1h | 82.5 |
| 0.5%NaOH，1h | 88.4 |
| 0.5%HCl，0.5h<br>0.5%NaOH，0.5h | 92.2 |
| 0.5%NaOH，0.5h<br>0.5%HCl，0.5h | 96.1 |

**表4-27　PTFE平板微孔膜P-300不同清洗方法的清洗效果**

| 清洗方法 | 通量的恢复率/% |
| --- | --- |
| 蒸馏水，1h | 76.4 |
| 0.5%HCl，1h | 86.2 |
| 0.5%NaOH，1h | 91.7 |
| 0.5%HCl，0.5h<br>0.5%NaOH，0.5h | 94.3 |
| 0.5%NaOH，0.5h<br>0.5%HCl，0.5h | 97.9 |

# 4.7 膜蒸馏处理印染反渗透浓水的研究

## 4.7.1 试验装置与材料

浸没式真空膜蒸馏（SVMD）试验装置如图4-63所示，主要由热侧回路、膜组件和冷侧回路组成。整个装置处于密闭状态，其中热侧回路主要包括恒温水浴槽、空气流量计、空气压缩机；冷侧回路主要包括：水式循环真空泵、冷凝管、产水接收瓶和干燥器等。将中空纤维膜浸没于RO浓水中，热侧的RO浓水在中空膜发生质量和热量的传递，水蒸气透过膜孔，在冷凝管中冷凝，并用产水接收瓶收集。

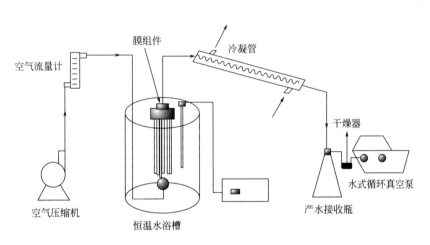

图4-63　浸没式真空膜蒸馏（SVMD）试验装置图

将中空纤维膜丝浸没于RO浓水中，浓水的体积为5L，打开热侧的加热器，在恒温水浴加热到一定程度后，打开真空泵，调节真空度到一定值。同时打开空气压缩机，给膜丝鼓气，并调节空气流量计到一定值。开始计时并收集产水。用电子天平称量产水接受瓶和干燥器的质量增重，就是产水的质量，并测量产水的TDS、$COD_{Cr}$、$BOD_5$、SS、pH、色度和浊度。计算膜通量$J$和截留率$R$、$COD_{Cr}$去除率、固体悬浮物浓度SS。

试验用印染反渗透浓水指标见表4-28，所采用的PTFE中空纤维膜结构参数见表4-29。

表4-28 试验用印染反渗透浓水指标

| 参数 | TDS/<br>(mg·L$^{-1}$) | COD$_{Cr}$/<br>(mg·L$^{-1}$) | BOD$_5$/<br>(mg·L$^{-1}$) | 色度/度 | 浊度/NTU | SS/<br>(mg·L$^{-1}$) | pH |
|---|---|---|---|---|---|---|---|
| 指标 | 10210 | 460 | 51 | 2660 | 9.80 | 51 | 8.8 |

表4-29 PTFE中空纤维膜结构参数

| 膜丝 | 内径/mm | 外径/mm | 壁厚/μm | 泡点压力/<br>kPa | 平均孔径/<br>μm | 孔隙率/% |
|---|---|---|---|---|---|---|
| #1 | 0.8 | 1.6 | 400 | 122 | 0.230 | 42.52 |
| #2 | 0.85 | 1.75 | 450 | 122 | 0.225 | 43.00 |
| #3 | 1.1 | 2.2 | 550 | 121 | 0.221 | 42.98 |
| #4 | 0.8 | 2.3 | 750 | 121 | 0.228 | 43.08 |
| #5 | 0.8 | 1.6 | 400 | 105 | 0.320 | 44.12 |
| #6 | 0.8 | 1.6 | 400 | 100 | 0.350 | 44.99 |
| #7 | 0.8 | 1.6 | 400 | 95 | 0.400 | 55.25 |
| #8 | 0.8 | 1.6 | 400 | 90 | 0.450 | 57.01 |

## 4.7.2 膜结构对产水通量和产水指标的影响

### 4.7.2.1 壁厚对产水通量和产水指标的影响

壁厚是膜结构的一个参数。膜的厚度与膜通量存在反比关系。为了研究壁厚对产水通量和产水指标的影响，试验选取膜#1～#4，将PTFE中空纤维膜制作成有效长度为13.5cm、装填数为40根的浸没式组件，进行浸没式真空膜蒸馏实验。

实验条件温度分别设置为65℃、70℃、75℃，真空度恒定在0.095MPa，曝气量为3m³/(h·m²)。图4-64所示为壁厚对产水通量的影响，表4-30和表4-31为壁厚对产水的TDS、COD$_{Cr}$、BOD$_5$、浊度、色度和pH的影响。从图4-64可以看出，在三种不同温度下，产水通量随着壁厚的增加而降低，温度越高，降低的趋势越明显。当温度在75℃时，随着壁厚从0.4mm增大到0.75mm时，产水通量从11.249kg/(m²·h)下降到6.814kg/(m²·h)。这是因为膜厚度增加，气体透过膜孔的路径增长，从而膜的传质阻力增大[71]，减小了产水通量。从表4-30和表4-31可以看出，壁厚对产水TDS的影响较小，TDS均保持在20mg/L以下，去除率均达到99.5%以上；COD$_{Cr}$均在25mg/L以下，去除率达到95%以上；BOD$_5$保持在6.5mg/L以下，去除率都在87%以上；色度在10度以下，去除率均达到99.6%以上。浊度的去除率达到了80%以上；pH均保持在6~8之间；SS均为0。

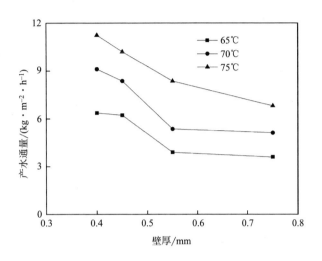

图4-64　壁厚对产水通量的影响

表4-30　壁厚对产水质量的影响（一）

| 壁厚/<br>mm | 温度/<br>℃ | TDS/<br>（mg·L⁻¹） | TDS去<br>除率/% | COD$_{Cr}$/<br>（mg·L⁻¹） | COD$_{Cr}$去<br>除率/% | BOD$_5$/<br>（mg·L⁻¹） | BOD$_5$去<br>除率/% |
|---|---|---|---|---|---|---|---|
| 0.40 | 65 | 22.00 | 99.78 | 17 | 96.30 | 5.9 | 88.43 |
| 0.40 | 70 | 17.23 | 99.83 | 19 | 95.87 | 6.1 | 88.04 |
| 0.40 | 75 | 18.00 | 99.82 | 19 | 95.87 | 5.5 | 89.21 |
| 0.45 | 65 | 16.69 | 99.83 | 22 | 95.21 | 5.4 | 89.41 |
| 0.45 | 70 | 13.82 | 99.86 | 21 | 95.43 | 6.0 | 88.23 |
| 0.45 | 75 | 12.28 | 99.87 | 22 | 95.21 | 5.9 | 88.43 |
| 0.55 | 65 | 4.89 | 99.95 | 6 | 98.69 | 5.5 | 89.21 |
| 0.55 | 70 | 4.90 | 99.95 | 8 | 98.26 | 5.1 | 90.00 |
| 0.55 | 75 | 5.87 | 99.94 | 6 | 98.69 | 5.8 | 88.62 |
| 0.75 | 65 | 17.53 | 99.82 | 18 | 96.08 | 6.0 | 88.23 |
| 0.75 | 70 | 19.93 | 99.80 | 25 | 94.56 | 6.2 | 87.84 |
| 0.75 | 75 | 17.53 | 99.82 | 16 | 96.52 | 5.9 | 88.43 |
| 国家一级排放<br>标准 | | 无 | | 100 | | 20 | |

表4-31 壁厚对产水质量的影响（二）

| 壁厚/mm | 温度/℃ | 色度/度 | 色度去除率/% | 浊度/NTU | 浊度去除率/% | pH | SS/（mg·L⁻¹） |
|---|---|---|---|---|---|---|---|
| 0.40 | 65 | 7.2 | 99.73 | 1.08 | 88.98 | 6.68 | 0 |
| 0.40 | 70 | 7.0 | 99.73 | 0.60 | 93.87 | 7.09 | 0 |
| 0.40 | 75 | 7.2 | 99.73 | 0.60 | 93.87 | 6.34 | 0 |
| 0.45 | 65 | 6.5 | 99.75 | 1.43 | 85.41 | 7.46 | 0 |
| 0.45 | 70 | 5.7 | 99.78 | 0.73 | 92.55 | 7.13 | 0 |
| 0.45 | 75 | 9.7 | 99.63 | 1.43 | 85.41 | 7.68 | 0 |
| 0.55 | 65 | 7.8 | 99.70 | 0.82 | 91.63 | 7.03 | 0 |
| 0.55 | 70 | 1.9 | 99.93 | 1.72 | 82.45 | 7.01 | 0 |
| 0.55 | 75 | 1.7 | 99.93 | 0.60 | 93.87 | 7.18 | 0 |
| 0.75 | 65 | 5.8 | 99.78 | 0.61 | 93.77 | 7.01 | 0 |
| 0.75 | 70 | 1.9 | 99.93 | 0.25 | 97.45 | 6.88 | 0 |
| 0.75 | 75 | 2.6 | 99.90 | 0.16 | 98.36 | 6.95 | 0 |
| 国家一级排放标准 | | 50 | | 无 | | 6~9 | |

#### 4.7.2.2 膜孔径对产水通量和产水指标的影响

孔径是膜的重要结构参数，影响膜的产水通量。本实验选取#1、#5、#6、#7、#8膜，将PTFE中空纤维膜制作成浸没式膜组件用于浸没式真空膜蒸馏，考察浸没式VMD过程膜孔径对产水通量和产水指标的影响。膜组件有效长度为13.5cm，根数为40根，真空度恒定在0.095MPa，曝气量为3m³/（m²·h）。

图4-65所示为膜孔径对产水通量的影响。从图中可以看出，平均孔径从0.22μm减小到0.45μm，产水通量先升高后降低。当平均孔径在0.40μm时，温度在65℃、70℃、75℃下的产水通量分别为2.887kg/（m²·h）、3.500kg/（m²·h）、4.436kg/（m²·h），在该孔径时，产水通量达到最大。因为，平均孔径0.22μm到0.40μm过程中，在单位时间内，水蒸气透过膜孔的量增大。而在0.40μm到0.45μm过程中，产水通量呈降低趋势，因为0.45μm的孔径较大，在长期负压的状态下，膜丝会产生收缩，膜孔径尺寸会相应减小，膜的有效长度也会缩短，从而导致产水通量降低。

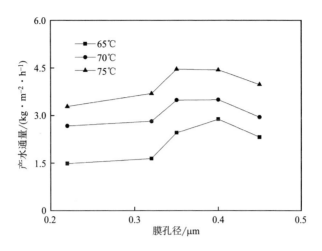

图4-65 膜孔径对产水通量的影响

从表4-32和表4-33中，可以看出膜孔径对产水指标的影响。在真空度0.095MPa、曝气量3m³/（m²·h）的条件下，TDS均保持在5mg/L以下，$COD_{Cr}$均保持在20mg/L以下，$BOD_5$在5~7mg/L。色度在10度以下，浊度在2NTU以下，pH值保持在6~8。产水各个指标均达到了国家一级排放标准。

表4-32 膜孔径对产水指标的影响（一）

| 平均孔径/μm | 温度/℃ | TDS/（mg·L⁻¹） | TDS去除率/% | $COD_{Cr}$/（mg·L⁻¹） | $COD_{Cr}$去除率/% | $BOD_5$/（mg·L⁻¹） | $BOD_5$去除率/% |
|---|---|---|---|---|---|---|---|
| 0.22 | 65 | 2.62 | 99.97 | 18 | 96.08 | 6.2 | 87.84 |
| 0.22 | 70 | 2.33 | 99.97 | 15 | 96.74 | 6.3 | 87.64 |
| 0.22 | 75 | 1.49 | 99.98 | 20 | 95.65 | 5.9 | 88.43 |
| 0.32 | 65 | 3.88 | 99.96 | 20 | 95.65 | 6.1 | 88.03 |
| 0.32 | 70 | 3.25 | 99.96 | 19 | 95.87 | 6.7 | 86.86 |
| 0.32 | 75 | 2.64 | 99.97 | 13 | 97.17 | 5.5 | 89.21 |
| 0.35 | 65 | 3.77 | 99.96 | 12 | 97.39 | 5.6 | 89.01 |
| 0.35 | 70 | 3.78 | 99.96 | 15 | 96.74 | 5.9 | 88.43 |
| 0.35 | 75 | 3.05 | 99.97 | 11 | 97.61 | 5.9 | 88.43 |
| 0.40 | 65 | 3.46 | 99.96 | 7 | 98.48 | 5.8 | 88.61 |
| 0.40 | 70 | 2.79 | 99.97 | 10 | 97.82 | 6.1 | 88.03 |
| 0.40 | 75 | 2.93 | 99.97 | 15 | 96.74 | 6.1 | 88.03 |
| 0.45 | 65 | 4.08 | 99.96 | 13 | 97.17 | 5.1 | 90.00 |

| 平均孔径/μm | 温度/℃ | TDS/(mg·L⁻¹) | TDS去除率/% | CODcr/(mg·L⁻¹) | CODcr去除率/% | BOD₅/(mg·L⁻¹) | BOD₅去除率/% |
|---|---|---|---|---|---|---|---|
| 0.45 | 70 | 2.96 | 99.97 | 15 | 96.74 | 6.6 | 87.05 |
| 0.45 | 75 | 2.32 | 99.97 | 5 | 98.91 | 6.5 | 87.25 |
| 国家一级排放指标 | | 无 | | 100 | | 20 | |

表4-33 膜孔径对产水指标的影响（二）

| 平均孔径/μm | 温度/℃ | 色度/度 | 色度去除率/% | 浊度/NTU | 浊度去除率/% | pH | SS/(mg·L⁻¹) |
|---|---|---|---|---|---|---|---|
| 0.22 | 65 | 3.1 | 99.88 | 0.22 | 97.75 | 6.62 | 0 |
| 0.22 | 70 | 2.6 | 99.90 | 0.45 | 95.40 | 7.01 | 0 |
| 0.22 | 75 | 2.3 | 99.92 | 0.22 | 93.16 | 7.02 | 0 |
| 0.32 | 65 | 6.8 | 99.74 | 0.63 | 93.57 | 7.55 | 0 |
| 0.32 | 70 | 3.1 | 99.88 | 0.25 | 97.44 | 6.88 | 0 |
| 0.32 | 75 | 2.5 | 99.90 | 0.12 | 98.77 | 7.05 | 0 |
| 0.35 | 65 | 6.8 | 99.74 | 0.62 | 93.67 | 7.21 | 0 |
| 0.35 | 70 | 2.1 | 99.92 | 1.54 | 84.28 | 7.56 | 0 |
| 0.35 | 75 | 2.3 | 99.92 | 0.58 | 94.08 | 6.58 | 0 |
| 0.40 | 65 | 5.8 | 99.78 | 1.23 | 87.44 | 7.01 | 0 |
| 0.40 | 70 | 6.7 | 99.74 | 0.66 | 93.26 | 7.88 | 0 |
| 0.40 | 75 | 9.5 | 99.64 | 1.22 | 87.55 | 6.68 | 0 |
| 0.45 | 65 | 6.2 | 99.76 | 1.05 | 88.28 | 6.79 | 0 |
| 0.45 | 70 | 7.0 | 99.73 | 0.52 | 93.98 | 6.66 | 0 |
| 0.45 | 75 | 6.2 | 99.76 | 0.46 | 99.98 | 7.34 | 0 |
| 国家一级排放指标 | | 50 | | 无 | | 6~9 | 无 |

## 4.7.3 浸没式真空膜蒸馏过程的影响因素

### 4.7.3.1 料液温度对产水通量和产水指标的影响

图4-66所示为真空度0.095MPa、曝气量分别为3m³/（h·m²）、5m³/（h·m²）、7m³/（h·m²）的条件下料液温度对产水通量的影响。表4-34和表4-35为料液温度对产水指标的影响。从图4-66可以看出，随着温度的升高，产水通量明显增加。在曝气为3m³/（h·m²）、真空0.095MPa、温度80℃时，产水通量达到7.378L/（m²·h）。温度越高，增长趋势越明显。这是因为温度与水的饱

和蒸汽压存在着指数关系，随着温度的升高，水的饱和蒸汽压增大，在冷侧真空度不变的情况下，膜两侧的蒸汽压力差增大，从而增大了传质驱动力，膜的产水通量就随之增大。同时，随着温度的升高，料液的黏度会随之降低，溶质和溶剂的扩散系数增大，从而导致浓差极化减弱，这也会使产水通量增大。但是，考虑到能耗因素，温度一般最好控制在50～70℃。

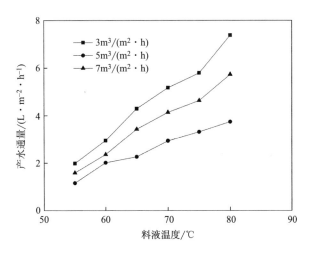

图4-66　料液温度对产水通量的影响

从表4-34中可以看出，在温度为65～80℃范围内，随着温度的升高，产水的TDS基本保持不变，基本保持在5mg/L以下，截留率达到99.9%以上。产水$COD_{Cr}$的去除率达到94%以上。在表4-35中可以看出，产水色度的去除率达到98%以上，浊度的去除率最高达到97%。产水的各个指标均达到了国家一级排放标准。

**表4-34　料液温度对产水指标的影响（一）**

| 曝气量/<br>（$m^3 \cdot h^{-1} \cdot m^{-2}$） | 温度/<br>℃ | TDS/<br>（$mg \cdot L^{-1}$） | TDS去除率/% | $COD_{Cr}$/<br>（$mg \cdot L^{-1}$） | $COD_{Cr}$去除率/% | $BOD_5$/<br>（$mg \cdot L^{-1}$） | $BOD_5$去除率/% |
|---|---|---|---|---|---|---|---|
| 3 | 55 | 24.00 | 99.76 | 24 | 94.78 | 4.4 | 91.37 |
| | 60 | 13.30 | 99.87 | 13 | 97.17 | 5.1 | 90.00 |
| | 65 | 5.62 | 99.94 | 14 | 96.95 | 5.0 | 90.19 |
| | 70 | 5.59 | 99.94 | 11 | 97.60 | 5.1 | 90.00 |
| | 75 | 3.17 | 99.96 | 21 | 95.43 | 4.9 | 90.39 |
| | 80 | 5.83 | 99.94 | 26 | 94.34 | 5.8 | 88.63 |

| 曝气量/<br>( m³·h⁻¹·m⁻² ) | 温度/<br>℃ | TDS/<br>( mg·L⁻¹ ) | TDS去<br>除率/% | COD$_{Cr}$/<br>( mg·L⁻¹ ) | COD$_{Cr}$去<br>除率/% | BOD$_5$/<br>( mg·L⁻¹ ) | BOD$_5$去<br>除率/% |
|---|---|---|---|---|---|---|---|
| 5 | 55 | 31.7 | 99.69 | 23 | 95.00 | 4.8 | 90.58 |
|  | 60 | 24.5 | 99.76 | 36 | 92.17 | 5.1 | 90.00 |
|  | 65 | 15.03 | 99.85 | 26 | 94.34 | 5.5 | 89.21 |
|  | 70 | 2.75 | 99.97 | 26 | 94.34 | 5.3 | 89.60 |
|  | 75 | 2.09 | 99.98 | 28 | 93.91 | 4.9 | 90.39 |
|  | 80 | 2.43 | 99.97 | 41 | 91.08 | 5.0 | 90.19 |
| 7 | 55 | 3.68 | 99.96 | 41 | 91.08 | 6.0 | 88.23 |
|  | 60 | 3.38 | 99.96 | 18 | 96.08 | 5.8 | 88.63 |
|  | 65 | 2.03 | 99.98 | 23 | 95.00 | 5.5 | 89.21 |
|  | 70 | 1.84 | 99.98 | 26 | 94.34 | 5.1 | 90.00 |
|  | 75 | 1.86 | 99.98 | 19 | 95.87 | 5.5 | 89.21 |
|  | 80 | 2.00 | 99.98 | 31 | 93.26 | 5.6 | 89.02 |
| 国家一级排放标准 | | 无 | | 100 | | 20 | |

**表4-35　料液温度对产水指标的影响（二）**

| 曝气量/<br>( m³·h⁻¹·m⁻² ) | 温度/<br>℃ | 色度/<br>度 | 色度去除<br>率/% | 浊度/<br>NTU | 浊度去除<br>率/% | pH | SS/<br>( mg·L⁻¹ ) |
|---|---|---|---|---|---|---|---|
| 3 | 55 | 33.2 | 98.75 | 2.73 | 72.14 | 6.82 | 0 |
|  | 60 | 10.2 | 99.61 | 0.72 | 92.65 | 7.61 | 0 |
|  | 65 | 7.1 | 99.73 | 0.66 | 93.26 | 7.82 | 0 |
|  | 70 | 4.4 | 99.83 | 0.56 | 94.28 | 7.20 | 0 |
|  | 75 | 4.4 | 99.83 | 0.56 | 94.28 | 7.57 | 0 |
|  | 80 | 10.8 | 99.59 | 0.79 | 91.93 | 7.14 | 0 |
| 5 | 55 | 30.2 | 98.86 | 1.61 | 83.57 | 6.54 | 0 |
|  | 60 | 16.9 | 99.36 | 1.03 | 89.49 | 6.60 | 0 |
|  | 65 | 26.4 | 99.00 | 1.39 | 85.81 | 7.99 | 0 |
|  | 70 | 8.4 | 99.68 | 0.56 | 94.28 | 7.57 | 0 |
|  | 75 | 11.2 | 99.57 | 0.92 | 90.61 | 6.59 | 0 |
|  | 80 | 18.5 | 99.30 | 1.28 | 86.93 | 7.38 | 0 |

| 曝气量/<br>（m³·h⁻¹·m⁻²） | 温度/<br>℃ | 色度/<br>度 | 色度去除<br>率/% | 浊度/<br>NTU | 浊度去除<br>率/% | pH | SS/<br>（mg·L⁻¹） |
|---|---|---|---|---|---|---|---|
| | 55 | 11.9 | 99.55 | 0.46 | 95.30 | 7.22 | 0 |
| | 60 | 11.9 | 99.55 | 0.75 | 92.34 | 6.85 | 0 |
| 7 | 65 | 11.9 | 99.55 | 0.57 | 94.18 | 7.47 | 0 |
| | 70 | 9.6 | 99.64 | 0.35 | 96.42 | 7.36 | 0 |
| | 75 | 12.5 | 99.53 | 0.46 | 95.30 | 7.40 | 0 |
| | 80 | 5.0 | 99.81 | 0.21 | 97.85 | 7.19 | 0 |
| 国家一级排放标准 | 50 | | | 无 | | 6~9 | 无 |

#### 4.7.3.2　曝气量对产水通量和产水指标的影响

图4-67所示为真空度0.095MPa、温度分别为65℃、70℃、75℃条件下曝气量对产水通量的影响。随着曝气量的增加，膜的产水通量先增加后趋于平缓。在一定范围内，曝气量为3m³/（h·m²）时，产水通量达到最大。这是因为给膜丝表面进行较小的曝气时，小气泡分布在料液中，增加了料液的湍流程度，一定程度上减小了膜界面和主流体之间的层流边界层厚度，从而降低了膜界面的浓差极化和温差极化，使膜通量增加。随着曝气量增加到一定值，小气泡凝结成大气泡，料液的湍流程度增大，起到了很好的促进作用。当曝气量超过这个最佳值时，料液

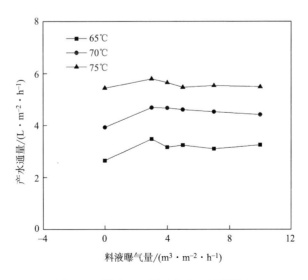

图4-67　料液曝气量对产水通量的影响

中几乎是大气泡，大气泡使料液与膜面不能充分接触，从而在一定程度上降低了膜的产水通量。所以，对膜丝表面进行一定的曝气，可以增加膜的产水通量。同时，曝气可以冲刷膜丝的表面，使膜丝表面不被悬浮物堵塞，从而在一定程度上减小了膜污染，延长了膜的清洗时间。

表4-36和表4-37为在（与图4-65）相同的条件下，曝气量对产水指标的影响。从表中可以看出，曝气量对产水指标的影响较小，产水的TDS去除率均在99.9%以上，$COD_{Cr}$去除率均在92%以上，$BOD_5$去除率均在88%以上，色度去除率均在99.3%以上，浊度去除率在80%以上，pH为6~8，SS均为0。

表4-36　曝气量对产水指标的影响（一）

| 温度/℃ | 曝气量/$(m^3 \cdot h^{-1} \cdot m^{-2})$ | TDS/$(mg \cdot L^{-1})$ | TDS去除率/% | $COD_{Cr}$/$(mg \cdot L^{-1})$ | $COD_{Cr}$去除率/% | $BOD_5$/$(mg \cdot L^{-1})$ | $BOD_5$去除率/% |
|---|---|---|---|---|---|---|---|
| 65 | 0 | 3.78 | 99.96 | 26 | 94.34 | 5.5 | 89.21 |
| | 3 | 3.12 | 99.97 | 22 | 95.21 | 4.8 | 90.58 |
| | 4 | 1.64 | 99.98 | 20 | 95.65 | 4.8 | 90.58 |
| | 5 | 1.80 | 99.98 | 24 | 94.78 | 5.6 | 89.02 |
| | 7 | 1.62 | 99.98 | 17 | 96.30 | 5.3 | 89.60 |
| | 10 | 3.32 | 99.97 | 14 | 96.95 | 5.0 | 90.19 |
| 70 | 0 | 3.23 | 99.97 | 22 | 95.21 | 5.6 | 89.02 |
| | 3 | 4.19 | 99.95 | 25 | 94.56 | 6.0 | 88.23 |
| | 4 | 2.38 | 99.97 | 31 | 93.26 | 5.8 | 88.62 |
| | 5 | 3.85 | 99.96 | 18 | 96.08 | 4.9 | 90.39 |
| | 7 | 3.46 | 99.96 | 18 | 96.08 | 5.1 | 90.00 |
| | 10 | 2.67 | 99.97 | 36 | 92.17 | 5.8 | 88.62 |
| 75 | 0 | 3.72 | 99.96 | 27 | 94.13 | 5.5 | 89.21 |
| | 3 | 3.30 | 99.96 | 29 | 93.69 | 5.6 | 89.02 |
| | 4 | 3.25 | 99.97 | 35 | 92.39 | 5.2 | 89.80 |
| | 5 | 2.68 | 99.97 | 24 | 94.78 | 5.5 | 89.21 |
| | 7 | 2.30 | 99.97 | 22 | 95.21 | 5.0 | 90.19 |
| | 10 | 2.49 | 99.97 | 26 | 94.34 | 5.0 | 90.19 |
| 国家一级排放标准 | | 无 | | 100 | | 20 | |

表4-37　曝气量对产水指标的影响（二）

| 温度/℃ | 曝气量/<br>（m³·h⁻¹·m⁻²） | 色度/<br>度 | 色度去除<br>率/% | 浊度/<br>NTU | 浊度去除<br>率/% | pH | SS/<br>（mg·L⁻¹） |
|---|---|---|---|---|---|---|---|
| 65 | 0 | 8.4 | 99.68 | 1.08 | 88.98 | 6.21 | 0 |
| | 3 | 17.5 | 99.34 | 1.38 | 85.91 | 7.06 | 0 |
| | 4 | 12.7 | 99.52 | 1.62 | 83.46 | 7.05 | 0 |
| | 5 | 3.1 | 99.88 | 0.41 | 95.81 | 7.53 | 0 |
| | 7 | 3.1 | 99.88 | 0.39 | 96.02 | 6.88 | 0 |
| | 10 | 3.1 | 99.88 | 0.66 | 93.26 | 7.37 | 0 |
| 70 | 0 | 3.6 | 99.86 | 0.68 | 93.06 | 7.82 | 0 |
| | 3 | 4.8 | 99.82 | 0.76 | 92.24 | 7.69 | 0 |
| | 4 | 4.5 | 99.83 | 0.89 | 90.91 | 7.42 | 0 |
| | 5 | 3.7 | 99.86 | 0.79 | 91.93 | 7.60 | 0 |
| | 7 | 4.8 | 99.82 | 0.78 | 92.04 | 7.58 | 0 |
| | 10 | 3.6 | 99.86 | 0.93 | 90.51 | 7.71 | 0 |
| 75 | 0 | 3.1 | 99.88 | 0.60 | 93.87 | 7.15 | 0 |
| | 3 | 2.8 | 99.89 | 0.64 | 93.50 | 7.89 | 0 |
| | 4 | 7.5 | 99.71 | 0.58 | 94.08 | 7.36 | 0 |
| | 5 | 4.5 | 99.83 | 0.79 | 91.93 | 7.44 | 0 |
| | 7 | 3.1 | 99.88 | 0.56 | 94.28 | 7.21 | 0 |
| | 10 | 7.5 | 99.71 | 0.66 | 93.26 | 7.73 | 0 |
| 国家一级排<br>放标准 | | 50 | | 无 | | 6～9 | 无 |

### 4.7.3.3　冷侧真空度对产水通量和产水指标的影响

图4-68所示为冷侧真空度对产水通量的影响。从图中可以看出，随着真空度的增大，产水通量明显递增。温度在70℃，曝气量在3m³/（h·m²），真空度从0.080MPa提高到0.095MPa时，产水通量从1.197kg/（h·m²）提高到4.557kg/（h·m²）。这是因为SVMD过程的推动力为膜两侧的饱和蒸汽压差，膜通量与两侧的压差呈线性关系。当热侧的料液温度一定时，热侧的饱和蒸汽压一定，提高冷侧的真空度，从而膜冷侧的温度降低，推动力增大，膜的产水通量就增大。

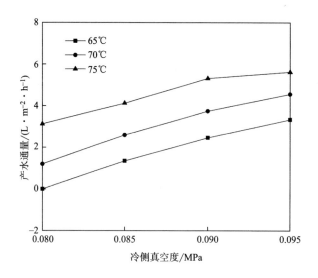

图4-68　冷侧真空度对产水通量的影响

　　表4-38和表4-39是冷侧真空度对产水指标的影响。冷侧真空度对产水指标没有呈现规律性影响。随着真空度的提高，产水的TDS，截留率提高，TDS去除率均保持在99.5%以上。温度在75℃时，随着真空度的变化，TDS保持在4mg/L左右，截留率达到99.9%以上。这是因为随着真空度的提高，热侧的水更容易汽化成水蒸气，从而截留率提高。产水的$COD_{Cr}$去除率均在90%以上。产水的色度、浊度分别保持在50度、2NTU以下。产水的各个指标均达到了国家一级排放标准。

表4-38　冷侧真空度对产水指标的影响

| 温度/℃ | 真空度/MPa | TDS/(mg·L⁻¹) | TDS去除率/% | $COD_{Cr}$/(mg·L⁻¹) | $COD_{Cr}$去除率/% | $BOD_5$/(mg·L⁻¹) | $BOD_5$去除率/% |
|---|---|---|---|---|---|---|---|
| 65 | 0.080 | 45.00 | 99.55 | 40 | 91.30 | 5.3 | 89.60 |
| | 0.085 | 33.00 | 99.67 | 43 | 90.65 | 4.8 | 90.58 |
| | 0.090 | 3.13 | 99.97 | 24 | 94.78 | 5.1 | 90.00 |
| | 0.095 | 3.92 | 99.96 | 20 | 95.65 | 4.9 | 90.39 |
| 70 | 0.080 | 21.00 | 99.79 | 34 | 92.60 | 4.0 | 92.15 |
| | 0.085 | 4.10 | 99.96 | 34 | 92.60 | 5.0 | 90.19 |
| | 0.090 | 3.66 | 99.96 | 24 | 94.78 | 4.7 | 90.78 |
| | 0.095 | 3.02 | 99.97 | 20 | 95.65 | 5.1 | 90.00 |

| 温度/℃ | 真空度/MPa | TDS/(mg·L⁻¹) | TDS去除率/% | COD_Cr/(mg·L⁻¹) | COD_Cr去除率/% | BOD_5/(mg·L⁻¹) | BOD_5去除率/% |
|---|---|---|---|---|---|---|---|
| | 0.080 | 4.80 | 99.95 | 43 | 90.65 | 6.0 | 88.23 |
| 75 | 0.085 | 4.28 | 99.96 | 17 | 96.30 | 4.9 | 90.39 |
| | 0.090 | 4.40 | 99.95 | 11 | 97.60 | 5.1 | 90.00 |
| | 0.095 | 3.66 | 99.96 | 16 | 96.30 | 5.0 | 90.19 |
| 国家一级排放标准 | | 无 | | 100 | | 20 | |

表4-39　冷侧真空度对产水指标的影响［曝气量3m³/（h·m²）］

| 温度/℃ | 真空度/MPa | 色度/度 | 色度去除率/% | 浊度/NTU | 浊度去除率/% | pH | SS/(mg·L⁻¹) |
|---|---|---|---|---|---|---|---|
| | 0.080 | 40.8 | 98.46 | 1.98 | 79.79 | 6.89 | 0 |
| 65 | 0.085 | 45.5 | 98.29 | 1.56 | 84.08 | 7.40 | 0 |
| | 0.090 | 6.2 | 99.76 | 1.23 | 87.44 | 7.00 | 0 |
| | 0.095 | 6.2 | 99.76 | 0.85 | 91.32 | 7.12 | 0 |
| | 0.080 | 40.1 | 98.49 | 1.57 | 83.97 | 7.17 | 0 |
| 70 | 0.085 | 17.9 | 99.32 | 1.64 | 83.26 | 7.13 | 0 |
| | 0.090 | 19.4 | 99.27 | 1.48 | 84.89 | 7.11 | 0 |
| | 0.095 | 32.9 | 98.76 | 1.16 | 88.16 | 6.83 | 0 |
| | 0.080 | 16.3 | 99.38 | 1.08 | 88.97 | 6.93 | 0 |
| 75 | 0.085 | 7.1 | 99.73 | 0.25 | 97.44 | 6.68 | 0 |
| | 0.090 | 10.2 | 99.61 | 0.44 | 95.51 | 6.62 | 0 |
| | 0.095 | 8.2 | 99.69 | 1.08 | 88.98 | 7.13 | 0 |
| 国家一级排放标准 | | 50 | | 无 | | 6~9 | 无 |

### 4.7.3.4　料液浓缩倍数对产水通量和产水指标的影响

在真空度为0.095MPa，料液温度为75℃，曝气量为3m³/（h·m²）的条件下，将料液分别浓缩至不同的倍数，进行RO浓水的SVMD浓缩实验。料液浓缩至不同倍数下RO浓水的TDS和COD_Cr情况如图4-69所示。料液浓缩倍数对膜产水通量的影响如图4-70所示，对产水指标的影响见表4-40和表4-41。

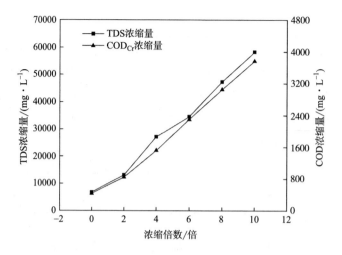

图4-69　不同浓缩倍数下RO浓水的TDS和CODCr

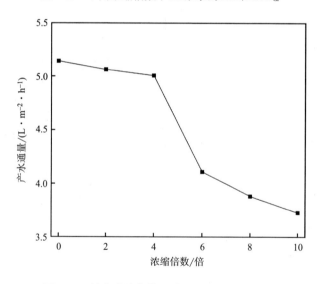

图4-70　料液浓缩倍数对膜的产水通量的影响

从图4-69可以看出，将料液浓缩至10倍的过程中，浓水的TDS由原液的6800mg/L上升到58300mg/L，$COD_{Cr}$由原液的432mg/L上升到3768mg/L。从图4-70看出，随着浓缩倍数增至10倍时，产水通量从5.142L/（m²·h）下降到3.728L/（m²·h）。在SVMD浓缩过程中，产水通量降低是因为随着浓缩倍数的增大，料液的浓度增大，从而料液黏度增大，料液的蒸汽压下降使膜两侧的蒸汽压减小，使产水通量降低。同时，有机物和盐浓度的增大加强了浓差极化效应，从而产水通量降低，也造成了膜污染。

从表4-40和表4-41可以看出，随着浓缩倍数的增大，产水的TDS从5.06mg/L增大到15.88mg/L，但产水的COD$_{Cr}$保持在35mg/L以下。产水的TDS、COD$_{Cr}$、BOD$_5$、色度、浊度、pH、SS均达到国家一级排放标准。

表4-40　料液浓缩倍数对产水指标的影响（一）

| 浓缩倍数/倍 | TDS/<br>（mg·L$^{-1}$） | TDS去除率/<br>% | COD$_{Cr}$/<br>（mg·L$^{-1}$） | COD$_{Cr}$去除<br>率/% | BOD$_5$/<br>（mg·L$^{-1}$） | BOD$_5$去除<br>率/% |
|---|---|---|---|---|---|---|
| 0 | 5.06 | 99.93 | 11 | 97.60 | 6.3 | 87.64 |
| 2 | 8.78 | 99.93 | 17 | 97.98 | 6.6 | 93.94 |
| 4 | 8.58 | 99.97 | 10 | 99.34 | 6.6 | 96.70 |
| 6 | 9.09 | 99.98 | 25 | 98.91 | 6.4 | 98.22 |
| 8 | 12.60 | 99.98 | 22 | 99.27 | 5.7 | 98.60 |
| 10 | 15.88 | 99.98 | 16 | 99.57 | 6.0 | 98.82 |

表4-41　料液浓缩倍数对产水指标的影响（二）

| 浓缩倍数/倍 | BOD$_5$/<br>（mg·L$^{-1}$） | BOD$_5$去除率/<br>% | 色度/度 | 色度去除率/<br>% | 浊度/NTU | 浊度去除率/<br>% |
|---|---|---|---|---|---|---|
| 0 | 6.3 | 87.64 | 8.3 | 99.68 | 0.93 | 90.51 |
| 2 | 6.6 | 93.94 | 8.2 | 99.83 | 0.66 | 96.47 |
| 4 | 6.6 | 96.70 | 4.5 | 99.95 | 0.77 | 95.34 |
| 6 | 6.4 | 98.22 | 1.3 | 99.99 | 0.47 | 99.66 |
| 8 | 5.7 | 98.60 | 7.9 | 99.96 | 0.77 | 99.32 |
| 10 | 6.0 | 98.82 | 6.0 | 99.97 | 0.66 | 99.63 |

### 4.7.4　膜的稳定性测试与膜清洗

将4#PTFE中空纤维膜自制成浸没式膜组件，膜组件有效长度为13.5cm，装填根数为40根，膜有效面积为0.0433m$^2$。

#### 4.7.4.1　膜的稳定性测试

采用浸没式真空膜蒸馏对印染废水反渗透浓水进行400h稳定性测试。稳定性测试条件为：料液的温度为70℃，真空度为0.095MPa，曝气量为3m$^3$/（h·m$^2$）。浓水体积为5L。试验过程中，保持料液的浓度基本不变。

图4-71所示为稳定性试验结果图。试验结果显示，在400h运行时间内，PTFE

中空纤维膜具有良好的稳定性。膜的产水通量从开始的7.239kg/（m²·h）降到了4.266kg/（m²·h），产水通量下降约为开始的58.9%。产水的TDS基本保持不变，基本保持在10mg/L，产水的TDS去除率均达到99.9%以上。在整个长期运行过程中，料液中的有机物会随着时间延长而积聚在膜的表面。同时，料液中的无机盐也会吸附在膜的表面，甚至有些会堵塞膜孔。这些情况都降低了膜的产水通量。由于给膜丝进行曝气，一方面减小了浓差极化，一方面对膜丝表面进行冲刷，去除了膜丝表面附着的污染物，从而减小了膜产水通量的降低速度。

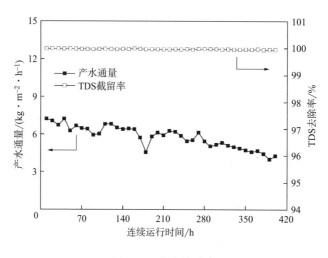

图4-71　稳定性试验

图4-72和图4-73所示为运行时间对产水指标的影响。从图中可以看出，运行时间对产水指标影响较小。整个运行过程中，产水的$COD_{Cr}$均保持在50mg/L以下，$BOD_5$均保持在6mg/L以下，产水指标达到国家一级排放标准。

### 4.7.4.2　膜清洗

采用浸没式真空膜蒸馏对印染废水反渗透浓水进行处理，温度设置为70℃，真空度为0.095MPa，曝气量为3m³/（m²·h）。由于膜丝在长期抽真空的负压状态下会产生收缩，从而引起孔径变小，产水通量下降。本实验采用间歇式运行，避免膜丝收缩引起产水通量下降的现象。实验采取每当相对产水通量下降约15%时，对受污染的膜先用去离子水浸泡30min，然后分别用0.05mol/L的氢氧化钠和0.5mol/L的盐酸，0.5mol/L的盐酸，0.01mol/L的氢氧化钠，2%的柠檬酸，5%的次氯酸钠清洗。每次清洗完，再用去离子水冲洗，最后在60℃的烘箱里烘24h。

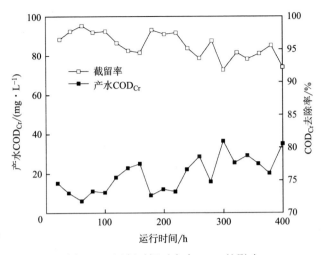

图4-72　运行时间对产水COD$_{Cr}$的影响

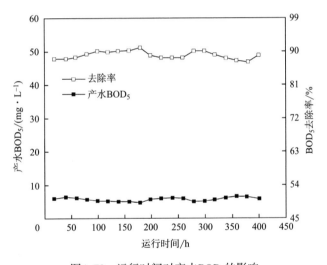

图4-73　运行时间对产水BOD$_5$的影响

图4-74所示为不同清洗剂对膜产水通量的恢复情况。从图中可以看出，膜丝在使用20h后，产水通量略有下降，降低了原始通量的15%左右。首先，用0.05mol/L NaOH和0.5mol/L HCl溶液清洗，发现该方法清洗效果很明显，产水通量恢复到了原始通量的97.09%；然后使用0.5mol/L HCl溶液单独清洗，发现产水通量也恢复得比较明显，恢复到原始通量的96.84%；第3次用0.01mol/L氢氧化钠溶液清洗，发现产水通量只恢复到原始通量87.0%；然后再用2%的柠檬酸清洗，发现产水通量恢复明显，为原始通量的95.51%；最后用5%的次氯酸钠清洗，发现产水通量恢复得不明显，说明膜被有机物污染的程度很小。

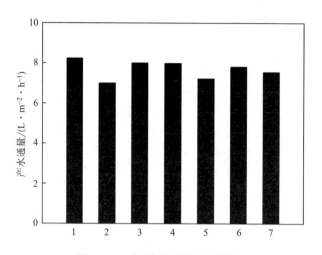

图4-74 不同清洗剂的清洗效果

1—初始通量 2—使用20h 3—0.05mol/L NaOH和0.5mol/L HCl清洗 4—0.5mol/L HCl清洗
5—0.01mol/L NaOH清洗 6—2%柠檬酸清洗 7—5%次氯酸钠清洗

图4-75所示为膜使用20h后，膜外表面的电镜照片。从以上现象和图4-75可以分析得出，膜产水通量的下降主要是盐类结晶物堵塞膜的表面而引起的。当清洗剂是酸性溶液时，产水通量的恢复率是比较高的，而当使用碱溶液清洗时，发现产水通量略有下降，这是因为料液中含有一些金属离子，在碱性溶液中会形成氢氧化物的沉淀，这些沉淀物附着在膜的表面，从而会堵塞膜孔，进一步降低膜产水通量。所以，在处理反渗透浓水时，膜的清洗剂为酸性物质效果最佳。

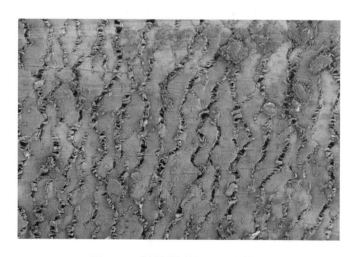

图4-75 膜被污染的FESEM电镜照

# 4.8  膜蒸馏处理垃圾渗滤液的研究

## 4.8.1  试验装置与材料

### 4.8.1.1  SGMD试验装置

SGMD的试验装置如图4-76所示，主要由循环过程和收集过程组成。循环过程主要装置包括恒温水浴槽、蠕动泵、液体流量计等，收集过程主要装置包括电子天平、空气压缩机、气体流量计、冷凝管。循环过程将料液泵进膜组件产生水蒸气，水蒸气通过微孔膜，被气扫的空气带入冷凝管液化后进入收集过程。

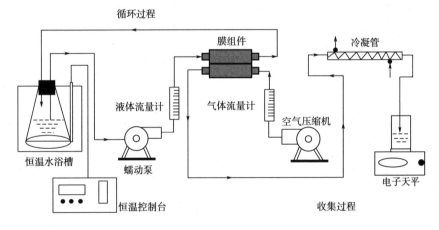

图4-76  SGMD试验装置图

进料液在恒温水浴槽中加热到预定温度后，开启蠕动泵，设置预定的进料液流速及气扫流速；打开冷凝系统，收集膜蒸馏的产水,计算单位时间单位膜面积得到的产水质量。通过电子天平称量确定产水质量，并检测产水的水质。试验所用原水（垃圾渗滤液）水质见表4-42。

表4-42  试验垃圾渗滤液的水质指标

| 参数 | 电导率/<br>（mS·cm⁻¹） | COD/<br>（mg·L⁻¹） | NH₃–N含量/<br>（mg·L⁻¹） | 色度/<br>度 | 浊度/<br>NTU | pH |
|---|---|---|---|---|---|---|
| 规格 | 11.28 | 2300 | 519 | 2000 | 59.7 | 6.95 |

### 4.8.1.2 试验材料

本节使用的PTFE平板微孔膜组件内部结构如图4-45所示。膜组件是本试验装置的核心部件，由自己加工制作，膜组件是由对称的两部分组成，试验开始前，将平板微孔膜夹在两部分的O型垫圈之间，四周用4个粗螺丝机械固定。完全对称的两个结构中间均有一个液体流道，试验过程中，料液会形成湍流，膜下面用硬质PP网作为支撑体，膜的两侧流体通道是直径为8.6cm的圆（膜的有效面积为0.0058m$^2$）。膜组件由有机玻璃制作，流体进出口接管为3分口径PP管材。所用PTFE平板膜结构参数见表4-43，其表面形貌如图4-77所示。

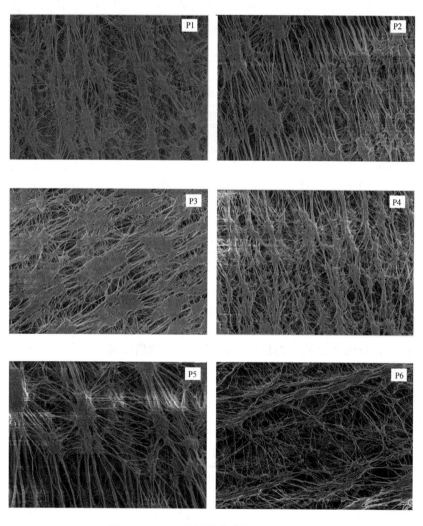

图4-77 PTFE平板微孔膜的FESEM照片

表4-43　PTFE平板微孔膜的结构参数

| 平板微孔膜 | 膜厚度/μm | 平均孔径/μm | 最大孔径/μm | 孔隙率/% | 泡点压力/kPa |
|---|---|---|---|---|---|
| P1 | 57 | 0.412 | 0.417 | 45.05 | 109.61 |
| P2 | 56 | 0.272 | 0.326 | 45.81 | 140.38 |
| P3 | 54 | 0.169 | 0.243 | 45.13 | 188.46 |
| P4 | 55 | 0.261 | 0.282 | 39.43 | 164.45 |
| P5 | 57 | 0.251 | 0.328 | 52.72 | 139.49 |
| P6 | 55 | 0.352 | 0.363 | 30.11 | 126.06 |

### 4.8.1.3　试验设计

（1）平均孔径对SGMD产水通量和产水指标的影响

控制膜的厚度和孔隙率大致一样，选取P3、P2、P1号膜来做测试，厚度维持在55μm左右，孔隙率在45%上下，而平均孔径却从0.159μm递增到0.272μm和0.412μm，膜的有效面积为0.0058m²。

试验条件：温度控制在55~85℃范围内，每间隔5℃设置一个温度点。进料液流速60L/h，吹扫气速度0.6m³/h。

（2）孔隙率对SGMD产水通量和产水指标的影响

控制膜的厚度和平均孔径一致，选用P4、P2、P5号膜作为测试膜。膜厚在55μm左右，平均孔径在0.260μm，孔隙率从39.43%依次增加到45.81%和52.72%。膜的有效面积为0.0058m²。

试验条件：温度控制在55~85℃范围内，每间隔5℃设置一个温度点。进料液流速60L/h,吹扫气速度0.6m³/h。

（3）进料液流速对SGMD产水通量和产水指标的影响

选择P1、P5号膜作为测试膜。进料液流速从20L/h增加到60L/h，每隔5L/h优化一个数据点。料液温度70℃，吹扫气速度0.6m³/h。

（4）吹扫气速度对SGMD产水通量和产水指标的影响

选择P4、P6号膜作为测试膜。吹扫气速度从0.1m³/h提高到0.6m³/h。每隔0.05m³/h优化一个数据点。料液温度70℃，料液流速60L/h。

（5）进料液温度、进料液流速、吹扫气速度的正交试验

正交试验选择进料液温度、进料液流速、吹扫气速度三个因素，每个因素选

择三个水平，并且以膜的产水通量作为试验指标。为了排除偶然因素的影响，选择P1、P3作为测试膜。

### 4.8.2 膜结构对产水通量和产水指标的影响

#### 4.8.2.1 平均孔径对产水通量和产水指标的影响

图4-78所示为平均孔径对膜产水通量的影响。由图可知，膜蒸馏的产水通量随着平均孔径的增大有较大的提升，并且随着料液温度的升高，产水通量上升的幅度越大，尤其在80℃时，当平均孔径从0.27μm提高到0.41μm时，产水通量提高了将近一倍，这是由于增大膜的平均孔径，降低了蒸汽穿过膜孔的阻力，使得分子扩散更快，产水通量提高，而且温度越高，水的饱和蒸汽压越大，增大了传质驱动力，膜的产水通量随之也增大。

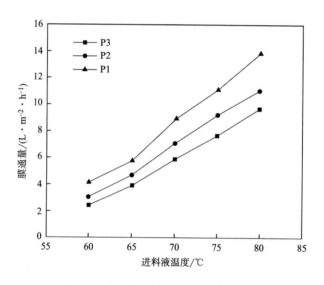

图4-78 平均孔径对膜产水通量的影响

平均孔径对产水水质的影响见表4-44。由表可知，随着平均孔径的增大，每种温度下膜蒸馏产水的各项指标均没有大幅度变化。其中电导率、NH₃-N含量、COD保持在一个水平波动，变化不明显，其中电导率、NH₃-N含量、COD、色度、浊度各在70μS/cm、25mg/L、70mg/L、15度、1NTC以下，数值均在GB 16889—2008的规定排放标准以内。说明在0.159~0.412μm范围内的平均孔径的PTFE平板微孔膜都适用于膜蒸馏。

表4-44 平均孔径对产水水质的影响

| 微孔膜 | 温度/℃ | 电导率/(μS·cm⁻¹) | COD/(mg·L⁻¹) | NH₃-N含量/(mg·L⁻¹) | 浊度/NTC | 色度/度 | pH |
|---|---|---|---|---|---|---|---|
| P3 | 60 | 68.1 | 69 | 17.9 | 0.52 | 11.0 | 8.35 |
| | 65 | 60.8 | 63 | 19.2 | 0.49 | 11.4 | 8.71 |
| | 70 | 61.3 | 61 | 17.6 | 0.61 | 11.0 | 8.86 |
| | 75 | 62.7 | 63 | 17.9 | 0.56 | 11.2 | 8.34 |
| | 80 | 61.9 | 62 | 17.4 | 0.62 | 11.0 | 8.37 |
| P2 | 60 | 62.9 | 67 | 22.5 | 0.68 | 12.9 | 8.76 |
| | 65 | 61.2 | 61 | 19.5 | 0.75 | 10.8 | 8.52 |
| | 70 | 65.2 | 70 | 20.1 | 0.52 | 9.7 | 8.50 |
| | 75 | 63.5 | 63 | 20.8 | 0.57 | 10.7 | 8.47 |
| | 80 | 62.8 | 68 | 19.3 | 0.61 | 10.2 | 8.51 |
| P1 | 60 | 66.5 | 68 | 17.3 | 0.76 | 9.8 | 8.65 |
| | 65 | 66.2 | 69 | 15.5 | 0.59 | 9.6 | 8.80 |
| | 70 | 63.5 | 66 | 15.1 | 0.49 | 9.9 | 8.75 |
| | 75 | 66.3 | 67 | 16.4 | 0.50 | 9.9 | 8.72 |
| | 80 | 64.9 | 65 | 15.3 | 0.53 | 10.2 | 8.69 |

平均孔径对产水水质去除率的影响见表4-45。由表可以看出，随着平均孔径的增大，PTFE平板微孔膜对垃圾渗透液中水质的各项去除率没有出现下跌的趋势，基本都维持在一个较高的区间值，没有明显变化，其中盐类的截留率、色度的去除率都在99%以上，COD、NH₃-N、浊度的去除率分别在97%、95%、98%以上，SS数值都为0，说明PTFE平板微孔膜适用于膜蒸馏处理垃圾渗滤液，且有着显著优化水质的效果。

表4-45 平均孔径对产水水质去除率的影响

| 微孔膜 | 温度/℃ | 截留率/% | COD去除率/% | NH₃-N去除率/% | 浊度去除率/% | 色度去除率/% | SS/(mg·L⁻¹) |
|---|---|---|---|---|---|---|---|
| P3 | 60 | 99.39 | 97.38 | 96.55 | 99.13 | 99.45 | 0 |
| | 65 | 99.46 | 97.26 | 96.30 | 99.18 | 99.43 | 0 |
| | 70 | 99.45 | 97.35 | 96.61 | 98.98 | 99.45 | 0 |
| | 75 | 99.44 | 97.26 | 96.55 | 99.06 | 99.44 | 0 |
| | 80 | 99.45 | 97.30 | 96.65 | 98.96 | 99.45 | 0 |

| 微孔膜 | 温度/℃ | 截留率/% | COD 去除率/% | NH₃-N 去除率/% | 浊度 去除率/% | 色度 去除率/% | SS/ (mg·L⁻¹) |
|---|---|---|---|---|---|---|---|
| | 60 | 99.44 | 97.09 | 95.66 | 98.86 | 99.355 | 0 |
| | 65 | 99.45 | 97.35 | 96.24 | 98.74 | 99.46 | 0 |
| P2 | 70 | 99.42 | 96.96 | 96.13 | 99.13 | 99.55 | 0 |
| | 75 | 99.43 | 97.26 | 95.99 | 99.05 | 99.45 | 0 |
| | 80 | 99.44 | 97.04 | 96.28 | 98.98 | 99.49 | 0 |
| | 60 | 99.41 | 97.04 | 96.67 | 98.73 | 99.51 | 0 |
| | 65 | 99.41 | 97.00 | 97.01 | 99.01 | 99.52 | 0 |
| P1 | 70 | 99.43 | 97.13 | 97.09 | 99.18 | 99.55 | 0 |
| | 75 | 99.41 | 97.09 | 96.84 | 99.16 | 99.51 | 0 |
| | 80 | 99.42 | 97.17 | 97.05 | 99.11 | 99.49 | 0 |

#### 4.8.2.2 孔隙率对产水通量和产水指标的影响

图4-79所示为孔隙率对膜产水通量的影响。由图可知，随着孔隙率的增加，垃圾渗透液膜蒸馏的产水通量随着孔隙率的增大而提高，尤其在70～80℃时，产水通量的提高幅度随着孔隙率的增大越来越大，75℃时，孔隙率从40%增大到45%、52%时，产水通量对应地从6.01L/（m²·h）提高到7.31L/（m²·h）、9.92L/（m²·h），升幅比为21.6%、65.1%，而到80℃时随着 孔隙率的增大，产

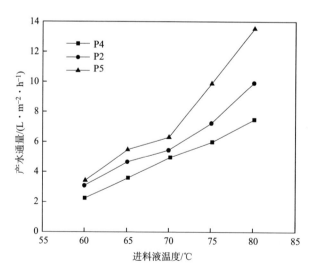

图4-79 孔隙率对产水通量的影响

水通量对应地从7.54L/（m²·h）提高到10.01L/（m²·h）、13.60L/（m²·h），升幅比为32.8%、80.4%。这是由于孔隙率增大，提高了有效扩散面积，透气率就会越高，另外增大孔隙率可以降低跨膜热传导效率，从而减低系统的热传导损失。

　　孔隙率对产水水质的影响见表4-46。由表可知，随着孔隙率的增大，电导率、NH₃-N含量、COD等指标没有呈现规律性的变化，电导率在65~95μS/cm以内，COD在85~97mg/L上下浮动，但是NH₃-N的含量随着孔隙率的增大而降低，这是因为对于不同的膜，孔隙率增加，水蒸气的透过率增加，氨氮等物质会保持一个相对平缓的速率，产水的氨氮含量因此降低。

表4-46　孔隙率对产水水质的影响

| 微孔膜 | 温度/℃ | 电导率/（μS·cm⁻¹） | COD/（mg·L⁻¹） | NH₃-N含量/（mg·L⁻¹） | 浊度/NTC | 色度/度 | pH |
|---|---|---|---|---|---|---|---|
| P4 | 60 | 90.4 | 94 | 19.9 | 0.87 | 12.9 | 8.08 |
| | 65 | 75.6 | 97 | 16.1 | 0.67 | 9.2 | 8.10 |
| | 70 | 66.6 | 99 | 16.7 | 0.24 | 7.9 | 8.37 |
| | 75 | 79.2 | 87 | 17.2 | 0.37 | 8.9 | 8.34 |
| | 80 | 82.1 | 92 | 17.5 | 0.33 | 10.7 | 8.40 |
| P2 | 60 | 92.9 | 97 | 25.5 | 0.56 | 12.9 | 7.98 |
| | 65 | 90.1 | 91 | 19.5 | 0.75 | 10.8 | 8.18 |
| | 70 | 95.2 | 90 | 22.1 | 0.52 | 8.7 | 8.45 |
| | 75 | 89.5 | 89 | 23.2 | 0.61 | 8.4 | 8.13 |
| | 80 | 93.2 | 93 | 22.8 | 0.53 | 10.3 | 8.42 |
| P5 | 60 | 93.9 | 86 | 11.3 | 0.89 | 9.5 | 7.61 |
| | 65 | 72.5 | 93 | 15.1 | 0.47 | 7.4 | 8.15 |
| | 70 | 89.9 | 89 | 18.9 | 0.52 | 12.5 | 8.48 |
| | 75 | 88.4 | 88 | 17.4 | 0.48 | 11.2 | 8.32 |
| | 80 | 86.3 | 91 | 14.2 | 0.51 | 9.7 | 8.49 |

　　平均孔径对产水水质去除率的影响见表4-47。由表可以看出，随着孔隙率的增大，PTFE平板微孔膜对垃圾渗透液中水质的各项去除率影响较小，没有明显的变化，其中盐类的截留率、色度的去除率都在99%以上，NH₃-N含量、COD、浊度的去除率分别在96%、95%、98%以上，SS数值都为0。

表4-47　平均孔径对产水水质去除率的影响

| 微孔膜 | 温度/℃ | 截留率/% | COD去除率/% | NH₃-N去除率/% | 浊度去除率/% | 色度去除率/% | SS/(mg·L⁻¹) |
|---|---|---|---|---|---|---|---|
| P3 | 60 | 99.20 | 95.91 | 96.17 | 98.54 | 99.36 | 0 |
| | 65 | 99.33 | 95.78 | 96.90 | 98.88 | 99.54 | 0 |
| | 70 | 99.41 | 95.70 | 96.78 | 99.60 | 99.61 | 0 |
| | 75 | 99.30 | 96.22 | 96.69 | 99.38 | 99.56 | 0 |
| | 80 | 99.27 | 96.00 | 96.63 | 99.45 | 99.47 | 0 |
| P2 | 60 | 99.18 | 95.78 | 95.09 | 99.06 | 99.36 | 0 |
| | 65 | 99.20 | 96.04 | 96.24 | 98.74 | 99.46 | 0 |
| | 70 | 99.16 | 96.09 | 95.74 | 99.13 | 99.57 | 0 |
| | 75 | 99.21 | 96.13 | 95.53 | 98.98 | 99.58 | 0 |
| | 80 | 99.17 | 95.96 | 95.61 | 99.11 | 99.49 | 0 |
| P1 | 60 | 99.17 | 96.26 | 97.82 | 98.51 | 99.53 | 0 |
| | 65 | 99.36 | 95.96 | 97.09 | 99.21 | 99.63 | 0 |
| | 70 | 99.20 | 96.13 | 96.36 | 99.13 | 99.38 | 0 |
| | 75 | 99.22 | 96.17 | 96.65 | 99.20 | 99.44 | 0 |
| | 80 | 99.23 | 96.04 | 97.26 | 99.15 | 99.52 | 0 |

## 4.8.3　操作条件对产水通量和产水指标的影响

### 4.8.3.1　进料液流速对产水通量和产水指标的影响

图4-80所示为进料液流速对膜产水通量的影响。由图可知，随着进料液流速的增大，膜的产水通量先增大，到峰值后减小，最后趋于稳定。开始时增加流速，在一定程度上会削减边界层厚度，降低温差极化，同时形成微小的湍流，减小浓差极化以及料液中泥沙、沉淀物的附着，膜蒸馏过程中的传热系数增大，提高了膜面处溶液的温度，使传质推动力增加。同时，原液流速的增加降低了原液温度沿膜组件轴向的递减速度，提高了组件出口的温度和膜内腔与膜面处原液的平均温度，从而提高了传质效率，使得膜产水通量变大。当产水通量达到峰值后，由于膜面积（50cm²）、装置体积比较小，蒸汽分子透过率一定，流速过快，部分蒸汽分子来不及扩散到微孔里，便被流回料液槽，产水通量下降。继续增大流速时，膜侧料液流动状态趋于稳定，不再发生变化，蒸汽的透过率一定，产水通量会维持在一个平缓的水平，不随流速的变化而变化。

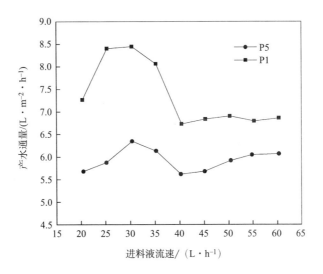

图4-80　进料液流速对膜产水通量的影响

另外，P1膜的平均孔径0.412μm大于P5膜的平均孔径0.251μm，P1膜的孔隙率45.05%小于P5膜的孔隙率52.72%，而由图4-80可知，P1膜的产水通量大于P5膜的产水通量，因此在进料液流速对产水通量的影响中，可以得出，膜平均孔径的影响程度大于孔隙率的影响程度。

表4-48和表4-49所示分别为进料液流速对产水水质指标和水质去除率的影响，各项指标都在国家允许排放的标准范围内，其中电导率在90μS/cm以下，截留

表4-48　进料液流速对产水水质的影响

| 微孔膜 | 进料液流速/<br>（L·h$^{-1}$） | 电导率/<br>（μS·cm$^{-1}$） | COD/<br>（mg·L$^{-1}$） | NH$_3$–N含量/<br>（mg·L$^{-1}$） | 浊度/<br>NTC | 色度/<br>度 | pH |
|---|---|---|---|---|---|---|---|
| | 20 | 85.4 | 84 | 14.9 | 0.57 | 11.9 | 8.27 |
| | 25 | 75.7 | 87 | 15.2 | 0.67 | 9.2 | 8.10 |
| | 30 | 83..6 | 89 | 15.6 | 0.24 | 8.9 | 8.23 |
| | 35 | 78.2 | 87 | 14.5 | 0.56 | 10.3 | 7.96 |
| P1 | 40 | 88.4 | 86 | 13.9 | 0.29 | 9.8 | 7.92 |
| | 45 | 78.6 | 85 | 14.6 | 0.38 | 11.5 | 8.09 |
| | 50 | 76.3 | 79 | 15.4 | 0.42 | 10.7 | 8.29 |
| | 55 | 82.4 | 82 | 13.8 | 0.36 | 13.2 | 8.32 |
| | 60 | 79.9 | 86 | 15.6 | 0.41 | 10.5 | 8.06 |

| 微孔膜 | 进料液流速/<br>（L·h⁻¹） | 电导率/<br>（μS·cm⁻¹） | COD/<br>（mg·L⁻¹） | NH₃-N含量/<br>（mg·L⁻¹） | 浊度/<br>NTC | 色度/<br>度 | pH |
|---|---|---|---|---|---|---|---|
| P5 | 20 | 80.1 | 81 | 19.5 | 0.65 | 10.8 | 8.18 |
|  | 25 | 85.2 | 80 | 18.1 | 0.52 | 8.7 | 8.39 |
|  | 30 | 83.9 | 86 | 11.3 | 0.69 | 9.5 | 7.61 |
|  | 35 | 82.5 | 83 | 15.1 | 0.47 | 7.4 | 8.15 |
|  | 40 | 89.9 | 89 | 18.9 | 0.42 | 10.5 | 8.28 |
|  | 45 | 85.6 | 86 | 17.5 | 0.39 | 9.6 | 8.43 |
|  | 50 | 79.9 | 85 | 16.9 | 0.56 | 8.6 | 8.19 |
|  | 55 | 82.5 | 78 | 17.4 | 0.39 | 10.3 | 7.99 |
|  | 60 | 84.4 | 81 | 15.3 | 0.41 | 11.6 | 7.86 |

**表4-49 料液流速对产水水质去除率的影响**

| 微孔膜 | 进料液流速/<br>（L·h⁻¹） | 截留率/<br>% | COD<br>去除率/% | NH₃-N<br>去除率/% | 浊度<br>去除率/% | 色度<br>去除率/% | SS/<br>（mg·L⁻¹） |
|---|---|---|---|---|---|---|---|
| P1 | 20 | 99.24 | 96.35 | 97.13 | 99.05 | 99.41 | 0 |
|  | 25 | 99.33 | 96.22 | 97.07 | 98.88 | 99.54 | 0 |
|  | 30 | 99.27 | 96.13 | 96.99 | 99.60 | 99.56 | 0 |
|  | 35 | 99.31 | 96.22 | 97.21 | 99.06 | 99.49 | 0 |
|  | 40 | 99.22 | 96.26 | 97.32 | 99.51 | 99.51 | 0 |
|  | 45 | 99.30 | 96.30 | 97.19 | 99.36 | 99.43 | 0 |
|  | 50 | 99.32 | 96.57 | 97.03 | 99.30 | 99.47 | 0 |
|  | 55 | 99.27 | 96.43 | 97.34 | 99.40 | 99.34 | 0 |
|  | 60 | 99.29 | 96.26 | 96.99 | 99.31 | 99.48 | 0 |
| P5 | 20 | 99.29 | 96.48 | 96.24 | 98.91 | 99.46 | 0 |
|  | 25 | 99.24 | 96.52 | 96.51 | 99.13 | 99.57 | 0 |
|  | 30 | 99.26 | 96.26 | 97.82 | 98.84 | 99.53 | 0 |
|  | 35 | 99.27 | 96.39 | 97.09 | 99.21 | 99.63 | 0 |
|  | 40 | 99.20 | 96.13 | 96.36 | 99.30 | 99.48 | 0 |
|  | 45 | 99.24 | 96.26 | 96.63 | 99.35 | 99.52 | 0 |
|  | 50 | 99.29 | 96.30 | 96.74 | 99.06 | 99.57 | 0 |
|  | 55 | 99.27 | 96.61 | 96.65 | 99.35 | 99.49 | 0 |
|  | 60 | 99.25 | 96.48 | 97.05 | 99.31 | 99.42 | 0 |

率在99%以上；COD在80mg/L左右，COD去除率在96%以上；浊度在1NTC以下，浊度去除率在98%以上；色度在10度上下浮动，色度去除率在99%以上；NH₃-N含量在15mg/L左右，NH₃-N去除率在96%～98%范围内。

### 4.8.3.2　吹扫气速度对SGMD产水通量和产水指标的影响

恒定料液温度70℃，料液流速60L/h，吹扫气速度对膜产水通量的影响如图4-81所示。由图可知，随着吹扫气速度的增加，膜产水通量上升。当吹扫气速度为0.1m³/h时，P4膜、P6膜的产水通量只有3.01L/（m²·h）、3.24L/（m²·h），而当吹气扫速度提高到0.6m³/h时，P4膜、P6膜的产水通量增大到7.09L/（m²·h）、8.11L/（m²·h），这是因为，随着吹扫气速度的升高，降低了膜外侧的温差极化，增加了导热系数，同时降低了冷侧的水蒸气分压，使膜两侧的水蒸气压差升高，渗透侧膜丝表面的温度能很快达到吹扫气的主体温度，从而提高了膜蒸馏的推动力。

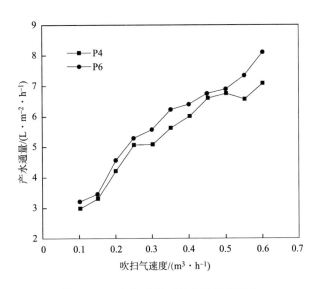

图4-81　吹扫气速度对产水通量的影响

P6膜的平均孔径0.352μm大于P4膜的平均孔径0.261μm，P6膜的孔隙率30.11%小于P4膜的孔隙率39.43%，但由图4-81可知，在每一个对应的吹扫气速度下，P6膜的产水通量都略大于P4膜的产水通量，因此，在吹扫气流速对膜产水通量的影响中，可以看出，平均孔径的影响程度大于孔隙率。

表4-50所示为吹扫气速度对产水水质的影响。由表可知，随着吹扫气速度的增大，电导率、NH₃-N含量、COD等指标没有呈现规律性的变化，电导率在75～

90μS/cm范围内，COD在70～80mg/L之间，NH$_3$-N的含量在12～15mg/L，色度和浊度分别低于12度、1NTC，产水的pH都在8左右。

表4-50　吹扫气速度对产水水质的影响

| 微孔膜 | 吹扫气速度/<br>（m$^3$·h$^{-1}$） | 电导率/<br>（μS·cm$^{-1}$） | COD/<br>（mg·L$^{-1}$） | NH$_3$-N含量/<br>（mg·L$^{-1}$） | 浊度/<br>NTC | 色度/<br>度 | pH |
|---|---|---|---|---|---|---|---|
| P4 | 0.10 | 83.8 | 74 | 13.8 | 0.43 | 10.3 | 8.21 |
| | 0.15 | 79.2 | 76 | 14.2 | 0.54 | 9.4 | 8.31 |
| | 0.20 | 81.2 | 80 | 13.6 | 0.38 | 10.2 | 8.19 |
| | 0.25 | 75.4 | 75 | 12.5 | 0.46 | 9.9 | 7.96 |
| | 0.30 | 78.9 | 69 | 12.9 | 0.39 | 9.6 | 8.00 |
| | 0.35 | 77.2 | 79 | 13.2 | 0.45 | 10.4 | 8.04 |
| | 0.40 | 82.4 | 82 | 14.4 | 0.47 | 11.5 | 8.30 |
| | 0.45 | 80.9 | 78 | 13.8 | 0.36 | 8.9 | 8.11 |
| | 0.50 | 84.4 | 76 | 13.7 | 0.31 | 9.5 | 8.06 |
| | 0.55 | 76.5 | 71 | 14.3 | 0.42 | 9.4 | 8.32 |
| | 0.60 | 85.3 | 70 | 15.1 | 0.67 | 8.7 | 8.39 |
| | 0.65 | 83.9 | 76 | 14.7 | 0.39 | 8.4 | 8.32 |
| P6 | 0.10 | 83.5 | 73 | 13.9 | 0.47 | 9.8 | 8.15 |
| | 0.15 | 89.9 | 78 | 14.7 | 0.45 | 10.5 | 8.29 |
| | 0.20 | 86.4 | 75 | 13.5 | 0.31 | 9.7 | 8.14 |
| | 0.25 | 79.9 | 74 | 13.8 | 0.29 | 10.3 | 8.18 |
| | 0.30 | 83.2 | 80 | 13.5 | 0.42 | 8.7 | 7.99 |
| | 0.35 | 79.9 | 79 | 14.2 | 0.41 | 8.6 | 8.21 |
| | 0.40 | 83.1 | 82 | 12.1 | 0.52 | 10.2 | 7.89 |
| | 0.45 | 80.5 | 74 | 14.8 | 0.45 | 9.4 | 8.34 |
| | 0.50 | 76.8 | 73 | 13.2 | 0.24 | 8.7 | 7.79 |
| | 0.55 | 77.5 | 79 | 14.0 | 0.34 | 9.4 | 8.28 |
| | 0.60 | 82.3 | 81 | 14.3 | 0.47 | 8.9 | 8.30 |
| | 0.65 | 80.4 | 74 | 13.9 | 0.35 | 10.3 | 8.28 |

　　表4-51所示为吹扫气速度对产水水质去除率的影响。由表可知，由于吹扫的空气与膜的冷侧接触，并不与热侧的料液接触，所以随着吹扫气速度的增大，PTFE平板微孔膜对垃圾渗透液中水质的各项去除率影响较小，各项指标没有发生

明显的变化，其中盐类的截留率、色度的去除率都在99%以上，浊度的去除率在98%以上，NH₃-N、COD的去除率在97%、96%以上，SS数值都为0。

表4-51　吹扫气速度对产水水质去除率的影响

| 微孔膜 | 吹扫气速度/(m³·h⁻¹) | 截留率/% | COD去除率/% | NH₃-N去除率/% | 浊度去除率/% | 色度去除率/% | SS/(mg·L⁻¹) |
|---|---|---|---|---|---|---|---|
| P4 | 0.10 | 99.26 | 96.78 | 97.34 | 99.28 | 99.49 | 0 |
|  | 0.15 | 99.30 | 96.70 | 97.26 | 99.10 | 99.53 | 0 |
|  | 0.20 | 99.28 | 96.52 | 97.38 | 99.36 | 99.49 | 0 |
|  | 0.25 | 99.33 | 96.74 | 97.59 | 99.23 | 99.51 | 0 |
|  | 0.30 | 99.30 | 97.00 | 97.51 | 99.35 | 99.52 | 0 |
|  | 0.35 | 99.32 | 96.57 | 97.46 | 99.25 | 99.48 | 0 |
|  | 0.40 | 99.27 | 96.43 | 97.23 | 99.21 | 99.43 | 0 |
|  | 0.45 | 99.28 | 96.61 | 97.34 | 99.40 | 99.56 | 0 |
|  | 0.50 | 99.25 | 96.70 | 97.36 | 99.48 | 99.53 | 0 |
|  | 0.55 | 99.32 | 96.91 | 97.24 | 99.30 | 99.53 | 0 |
|  | 0.60 | 99.24 | 96.96 | 97.09 | 98.88 | 99.57 | 0 |
|  | 0.65 | 99.26 | 96.70 | 97.17 | 99.35 | 99.58 | 0 |
| P6 | 0.10 | 99.26 | 96.83 | 97.32 | 99.21 | 99.51 | 0 |
|  | 0.15 | 99.20 | 96.61 | 97.17 | 99.25 | 99.48 | 0 |
|  | 0.20 | 99.23 | 96.74 | 97.40 | 99.48 | 99.52 | 0 |
|  | 0.25 | 99.29 | 96.78 | 97.34 | 99.51 | 99.49 | 0 |
|  | 0.30 | 99.26 | 96.52 | 97.40 | 99.30 | 99.57 | 0 |
|  | 0.35 | 99.29 | 96.57 | 97.26 | 99.31 | 99.57 | 0 |
|  | 0.40 | 99.26 | 96.43 | 97.67 | 99.13 | 99.49 | 0 |
|  | 0.45 | 99.29 | 96.78 | 97.15 | 99.25 | 99.53 | 0 |
|  | 0.50 | 99.32 | 96.83 | 97.46 | 99.60 | 99.57 | 0 |
|  | 0.55 | 99.31 | 96.57 | 97.30 | 99.43 | 99.53 | 0 |
|  | 0.60 | 99.27 | 96.48 | 97.24 | 99.21 | 99.56 | 0 |
|  | 0.65 | 99.29 | 96.78 | 97.32 | 99.41 | 99.49 | 0 |

### 4.8.3.3　进料液温度、进料液流速、吹扫气速度正交试验分析

P1膜的正交试验方案及正交试验极差分析结果见表4-52，P3膜的正交试验方

案及正交试验极差分析结果见表4-53。表中A、B、C分别代表进料液温度、进料液流速、吹扫气速度。从两个表中可以得出$Q_A > Q_C > Q_B$，说明在进料液温度、进料液流速、吹扫气速度三个影响因素中，进料液温度对膜产水通量的影响程度最大，吹扫气速度次之，进料液流速的影响程度不明显。

表4-52 P1膜的正交试验方案及正交试验极差分析

| 编号 | A | B | C | 产水通量/<br>（L·m⁻²·h⁻¹） | 产水通量平方 |
|---|---|---|---|---|---|
| 1 | 1 | 1 | 1 | 9.95 | 99.00 |
| 2 | 1 | 2 | 2 | 8.64 | 74.64 |
| 3 | 1 | 3 | 3 | 7.64 | 58.37 |
| 4 | 2 | 1 | 2 | 6.79 | 46.10 |
| 5 | 2 | 2 | 3 | 6.28 | 39.43 |
| 6 | 2 | 3 | 1 | 6.86 | 47.06 |
| 7 | 3 | 1 | 3 | 4.33 | 18.75 |
| 8 | 3 | 2 | 1 | 5.18 | 26.83 |
| 9 | 3 | 3 | 2 | 7.13 | 50.83 |
| $K1$ | 26.23 | 21.07 | 21.99 | K | W |
| $K2$ | 19.93 | 20.10 | 22.56 | 62.80 | 461.01 |
| K3 | 16.64 | 21.63 | 18.25 | P | 438.20 |
| $R$极差 | | | | | |
| $U$ | 454.04 | 438.60 | 441.85 | 438.20 | $Q_T$ |
| $Q$ | 15.84 | 0.4 | 3.65 | | 22.81 |
| $Q_E=Q_T-Q_A-Q_B-Q_C=2.92$ | | | | | |

表4-53 P3膜的正交试验方案及正交试验极差分析

| 编号 | A | B | C | 产水通量/<br>（L·m⁻²·h⁻¹） | 产水通量平方 |
|---|---|---|---|---|---|
| 1 | 1 | 1 | 1 | 11.86 | 140.66 |
| 2 | 1 | 2 | 2 | 10.16 | 103.22 |
| 3 | 1 | 3 | 3 | 9.16 | 83.91 |
| 4 | 2 | 1 | 2 | 7.90 | 62.41 |
| 5 | 2 | 2 | 3 | 7.38 | 54.46 |

续表

| 编号 | A | B | C | 产水通量/<br>（L·m⁻²·h⁻¹） | 产水通量平方 |
|---|---|---|---|---|---|
| 6 | 2 | 3 | 1 | 7.32 | 53.58 |
| 7 | 3 | 1 | 3 | 4.80 | 23.04 |
| 8 | 3 | 2 | 1 | 6.13 | 37.58 |
| 9 | 3 | 3 | 2 | 5.98 | 35.76 |
| $K1$ | 31.18 | 24.56 | 25.31 | K | W |
| $K2$ | 22.6 | 23.67 | 24.04 | 70.69 | 594.62 |
| $K3$ | 16.91 | 22.46 | 21.34 | P | 555.23 |
| $R$极差 | | | | | |
| $U$ | 589.63 | 555.97 | 557.97 | 555.23 | $Q_T$ |
| $Q$ | 34.4 | 0.74 | 2.74 | | 39.39 |
| $Q_E = Q_T - Q_A - Q_B - Q_C = 1.51$ | | | | | |

## 4.8.4　操作条件对SGMD膜污染的影响

### 4.8.4.1　进料液浓度对SGMD膜污染的影响

进料液浓度对膜污染通量的影响如图4-82所示，可以看出，在长时间运行的过程中，进料液浓度对SGMD膜污染通量的影响比较显著。在相同的操作时间内，

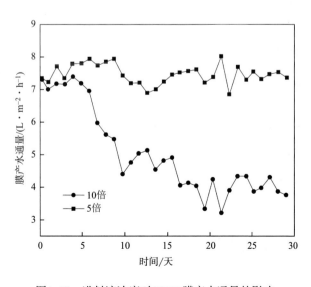

图4-82　进料液浓度对SGMD膜产水通量的影响

5倍浓缩液的SGMD膜污染通量基本保持在7.5L/（m²·h），而10倍浓缩液的SGMD膜污染通量随着运行时间的增大而不断衰减，第一天运行的通量在7.39L/（m²·h），往后至第7天，通量比较稳定，运行至第7天开始，通量开始急剧下降，第7天的通量为6.97L/（m²·h），衰减了6%，到第10天时，通量为5.49L/（m²·h），衰减了25%，而运行至第30天的时候，通量只有3.79L/（m²·h），衰减将近50%。

从图4-83电镜照片可以看出，5倍浓缩液的SGMD膜表面部分被污染物附着，小部分膜孔被从膜表面堵住，污染物未进入膜孔，仍有大量膜孔清晰可见。而10倍浓缩液的SGMD膜表面污染物沉积严重，形成了厚厚的滤饼层，污染物表面没有牢牢地压实，而是存在裂纹和空隙，放大2000倍后，很难再看到膜孔。从表4-54的元素分析中可以看出SGMD膜表面污染物中C元素含量都很高，且与对应的F元素含量不成比例，说明两种膜的表面有大量的有机污染物，仔细研究膜表面污染物的含量（表4-54）可以发现，5倍污染物的膜表面F元素含量为17.83%，说明膜表面并没有完全被污染物覆盖，但是10倍污染物的膜表面F元素的含量下降为2.24%，污染更加严重，分析结果与电镜照片一致。

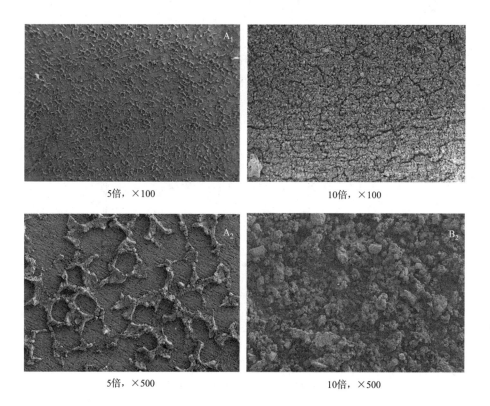

5倍，×100　　　　　　　　　　10倍，×100

5倍，×500　　　　　　　　　　10倍，×500

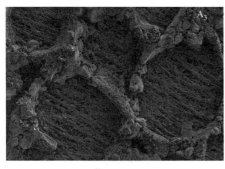 

5倍，×2000　　　　　　　　　　　　　10倍，×2000

图4-83　料液浓度对SGMD膜污染的电镜照片

与5倍浓缩液膜表面相比，10倍浓缩液膜表面污染物中Ca、Mg、Na元素含量都有所提高，说明无机污染物的含量在增加，大量无机金属离子易和垃圾渗滤液内的腐殖质类有机物"黏合"，更容易在膜表面形成滤饼层，使膜通量衰减加剧。

表4-54　料液浓度对SGMD膜污染的EDS分析

| 元素 | 5倍浓缩液 | | 10倍浓缩液 | |
|---|---|---|---|---|
| | $W^①$/% | $A_t^②$/% | $W$/% | $A_t$/% |
| C | 19.74 | 28.58 | 19.75 | 28.66 |
| O | 37.29 | 40.53 | 48.52 | 52.86 |
| F | 17.83 | 16.32 | 2.24 | 1.70 |
| Na | 2.15 | 1.63 | 6.59 | 4.73 |
| Mg | 2.30 | 1.65 | 7.52 | 4.86 |
| Al | 9.03 | 5.82 | 1.21 | 0.75 |
| S | 0.89 | 0.55 | 0.41 | 0.22 |
| Cl | 4.14 | 2.03 | 3.68 | 1.81 |
| K | 1.37 | 0.61 | 2.33 | 1.04 |
| Ca | 5.27 | 2.29 | 7.74 | 3.37 |

①质量百分比；②原子百分比。

从图4-84、图4-85可以看出，垃圾渗透液的5倍、10倍浓缩液150h膜蒸馏产水的水质变化规律，其中电导率、$NH_3-N$的含量呈现下降趋势，COD的含量呈现缓慢上升趋势，主要是因为随着膜蒸馏时间的增加，污染加重，膜孔堵塞，孔径变小，导致电导率下降，另外，在加热过程中料液中一些大分子有机物会分解，可能会产生一些具有挥发性的有机物分子，在膜蒸馏过程中透过微孔膜，造成产水的COD略微上升。5倍浓缩液的产水水质电导率从一开始的47.2μS/cm降低到

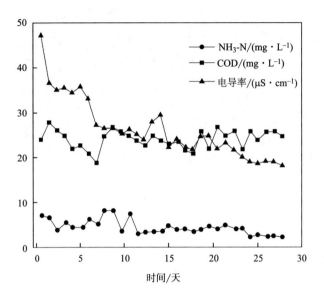

图4-84 5倍浓缩液对膜蒸馏产水水质的影响

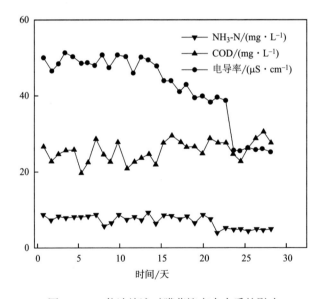

图4-85 10倍浓缩液对膜蒸馏产水水质的影响

18.3μS/cm，COD在20~28mg/L范围内，NH₃-N的含量在2~8mg/L范围内。因为10倍浓缩液原本料液的水质高于5倍浓缩液，所以膜蒸馏产水的水质略大于5倍的，电导率在25~50μS/cm，COD在20~31mg/L范围内，NH₃-N在10mg/L以内。这两个浓度下的产水水质都符合国家排放标准的要求。

从表4-55和表4-56可以看出，随着进料液浓度的增大，浓缩料液中电导率、COD、NH₃–N、浊度、色度都很大，但是产水水质没有出现恶化，水质的去除率都在99%以上，变化规律与产水水质的变化规律吻合。

表4-55　5倍浓缩液对膜蒸馏产水水质去除率的影响

| 时间/天 | 截留率/% | COD 去除率/% | NH₃–N 去除率/% | 浊度 去除率/% | 色度 去除率/% | SS/ (mg·L⁻¹) |
|---|---|---|---|---|---|---|
| 1 | 99.74 | 99.80 | 99.12 | 99.77 | 99.38 | 0 |
| 2 | 99.80 | 99.75 | 99.21 | 99.91 | 99.50 | 0 |
| 3 | 99.82 | 99.63 | 99.53 | 99.94 | 99.51 | 0 |
| 4 | 99.81 | 99.65 | 99.33 | 99.91 | 99.58 | 0 |
| 5 | 99.81 | 99.69 | 99.46 | 99.93 | 99.81 | 0 |
| 6 | 99.80 | 99.75 | 99.42 | 99.84 | 99.82 | 0 |
| 7 | 99.82 | 99.82 | 99.24 | 99.96 | 99.84 | 0 |
| 8 | 99.85 | 99.73 | 99.35 | 99.93 | 99.83 | 0 |
| 9 | 99.75 | 99.65 | 99.00 | 99.93 | 99.81 | 0 |
| 10 | 99.85 | 99.76 | 99.00 | 99.93 | 99.84 | 0 |
| 11 | 99.81 | 99.73 | 99.57 | 99.96 | 99.77 | 0 |
| 12 | 99.86 | 99.65 | 99.09 | 99.98 | 99.80 | 0 |
| 13 | 99.86 | 99.66 | 99.60 | 99.96 | 99.82 | 0 |
| 14 | 99.87 | 99.68 | 99.58 | 99.94 | 99.69 | 0 |
| 15 | 99.85 | 99.65 | 99.57 | 99.93 | 99.76 | 0 |
| 16 | 99.84 | 99.15 | 99.54 | 99.98 | 99.89 | 0 |
| 17 | 99.88 | 99.68 | 99.39 | 99.96 | 99.79 | 0 |
| 18 | 99.87 | 99.66 | 99.51 | 99.97 | 99.81 | 0 |
| 19 | 99.88 | 99.69 | 99.48 | 99.95 | 99.82 | 0 |
| 20 | 99.88 | 99.70 | 99.57 | 99.93 | 99.74 | 0 |
| 21 | 99.87 | 99.35 | 99.50 | 99.97 | 99.83 | 0 |
| 22 | 99.86 | 99.55 | 99.41 | 99.96 | 99.79 | 0 |
| 23 | 99.85 | 99.62 | 99.48 | 99.96 | 99.84 | 0 |
| 24 | 99.87 | 99.51 | 99.39 | 99.94 | 99.77 | 0 |
| 25 | 99.88 | 99.49 | 99.52 | 99.94 | 99.78 | 0 |
| 26 | 99.86 | 99.69 | 99.44 | 99.94 | 99.82 | 0 |
| 27 | 99.85 | 99.49 | 99.71 | 99.93 | 99.75 | 0 |
| 28 | 99.90 | 99.52 | 99.65 | 99.94 | 99.76 | 0 |
| 29 | 99.90 | 99.49 | 99.69 | 99.94 | 99.74 | 0 |
| 30 | 99.89 | 99.63 | 99.69 | 99.94 | 99.77 | 0 |
| 31 | 99.88 | 99.45 | 99.70 | 99.96 | 99.84 | 0 |

表4-56　10倍浓缩液对膜蒸馏产水水质去除率的影响

| 时间/天 | 截留率/% | COD去除率/% | NH₃–N去除率/% | 浊度去除率/% | 色度去除率/% | SS/(mg·L⁻¹) |
|---|---|---|---|---|---|---|
| 1 | 99.88 | 99.76 | 99.67 | 99.71 | 99.79 | 0 |
| 2 | 99.89 | 99.80 | 99.40 | 99.97 | 99.77 | 0 |
| 3 | 99.88 | 99.78 | 99.31 | 99.99 | 99.95 | 0 |
| 4 | 99.87 | 99.77 | 99.35 | 99.98 | 99.90 | 0 |
| 5 | 99.86 | 99.77 | 99.25 | 99.96 | 99.73 | 0 |
| 6 | 99.93 | 99.82 | 99.31 | 99.98 | 99.96 | 0 |
| 7 | 99.88 | 99.80 | 99.33 | 99.99 | 99.97 | 0 |
| 8 | 99.86 | 99.75 | 99.29 | 99.99 | 99.88 | 0 |
| 9 | 99.87 | 99.78 | 99.54 | 99.98 | 99.80 | 0 |
| 10 | 99.88 | 99.80 | 99.45 | 99.98 | 99.80 | 0 |
| 11 | 99.88 | 99.75 | 99.28 | 99.98 | 99.84 | 0 |
| 12 | 99.87 | 99.64 | 99.39 | 99.98 | 99.59 | 0 |
| 13 | 99.86 | 99.36 | 99.33 | 99.99 | 99.94 | 0 |
| 14 | 99.87 | 99.70 | 99.39 | 99.99 | 99.89 | 0 |
| 15 | 99.83 | 99.69 | 99.23 | 99.99 | 99.88 | 0 |
| 16 | 99.88 | 99.81 | 99.48 | 99.99 | 99.86 | 0 |
| 17 | 99.87 | 99.58 | 99.28 | 99.99 | 99.92 | 0 |
| 18 | 99.87 | 99.47 | 99.30 | 99.99 | 99.94 | 0 |
| 19 | 99.87 | 99.67 | 99.39 | 99.99 | 99.92 | 0 |
| 20 | 99.87 | 99.68 | 99.33 | 99.99 | 99.91 | 0 |
| 21 | 99.85 | 99.68 | 99.44 | 99.99 | 99.91 | 0 |
| 22 | 99.85 | 99.52 | 99.26 | 99.99 | 99.88 | 0 |
| 23 | 99.88 | 99.48 | 99.38 | 99.99 | 99.92 | 0 |
| 24 | 99.90 | 99.67 | 99.67 | 99.99 | 99.88 | 0 |
| 25 | 99.90 | 99.75 | 99.57 | 99.99 | 99.89 | 0 |
| 26 | 99.94 | 99.61 | 99.60 | 99.99 | 99.86 | 0 |
| 27 | 99.94 | 99.62 | 99.57 | 99.99 | 99.91 | 0 |
| 28 | 99.93 | 99.68 | 99.63 | 99.99 | 99.87 | 0 |
| 29 | 99.88 | 99.66 | 99.59 | 99.99 | 99.88 | 0 |
| 30 | 99.89 | 99.64 | 99.60 | 99.99 | 99.88 | 0 |
| 31 | 99.88 | 99.67 | 99.58 | 99.99 | 99.87 | 0 |

#### 4.8.4.2　进料液温度对SGMD膜污染的影响

由图4-86可知，在试验过程中，随着膜蒸馏的运行，膜污染通量呈现明显下降趋势，并且跨膜通量下降的程度与进料液温度有很大关系，当进料液温度为60℃，开始运行时，产水通量为3.70L/（m²·h），连续运行到第10天时，产水通量开始下降，到运行结束，产水通量为3.19L/（m²·h），衰减了14%；当进料液温度为65℃，开始运行时，产水通量为6.83L/（m²·h），产水通量在第7天出现下降的趋势，到运行结束，产水通量为5.12L/（m²·h），衰减了25%；当进料液温度为70℃，开始运行时，产水通量为9.49L/（m²·h），产水通量在运行的第二天出现下降，并一直不断衰减，到第15天时，产水通量为6.49L/（m²·h），衰减了32%。

还可以观察到温度越高，跨膜通量越大，这是因为，随着进料温度的升高，热侧水蒸气饱和蒸汽压力也随之增高，增加了膜两侧的传质推动力，另外进料液温度升高，降低了料液的黏度，加速了料液的流动性，料液的主体温度和膜表面的温度更加接近，减弱了温度极化效应。可见，提高料液温度会增加膜产水通量，但是也会加剧膜污染，因此，在膜蒸馏实际使用过程中，要根据实际情况选择合适的进料液温度。

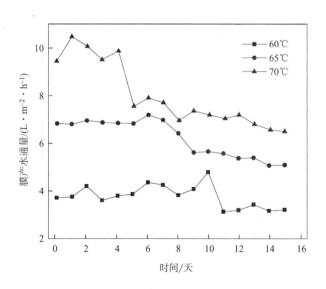

图4-86　进料液温度对膜产水通量的影响

从图4-87可知，在三种不同料液温度下的膜出现了不同程度的膜污染，污染物结块附着在膜表面，堵住了膜孔，并且随着料液温度升高，污染物也相对增多变大。

60℃，×500        60℃，×2000

65℃，×500        65℃，×2000

70℃，×500        70℃，×2000

图4-87　进料液温度对SGMD膜污染的电镜照片

从表4-57膜污染的EDS分析得出，随着温度升高，膜表面检测出的F元素的含量越来越少，温度从60℃升高到70℃，F元素的含量从69%降低到59%，说明对应的污染层增长速度也在加快。与前两种温度比较，在70℃的污染物元素分析中，C

元素的含量和无机盐的含量都相对较高，说明污染层中无机盐类和有机物对膜的污染都很严重。

表4-57　料液温度对膜污染的EDS分析

| 元素 | 60℃ | | 65℃ | | 70℃ | |
|---|---|---|---|---|---|---|
| | $W_t$/% | $A_t$/% | $W_t$/% | $A_t$/% | $W_t$/% | $A_t$/% |
| C | 13.47 | 19.82 | 22.94 | 32.06 | 20.11 | 29.01 |
| O | 10.28 | 11.35 | 6.59 | 6.91 | 8.35 | 9.05 |
| F | 69.03 | 64.20 | 66.12 | 58.42 | 59.36 | 54.15 |
| Na | 1.98 | 1.52 | 1.97 | 1.44 | 6.29 | 4.74 |
| Mg | 0.39 | 0.28 | 0.27 | 0.19 | — | — |
| Al | 2.91 | 1.90 | — | — | 1.41 | 0.91 |
| Si | — | — | — | — | — | — |
| S | — | — | 0.19 | 0.11 | — | — |
| Cl | 1.22 | 0.61 | 1.13 | 0.54 | 3.38 | 1.65 |
| K | 0.55 | 0.25 | 0.56 | 0.24 | 1.08 | 0.48 |
| Ca | 0.17 | 0.08 | 0.23 | 0.10 | — | — |
| Cu | — | — | — | — | — | — |

　　温度越高，膜污染越严重，这主要是因为通量的增大导致被携带到膜表面的污染物增多，故污染加速。此外，料液中存在大量的无机盐离子，会与有机物分子结合，使本来就具有较大分子质量的有机物分子的碳链变得更长，温度升高使料液中的颗粒在膜表面的附着或颗粒之间的聚集速度加剧。综上可知，在一定范围内，温度的升高可以使跨膜通量增大，但也会使污染加剧。因此，应合理选择进料液温度，满足膜蒸馏过程中大通量、低污染的要求。

　　从图4-88中可以看出，垃圾渗透液的15倍浓缩液在60℃下用膜蒸馏150h前后产水水质的变化，其中电导率、$NH_3$-N的含量呈微弱的下降趋势，COD的含量略微上升，主要是因为随着膜蒸馏时间的增加，污染加重，膜孔堵塞，孔径变小，导致电导率下降，而加热过程中料液中的一些大分子有机物会分解，可能产生一些具有挥发性的有机物分子，在膜蒸馏时透过微孔膜，导致产水的COD略微上升。其中COD的含量在35～45mg/L范围内，$NH_3$-N的含量低于10mg/L，电导率在45～55μS/cm之间。

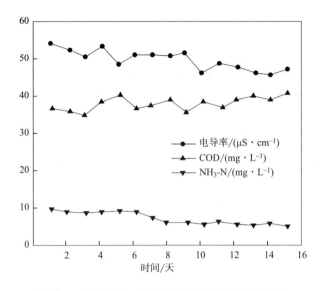

图4-88　料液温度60℃时对膜蒸馏产水水质的影响

表4-58所示为进料液温度60℃下垃圾渗透液15倍浓缩液在膜蒸馏过程中产水的水质去除率，在长时间的使用过程中，PTFE平板微孔膜受到污染，通量衰减，而其出水水质并没有出现恶化，其中对COD、$NH_3$-N、盐类、色度、浊度均有良好的去除率，都在99%以上，尤其是对浊度的去除率达到99.99%以上，SS的数值为0。

表4-58　料液温度60℃时对膜蒸馏产水水质去除率的影响

| 时间/天 | 截留率/% | COD去除率/% | $NH_3$-N去除率/% | 浊度去除率/% | 色度去除率/% | SS/($mg \cdot L^{-1}$) |
|---|---|---|---|---|---|---|
| 1 | 99.87 | 99.77 | 99.22 | 99.99 | 99.93 | 0 |
| 2 | 99.88 | 99.75 | 99.16 | 99.99 | 99.93 | 0 |
| 3 | 99.88 | 99.75 | 99.21 | 99.99 | 99.92 | 0 |
| 4 | 99.88 | 99.76 | 99.19 | 99.99 | 99.93 | 0 |
| 5 | 99.88 | 99.74 | 99.26 | 99.99 | 99.93 | 0 |
| 6 | 99.88 | 99.75 | 99.24 | 99.99 | 99.92 | 0 |
| 7 | 99.88 | 99.75 | 99.21 | 99.99 | 99.92 | 0 |
| 8 | 99.88 | 99.73 | 99.22 | 99.99 | 99.93 | 0 |

| 时间/<br>天 | 截留率/<br>% | COD<br>去除率/% | NH₃-N<br>去除率/% | 浊度<br>去除率/% | 色度<br>去除率/% | SS/<br>（mg·L⁻¹） |
|---|---|---|---|---|---|---|
| 9 | 99.88 | 99.74 | 99.25 | 99.99 | 99.93 | 0 |
| 10 | 99.88 | 99.75 | 99.29 | 99.99 | 99.94 | 0 |
| 11 | 99.88 | 99.75 | 99.29 | 99.99 | 99.92 | 0 |
| 12 | 99.88 | 99.76 | 99.32 | 99.99 | 99.92 | 0 |
| 13 | 99.89 | 99.73 | 99.34 | 99.99 | 99.93 | 0 |
| 14 | 99.89 | 99.74 | 99.34 | 99.99 | 99.92 | 0 |
| 15 | 99.88 | 99.73 | 99.36 | 99.99 | 99.93 | 0 |

从图4-89中可以看出，垃圾渗透液的15倍浓缩液在进料液温度65℃下用膜蒸馏150h前后产水水质的变化，其中电导率、NH₃-N的含量呈现下降趋势，COD的含量呈现小幅度上升。其中COD的含量在50mg/L以下，电导率在60uS/cm以下，NH₃-N的含量在5～10mg/L之间，都符合国家的排放标准与要求。

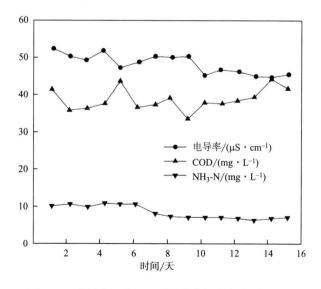

图4-89　进料液温度65℃时对膜蒸馏产水水质的影响

表4-59为进料液温度65℃时对垃圾渗透液的15倍浓缩液在膜蒸馏过程中产水水质去除率的影响，各项水质的去除率都在99%以上，SS的数值为0。

**表4-59 进料液温度65℃时对膜蒸馏产水水质去除率的影响**

| 时间/天 | 截留率/% | COD去除率/% | NH₃-N去除率/% | 浊度去除率/% | 色度去除率/% | SS/(mg·L⁻¹) |
|---|---|---|---|---|---|---|
| 1 | 99.88 | 99.75 | 99.36 | 99.80 | 99.91 | 0 |
| 2 | 99.88 | 99.76 | 99.34 | 99.81 | 99.91 | 0 |
| 3 | 99.89 | 99.77 | 99.37 | 99.80 | 99.91 | 0 |
| 4 | 99.88 | 99.74 | 99.32 | 99.85 | 99.93 | 0 |
| 5 | 99.89 | 99.73 | 99.33 | 99.83 | 99.93 | 0 |
| 6 | 99.88 | 99.75 | 99.32 | 99.81 | 99.92 | 0 |
| 7 | 99.89 | 99.75 | 99.43 | 99.86 | 99.94 | 0 |
| 8 | 99.88 | 99.74 | 99.56 | 99.85 | 99.93 | 0 |
| 9 | 99.88 | 99.76 | 99.55 | 99.83 | 99.92 | 0 |
| 10 | 99.90 | 99.75 | 99.58 | 99.78 | 99.90 | 0 |
| 11 | 99.89 | 99.75 | 99.56 | 99.80 | 99.91 | 0 |
| 12 | 99.89 | 99.74 | 99.61 | 99.83 | 99.92 | 0 |
| 13 | 99.90 | 99.73 | 99.60 | 99.87 | 99.94 | 0 |
| 14 | 99.90 | 99.74 | 99.61 | 99.83 | 99.92 | 0 |
| 15 | 99.89 | 99.73 | 99.63 | 99.82 | 99.92 | 0 |

从图4-90中可以看出，垃圾渗透液的15倍浓缩液在70℃下用膜蒸馏150h前后

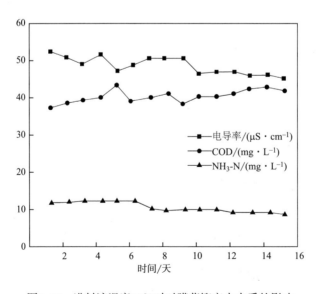

图4-90 进料液温度70℃时对膜蒸馏产水水质的影响

产水水质的变化，NH₃-N的含量比在60℃、65℃下要高，因为料液温度升高，加速了料液中氨氮的挥发，导致总体趋势下降，含量在10~14mg/L范围内，COD的含量上升，在35~45mg/L之间，电导率在60μS/cm以下。表4-60为70℃下垃圾渗透液的15倍浓缩液在膜蒸馏过程中产水水质的去除率，各项水质的去除率都在99%以上，SS的数值为0。

表4-60　进料液温度70℃对膜蒸馏产水水质去除率的影响

| 时间/天 | 截留率/% | COD 去除率/% | NH₃-N 去除率/% | 浊度 去除率/% | 色度 去除率/% | SS/ (mg·L⁻¹) |
|---|---|---|---|---|---|---|
| 1 | 99.88 | 99.75 | 99.18 | 99.99 | 99.90 | 0 |
| 2 | 99.89 | 99.75 | 99.16 | 99.99 | 99.91 | 0 |
| 3 | 99.89 | 99.74 | 99.19 | 99.99 | 99.90 | 0 |
| 4 | 99.88 | 99.73 | 99.14 | 99.99 | 99.92 | 0 |
| 5 | 99.89 | 99.71 | 99.15 | 99.99 | 99.92 | 0 |
| 6 | 99.89 | 99.74 | 99.14 | 99.99 | 99.91 | 0 |
| 7 | 99.89 | 99.73 | 99.28 | 99.99 | 99.90 | 0 |
| 8 | 99.89 | 99.73 | 99.32 | 99.99 | 99.93 | 0 |
| 9 | 99.89 | 99.75 | 99.30 | 99.99 | 99.92 | 0 |
| 10 | 99.89 | 99.73 | 99.32 | 99.99 | 99.92 | 0 |
| 11 | 99.89 | 99.73 | 99.33 | 99.99 | 99.93 | 0 |
| 12 | 99.90 | 99.73 | 99.36 | 99.99 | 99.91 | 0 |
| 13 | 99.90 | 99.72 | 99.34 | 99.99 | 99.91 | 0 |
| 14 | 99.90 | 99.71 | 99.36 | 99.99 | 99.93 | 0 |
| 15 | 99.90 | 99.72 | 99.37 | 99.99 | 99.94 | 0 |

#### 4.8.4.3　进料液流速对SGMD膜污染的影响

图4-91所示为进料液流速对SGMD膜污染的影响。由图可知，当进料液流速为45L/h时，膜组件连续运行15天过程中，膜产水通量下降不明显，从开始运行的9.63L/（m²·h），下降到运行结束时的9.06L/（m²·h），衰减的幅度不大。当进料液流速55L/h、65L/h时，产水通量在运行的第二天出现了衰减，并一直延续到运行结束；流速为55L/h时，初始产水通量为10.49L/（m²·h），运行结束时的产

水通量为6.87L/（m²·h），衰减了35%左右；流速为65L/h时，产水通量从初始的11.5L/（m²·h），下降到结束时的7.5L/（m²·h），衰减了34%。这说明，随着进料液流速的提高，膜的污染在加剧。

虽然随着进料液流速的增大，料液速度和膜表面形成的剪切力会增大，膜面与流体主体间的层流边界层会变薄，温度极化效应会减弱，会促进传质，增大产水通量，但是相应地膜污染会加剧，不利于膜长时间使用，降低了膜的使用寿命，因此，在实际的生产操作中，选择合适的进料液流速至关重要，在保证产水通量的同时，又可维持膜的使用寿命。

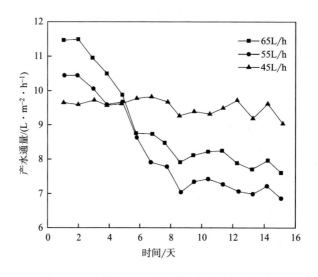

图4-91　进料液流速对膜蒸馏产水通量的影响

图4-92所示为进料液流速对SGMD膜污染的电镜照片。由图可知，三种不同进料液流速下膜污染的程度也不同，污染物结块附着在膜表面，堵住了膜孔，并且随着进料液流速的升高，膜污染物越多，结块更大，45L/h、55L/h两种料液流速下对应的膜电镜照片（2000倍时），膜表面除了污染物，还可以清晰地观察到膜孔，而进料液流速为65L/h时，膜表面几乎看不到膜孔，已被污染物大量覆盖。

运行结束后，受污染膜的EDS元素分析见表4-61，可得到同样的结论：随着流速的升高，运行试验结束后膜表面F元素的含量越来越低，流速45L/h所对应的F元素含量为71%，65L/h所对应的F元素含量只有36%，膜已被污染。另外，流速45L/h、55L/h的C元素含量要高于65L/h的，无机盐类和O元素的含量也低于65L/h的，说明前两种流速下的膜污染主要是一些有机物的污染，而流速65L/h时膜污染中有大量的无机盐类和矿物质。

45L/h，×500　　　　　　　　　　　　45L/h，×2000

55L/h，×500　　　　　　　　　　　　55L/h，×2000

65L/h，×500　　　　　　　　　　　　65L/h，×2000

图4-92　进料液流速对SGMD膜污染的电镜照片

表4-61 进料液流速对膜污染的EDS分析

| 元素 | 45L/h | | 55L/h | | 65L/h | |
|---|---|---|---|---|---|---|
| | $W_i$/% | $A_i$/% | $W_i$/% | $A_i$/% | $W_i$/% | $A_i$/% |
| C | 15.61 | 23.15 | 18.56 | 28.13 | 7.98 | 13.19 |
| O | 6.06 | 6.75 | 9.12 | 10.38 | 19.42 | 24.09 |
| F | 71.77 | 67.29 | 47.46 | 45.47 | 36.40 | 38.03 |
| Na | 1.83 | 1.41 | 11.61 | 9.20 | 13.01 | 11.23 |
| Mg | 0.03 | 0.02 | — | — | 0.23 | 0.19 |
| Al | — | — | 0.98 | 0.66 | 3.85 | 2.83 |
| Si | — | — | — | — | 0.20 | 0.14 |
| S | — | — | — | — | 0.56 | 0.35 |
| Cl | 0.34 | 0.16 | 9.39 | 4.82 | 12.26 | 6.86 |
| K | 0.01 | 0.01 | 2.88 | 1.34 | 4.87 | 2.47 |
| Ca | 3.47 | 0.77 | — | — | 1.23 | 0.61 |
| Cu | — | — | — | — | — | — |

流速升高，料液中的污染物更加频繁地被带到膜表面并且附着在表面，这些附着在膜表面的污染物增加了膜的粘连性，使膜更容易被污染，同时附着在膜表面的污染物对料液中的污染物也有吸附粘连的作用，这样恶性循环，污染物堵塞膜表面，形成滤饼层，导致产水通量下降，污染加剧。增加流速，促进了料液的流动，料液中的大颗粒、胶体，凝胶等更容易被带到膜表面，无机盐类和矿物质所造成的污染更严重。

图4-93所示是进料液流速45L/h时膜蒸馏产水水质的电导率、COD、$NH_3$-N的变化规律。电导率在60μS/cm以下，有稍微下降的趋势，COD含量在50mg/L以下，略有上升，$NH_3$-N含量在10mg/L左右浮动，总体有下降的趋势，这些指标都在国家允许排放的标准范围之内。表4-62所示为进料液流速45L/h条件下膜蒸馏产水水质的去除率，可以看出，水质的各项去除率都在99%以上，SS的数值为0。

图4-94所示是进料液流速55L/h时膜蒸馏产水水质的电导率、COD、$NH_3$-N含量变化规律。电导率在50～60μS/cm之间，随着运行时间的延长，呈稍微下降的趋势，COD含量在35～42mg/L之间，$NH_3$-N的含量基本平稳，这三项指标均在国家允许排放的标准范围内。表4-63所示为进料液流速55L/h时膜蒸馏产水水质的去除率，由表可知，浊度、色度的去除率可达99.9%，截留率、COD、$NH_3$-N的去除率为99%，SS的数值为0。

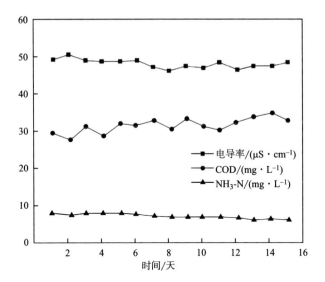

图4-93　进料液流速45L/h时对膜蒸馏产水水质的影响

**表4-62　进料液流速料45L/h时膜蒸馏的产水水质去除率**

| 时间/天 | 截留率/% | COD 去除率/% | NH₃-N 去除率/% | 浊度 去除率/% | 色度 去除率/% | SS/(mg·L⁻¹) |
|---|---|---|---|---|---|---|
| 1 | 99.88 | 99.79 | 99.40 | 99.99 | 99.92 | 0 |
| 2 | 99.88 | 99.80 | 99.37 | 99.99 | 99.92 | 0 |
| 3 | 99.88 | 99.77 | 99.35 | 99.99 | 99.91 | 0 |
| 4 | 99.88 | 99.79 | 99.36 | 99.99 | 99.93 | 0 |
| 5 | 99.88 | 99.77 | 99.38 | 99.99 | 99.92 | 0 |
| 6 | 99.88 | 99.77 | 99.39 | 99.99 | 99.92 | 0 |
| 7 | 99.88 | 99.76 | 99.42 | 99.99 | 99.91 | 0 |
| 8 | 99.89 | 99.78 | 99.40 | 99.99 | 99.94 | 0 |
| 9 | 99.88 | 99.76 | 99.42 | 99.99 | 99.93 | 0 |
| 10 | 99.88 | 99.77 | 99.43 | 99.99 | 99.92 | 0 |
| 11 | 99.88 | 99.78 | 99.42 | 99.99 | 99.92 | 0 |
| 12 | 99.89 | 99.77 | 99.44 | 99.99 | 99.91 | 0 |
| 13 | 99.88 | 99.75 | 99.46 | 99.99 | 99.94 | 0 |
| 14 | 99.88 | 99.75 | 99.45 | 99.99 | 99.93 | 0 |
| 15 | 99.88 | 99.76 | 99.47 | 99.99 | 99.92 | 0 |

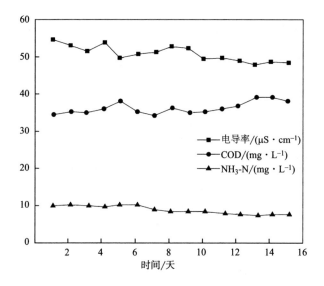

图4-94　进料液流速55L/h时对膜蒸馏产水水质的影响

**表4-63　进料液流速55L/h时膜蒸馏产水水质的去除率**

| 时间/天 | 截留率/% | COD 去除率/% | NH₃–N 去除率/% | 浊度 去除率/% | 色度 去除率/% | SS/ (mg·L⁻¹) |
|---|---|---|---|---|---|---|
| 1 | 99.88 | 99.77 | 99.29 | 99.99 | 99.93 | 0 |
| 2 | 99.88 | 99.77 | 99.27 | 99.99 | 99.92 | 0 |
| 3 | 99.88 | 99.77 | 99.29 | 99.99 | 99.92 | 0 |
| 4 | 99.88 | 99.76 | 99.27 | 99.99 | 99.93 | 0 |
| 5 | 99.89 | 99.75 | 99.27 | 99.99 | 99.93 | 0 |
| 6 | 99.89 | 99.77 | 99.27 | 99.99 | 99.99 | 0 |
| 7 | 99.88 | 99.77 | 99.32 | 99.99 | 99.92 | 0 |
| 8 | 99.88 | 99.76 | 99.37 | 99.99 | 99.93 | 0 |
| 9 | 99.88 | 99.77 | 99.41 | 99.99 | 99.93 | 0 |
| 10 | 99.89 | 99.77 | 99.40 | 99.99 | 99.92 | 0 |
| 11 | 99.89 | 99.76 | 99.43 | 99.99 | 99.92 | 0 |
| 12 | 99.89 | 99.75 | 99.45 | 99.99 | 99.94 | 0 |
| 13 | 99.89 | 99.74 | 99.45 | 99.99 | 99.93 | 0 |
| 14 | 99.89 | 99.74 | 99.46 | 99.99 | 99.92 | 0 |
| 15 | 99.89 | 99.75 | 99.47 | 99.99 | 99.92 | 0 |

　　图4-95所示是进料液流速为65L/h时膜蒸馏产水水质的电导率、COD、NH₃-N含量的变化规律。电导率呈稍微下降的趋势，数值在55μS/cm左右，COD含量在50mg/L左右，略有上升，NH₃-N的含量在10mg/L左右，总体呈现下降的趋势。表4-64所示为进料液流速65L/h时膜蒸馏产水水质的去除率，由表可知，对盐类、COD、NH₃-N、色度、浊度的去除率可达99%，去除效果优异，SS的数值为0。

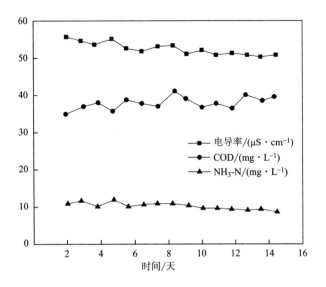

图4-95　进料液流速65L/h时对膜蒸馏产水水质的影响

**表4-64　进料液流速65L/h时膜蒸馏产水水质的去除率**

| 时间/天 | 截留率/% | COD去除率/% | NH₃-N去除率/% | 浊度去除率/% | 色度去除率/% | SS/(mg·L⁻¹) |
|---|---|---|---|---|---|---|
| 1 | 99.87 | 99.77 | 99.22 | 99.99 | 99.93 | 0 |
| 2 | 99.88 | 99.75 | 99.16 | 99.99 | 99.93 | 0 |
| 3 | 99.88 | 99.75 | 99.21 | 99.99 | 99.92 | 0 |
| 4 | 99.88 | 99.76 | 99.19 | 99.99 | 99.93 | 0 |
| 5 | 99.88 | 99.74 | 99.26 | 99.99 | 99.93 | 0 |
| 6 | 99.88 | 99.75 | 99.24 | 99.99 | 99.92 | 0 |
| 7 | 99.88 | 99.75 | 99.21 | 99.99 | 99.92 | 0 |
| 8 | 99.88 | 99.73 | 99.22 | 99.99 | 99.93 | 0 |
| 9 | 99.88 | 99.74 | 99.25 | 99.99 | 99.93 | 0 |
| 10 | 99.88 | 99.75 | 99.29 | 99.99 | 99.94 | 0 |

| 时间/<br>天 | 截留率/<br>% | COD<br>去除率/% | NH₃-N<br>去除率/% | 浊度<br>去除率/% | 色度<br>去除率/% | SS/<br>（mg·L⁻¹） |
|---|---|---|---|---|---|---|
| 11 | 99.88 | 99.75 | 99.29 | 99.99 | 99.92 | 0 |
| 12 | 99.88 | 99.76 | 99.32 | 99.99 | 99.92 | 0 |
| 13 | 99.89 | 99.73 | 99.34 | 99.99 | 99.93 | 0 |
| 14 | 99.89 | 99.74 | 99.34 | 99.99 | 99.92 | 0 |
| 15 | 99.88 | 99.73 | 99.36 | 99.99 | 99.93 | 0 |

## 4.8.5　膜清洗

### 4.8.5.1　试验设计

（1）膜的稳定性测试

选择P1膜作为测试膜，垃圾渗滤液的15倍浓缩液作为测试液，温度70℃，流速55L/h，吹气扫速度0.6m³/h。进行30天的稳定性测试，每天向料液槽中不加入前一天实验所消耗的水量，补水量为试验中挥发的水量和膜蒸馏的产水量，确保料液的浓度维持恒定。

试验后，通过扫描电镜和EDS仪，观察膜表面和膜孔的污染情况，分析污染物的元素组成。

（2）膜的清洗回复试验

控制操作方法和稳定性测试一样，当膜的产水通量第一次下降约25%时，根据PTFE膜耐酸耐碱的特点，将膜从装置中取出，采用0.5%HCl、0.5%NaOH溶液对膜进行清洗，按照水洗→碱洗→水洗→酸洗→水洗→烘干24h的顺序对膜进行第一次清洗，之后将膜重新装上，再次运行。当膜的产水通量再次下降约25%时，对膜进行第二次清洗，清洗的方法和第一次相同，接着运行到第30天。另外从碱清洗剂转换到酸清洗剂的时候，一定要使用蒸馏水清洗干净，防止酸碱反应对膜造成再次污染。清洗前后均保持试验的料液浓度恒定。

试验后，通过扫描电镜和EDS分析仪，观察清洗前后膜表面和膜孔的污染情况，分析污染物的元素组成。

（3）清洗剂的优化

对受污染、产水通量下降的膜选择不同种类、不同浓度的酸碱清洗剂，单种或组合起来清洗，清洗后烘干24h，和清洗之前膜蒸馏的测试条件一样，测试清洗后膜的产水通量，与清洗之前的产水通量对比，观察膜产水通量的回复情况，确定合适的清洗剂。

### 4.8.5.2　膜的稳定性测试

图4-96所示为膜稳定性测试的试验结果，随着运行时间的增加，膜的产水通量不断衰减，从最初的11L/（m² · h），衰减到了4L/（m² · h），下降了约64%。由图4-97可知，使用前膜表面洁净透亮，长时间测试后，膜表面泛黄结垢，部分

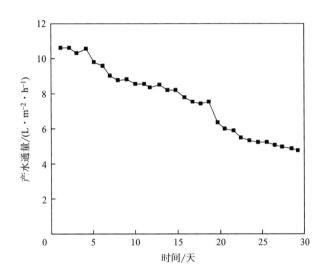

图4-96　膜的稳定性测试的产水通量变化

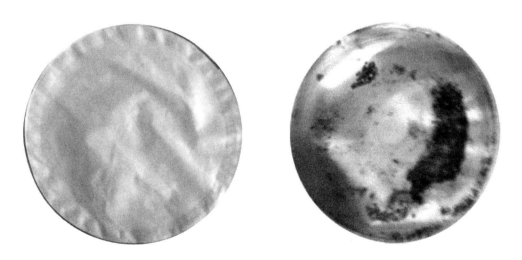

图4-97　膜使用前后的对比照片

区域沉积了大量的污染物，堆积起来形成了滤饼层。由于膜装置中间有一个螺旋形的流道，料液会形成湍流，所以污染物较难在膜中间沉积，受污染的程度相对较小。

使用前后膜表面的EDS元素分析见表4-65，从表中可以看出，使用前，膜表面只含有C元素和F元素，C元素的含量为22%左右，F元素的含量为78%，经稳定性测试后，膜表面被污染，F元素的含量下降到不足10%，C元素的含量下降到4.82%，新增了大量的O元素和金属元素，说明膜被严重污染，而在这些污染物中，无机盐类和矿物质的含量较多。

表4-65 膜污染前后的EDS对比

| 元素 | 使用前 | | 使用后 | |
|---|---|---|---|---|
| | $W_t$/% | $A_t$/% | $W_t$/% | $A_t$/% |
| C | 21.85 | 30.66 | 4.82 | 7.44 |
| O | — | — | 54.11 | 62.65 |
| F | 78.15 | 69.34 | 8.54 | 8.32 |
| Na | — | — | 3.38 | 2.72 |
| Mg | — | — | 2.79 | 2.13 |
| Al | — | — | 19.05 | 13.08 |
| Si | — | — | 0.63 | 0.42 |
| S | — | — | 0.48 | 0.28 |
| Cl | — | — | 3.10 | 1.62 |
| K | — | — | 1.28 | 0.61 |
| Ca | — | — | 1.24 | 0.57 |
| Cu | — | — | — | — |

图4-98所示为膜稳定性测试过程中产水水质的变化规律，COD含量在50mg/L左右，$NH_3$-N含量稳定在10mg/L以下，这两项数值随着测试的进行都呈微弱的下降趋势，电导率在60μS/cm以下，稍有上浮的趋势，但都在国家允许排放的标准之内。由表4-66可以看出，虽然膜被严重污染，但是对垃圾渗滤液中COD、$NH_3$-N、浊度、色度都保持着很好的去除率，高达99%以上，对污染物的拦截去除效果好。可以看出膜在长期性使用、被污染的过程中并没有出现产水水质恶化、膜被亲水的问题，说明PTFE平板微孔膜的稳定性好。

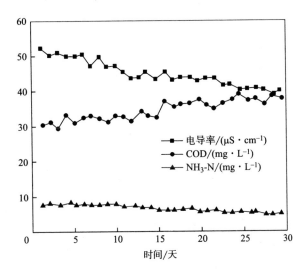

图4-98　膜稳定性测试的产水水质变化

**表4-66　膜稳定性测试的产水水质去除率**

| 时间/天 | 截留率/% | COD去除率/% | NH₃-N去除率/% | 浊度去除率/% | 色度去除率/% | SS/（mg·L⁻¹） |
|---|---|---|---|---|---|---|
| 1 | 99.87 | 99.78 | 99.40 | 99.99 | 99.92 | 0 |
| 2 | 99.88 | 99.77 | 99.36 | 99.99 | 99.92 | 0 |
| 3 | 99.87 | 99.79 | 99.40 | 99.99 | 99.91 | 0 |
| 4 | 99.88 | 99.76 | 99.37 | 99.99 | 99.92 | 0 |
| 5 | 99.88 | 99.77 | 99.40 | 99.99 | 99.93 | 0 |
| 6 | 99.88 | 99.77 | 99.38 | 99.99 | 99.90 | 0 |
| 7 | 99.88 | 99.76 | 99.39 | 99.99 | 99.92 | 0 |
| 8 | 99.88 | 99.77 | 99.41 | 99.99 | 99.91 | 0 |
| 9 | 99.89 | 99.77 | 99.42 | 99.99 | 99.93 | 0 |
| 10 | 99.88 | 99.76 | 99.40 | 99.99 | 99.92 | 0 |
| 11 | 99.89 | 99.77 | 99.42 | 99.99 | 99.94 | 0 |
| 12 | 99.89 | 99.77 | 99.47 | 99.99 | 99.92 | 0 |
| 13 | 99.89 | 99.75 | 99.46 | 99.99 | 99.93 | 0 |
| 14 | 99.89 | 99.76 | 99.51 | 99.99 | 99.92 | 0 |
| 15 | 99.89 | 99.77 | 99.50 | 99.99 | 99.92 | 0 |
| 16 | 99.89 | 99.73 | 99.54 | 99.99 | 99.90 | 0 |
| 17 | 99.89 | 99.75 | 99.53 | 99.99 | 99.90 | 0 |

续表

| 时间/天 | 截留率/% | COD去除率/% | NH₃-N去除率/% | 浊度去除率/% | 色度去除率/% | SS/（mg·L⁻¹） |
|---|---|---|---|---|---|---|
| 18 | 99.89 | 99.74 | 99.52 | 99.99 | 99.91 | 0 |
| 19 | 99.89 | 99.73 | 99.50 | 99.99 | 99.94 | 0 |
| 20 | 99.90 | 99.73 | 99.54 | 99.99 | 99.93 | 0 |
| 21 | 99.89 | 99.74 | 99.53 | 99.99 | 99.92 | 0 |
| 22 | 99.89 | 99.75 | 99.57 | 99.99 | 99.91 | 0 |
| 23 | 99.90 | 99.73 | 99.59 | 99.99 | 99.91 | 0 |
| 24 | 99.90 | 99.73 | 99.60 | 99.99 | 99.91 | 0 |
| 25 | 99.90 | 99.72 | 99.58 | 99.99 | 99.92 | 0 |
| 26 | 99.90 | 99.73 | 99.60 | 99.99 | 99.94 | 0 |
| 27 | 99.90 | 99.73 | 99.61 | 99.99 | 99.93 | 0 |
| 28 | 99.90 | 99.74 | 99.62 | 99.99 | 99.91 | 0 |
| 29 | 99.90 | 99.72 | 99.60 | 99.99 | 99.92 | 0 |
| 30 | 99.90 | 99.73 | 99.62 | 99.99 | 99.90 | 0 |

### 4.8.5.3　膜的清洗回复

图4-99所示为膜清洗测试的产水通量变化，膜蒸馏运行到第15天，产水通量下

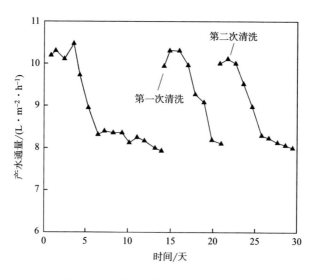

图4-99　膜清洗测试的产水通量变化

降约25%，由最初的10.63L/（m²·h）衰减到8.12L/（m²·h），根据PTFE膜耐强酸强碱的特性和污染物性质，按照水洗→碱洗→水洗→酸洗→水洗→气扫吹干的顺序对膜进行第一次清洗，清洗后产水通量上升到10.35L/（m²·h），产水通量回复比达到97%，运行到第21天时，产水通量下降到8.30L/（m²·h），对膜进行第二次清洗，产水通量回复到10.45L/（m²·h），回复比达到98%，可见，清洗可以有效地去除膜上面的污染，恢复膜的产水通量，可以作为保持高的产水通量、延长膜的耐受性、重复使用的手段。

由图4-100可以看出，产水水质总体的变化趋势没有改变，说明清洗过程没有对膜造成二次污染。清洗后泥沙、凝胶和滤饼层被去除，之前被堵住覆盖的膜孔回复，故电导率上升。

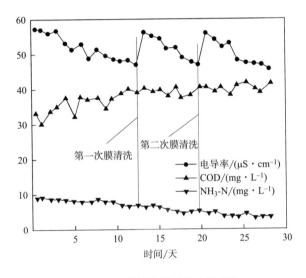

图4-100　膜清洗测试的水质变化

### 4.8.5.4　膜的清洗优化

从表4-67可以看出，采用不同的清洗方法，膜产水通量的回复率不同，通过简单的蒸馏水清洗，膜产水通量的恢复不是很明显，只是简单冲洗掉了表面的泥沙、胶体、溶质大颗粒，附着在膜表面的细微污染物并没有去除。采用单一的酸碱清洗可以很好地去除污染物，可以清洗除去上面的矿物质、有机物污染物，使滤饼层消失。采用酸碱组合清洗时，膜的产水通量基本恢复，污染物几乎全部被清除，通过电镜照片观察，膜的表面和膜孔均不含有污染物，膜恢复使用前的新貌。

表4-67 清洗方法的对比

| 清洗方法 | 通量的回复率/% |
|---|---|
| 蒸馏水，1h | 60.9 |
| 0.5%HCl，1h | 83.7 |
| 0.5%NaOH，1h | 87.6 |
| 2%柠檬酸，1h | 75.6 |
| 5%次氯酸钠，1h | 73.8 |
| 0.5%HCl，0.5h<br>0.5%NaOH，0.5h | 93.2 |
| 0.5%NaOH，0.5h<br>0.5%HCl，0.5h | 98.1 |

另外，采用酸碱组合清洗时，先用碱清洗的效果比先用酸清洗的效果好，因为污染物中的有机物是依靠碱来去除的。

# 4.9 膜吸收法去除$CO_2$气体的研究

## 4.9.1 试验装置与材料

### 4.9.1.1 试验材料

采用自制PTFE中空纤维膜，其结构参数见表4-68。

表4-68 PTFE中空纤维膜结构参数

| 膜丝 | 膜内径/mm | 膜外径/mm | 膜壁厚/mm | 平均孔径/μm | 孔隙率/% |
|---|---|---|---|---|---|
| M1 | 1.1 | 2.2 | 0.55 | 0.22 | 44.49 |
| M2 | 1.1 | 2.2 | 0.55 | 0.3 | 37.25 |
| M3 | 0.8 | 1.6 | 0.4 | 0.3 | 41.85 |
| M4 | 0.8 | 1.6 | 0.4 | 0.22 | 34.15 |
| M5 | 0.8 | 2.3 | 0.75 | 0.22 | 43.08 |

### 4.9.1.2 试验装置与条件

自制的外压式膜吸收$CO_2$气体试验装置如图4-101所示，主要包括气体通路、膜组件以及吸收液回路，其中气体通路主要包括气体钢瓶、空气压缩机、气体流量计、气体混合器、压力表、$CO_2$气体分析仪，吸收液回路主要包括蠕动泵、热再生装置（恒温油浴锅、三口烧瓶、球形冷凝管）、冷凝器、吸收液储瓶。

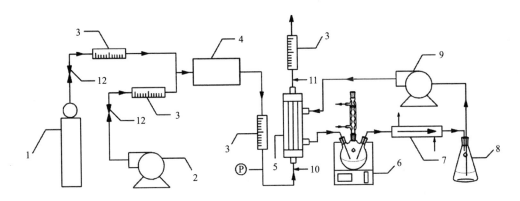

图4-101　膜吸收法去除$CO_2$气体试验装置图

1—$CO_2$气体钢瓶　2—空气压缩机　3—气体流量计　4—气体混合器　5—膜组件　6—热再生装置　7—冷凝器
8—溶液储瓶　9—蠕动泵　10—气体进气测试口　11—气体出气测试口　12—阀门　P—压力表

当恒温油浴锅加热到预定温度后，设置吸收液流量，开启蠕动泵，吸收液经蠕动泵由膜组件PTFE中空纤维膜的外侧（壳程）通过吸收混合气体中的$CO_2$，然后进入热再生装置解吸$CO_2$气体后，返回吸收液贮瓶，完成一次循环。纯$CO_2$气体经钢瓶与通过空气压缩机的空气按体积比1∶9混合后通过气体流量计，从PTFE中空纤维膜的内侧（管程）通过膜组件，经过气体流量计后排空。使用$CO_2$气体分析仪每间隔5min测定一次出入膜组件混合气体中的$CO_2$气体体积分数。

通过式（4-3）计算$CO_2$气体的传质速率$J$：

$$J=\frac{(Q_{in}C_{in}-Q_{out}C_{out})\times273.15\times1000}{22.4TA} \tag{4-3}$$

式中：$J$为$CO_2$的传质速率［$mol/(m^2\cdot h)$］；$Q_{in}$和$Q_{out}$为混合气体通过膜组件进口及出口处流速（$m^3/s$）；$C_{in}$和$C_{out}$分别为通过膜组件进口及出口处混合气体中$CO_2$的体积分数（%）；$T$为气体温度（K）；$A$为膜面积（$m^2$）。

通过式（4-4）计算$CO_2$气体脱除率$\eta$：

$$\eta=\frac{Q_{in}C_{in}-Q_{out}C_{out}}{Q_{in}C_{in}}\times100\% \tag{4-4}$$

式中：$\eta$为$CO_2$的脱除率（%）；$Q_{in}$和$Q_{out}$分别为混合气体通过膜组件进口及出口处流速（$m^3/s$）；$C_{in}$和$C_{out}$为通过膜组件进口及出口处混合气体中$CO_2$的体积

分数（%）。

由于试验所用的混合气体中$CO_2$气体的含量较低，计算时可以忽略气体通过膜组件进出口体积的变化，式（4-3）、式（4-4）可以简化为：

$$J = \frac{Q_{in}(C_{in}-C_{out})\times273.15\times1000}{22.4TA} \quad (4-5)$$

$$\eta = \frac{C_{in}-C_{out}}{C_{in}}\times100\% \quad (4-6)$$

采用M1、M3、M4、M5膜，将PTFE中空纤维膜制成有效长度为525mm、装填根数为52根、壳内径为29mm、外径为32mm的外压式膜组件。

研究膜结构对膜吸收性能影响时的试验条件：$CO_2$气体进气浓度为10%，$CO_2$/空气混合气体流量为0.15 m³/h，吸收液为0.75mol/L MDEA和0.25mol/L PZ的混合溶液1000mL，吸收液流速为195mL/min，热再生温度分别为343.15K、363.15K、383.15K。

研究操作条件对膜吸收性能影响时的试验条件见表4-69，采用M3中空纤维膜组件。

表4-69　膜吸收试验条件

| 试验变量 | 参数 |
|---|---|
| $CO_2$浓度 | 10% |
| $CO_2$/空气混合气体流量/（m³·h⁻¹） | 0.025, 0.05, 0.15, 0.25, 0.3 |
| 吸收液种类 | MEA, DEA, MDEA, MDEA+PZ |
| 吸收液浓度/（mol·L⁻¹） | 0.5, 1, 2, 3 |
| 吸收液流速/（mL·min⁻¹） | 85, 140, 195, 250, 360, 560 |
| 热再生温度/℃ | 25, 50, 70, 90, 110, 130 |
| MDEA+PZ吸收液中不同物质的量比$n_{MDEA}:n_{PZ}$ | 1:3, 1:1, 3:1 |
| 吸收液体积/mL | 1000 |
| 膜吸收试验时间/min | 30 |

由于在吸收$CO_2$气体过程中所用到的醇胺类吸收剂与$CO_2$气体为可逆反应，所以饱和吸收$CO_2$气体的富液可以在较高温度下解吸重新得到具有一定负载$CO_2$能力的贫液，并释放出$CO_2$气体。醇胺类吸收液解吸主要受以下操作条件的因素影响：吸收液种类、吸收液浓度、解吸温度、真空度、水蒸气吹扫条件等。主要考察伯

胺（MEA）、仲胺（DEA）、叔胺（MDEA）以及混合吸收液（MDEA+PZ）对于
$CO_2$气体能力解吸的强弱。

自制的$CO_2$气体膜吸收和热解吸试验装置如图4-102所示，主要包括气体通路、膜组件、吸收液回路以及水蒸气吹扫通路，其中气体通路主要包括气体钢瓶、空气压缩机、气体流量计、气体混合器、压力表、$CO_2$气体分析仪；吸收液回路主要包括蠕动泵、热再生装置（恒温油浴锅、三口烧瓶）、冷凝器、吸收液储瓶；水蒸气吹扫通路主要包括恒温水浴锅、蒸馏水储瓶、真空泵。

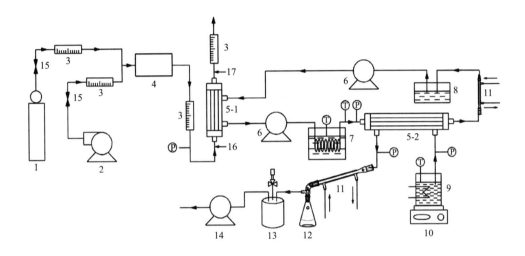

图4-102　$CO_2$气体膜吸收和热解吸装置示意图

1—纯$CO_2$气体钢瓶　2—空气压缩机　3—空气流量计　4—气体混合器　5-1—膜组件#1　5-2—膜组件#2
6—蠕动泵　7—热再生装置　8—吸收液储槽　9—去离子水　10—恒温水浴锅　11—冷凝管　12—蒸馏
水储瓶　13—安全瓶　14—真空泵　15—阀门　16—混合气体进气检测口　17—混合气体出气检测口

首先纯$CO_2$气体经钢瓶与通过空气压缩机的空气按体积比1∶9混合后通过气体流量计，从PTFE中空纤维膜的内侧（管程）通过膜组件#1，经过气体流量计后排空。在常温状态下吸收液通过膜组件#1的壳程对$CO_2$气体进行吸收。定时测量进入膜组件的$CO_2$气体的体积分数，直到进入膜组件的$CO_2$气体体积分数与排出膜组件的$CO_2$气体体积分数相同时，停止试验。将钢瓶阀门和空气压缩机关闭，并打开热再生装置和恒温水浴锅，待温度达到预设温度后，打开蠕动泵和真空泵使饱和吸收$CO_2$气体的富液在膜组件#2壳程里循环流动。而由恒温水浴锅产生的水蒸气由真空泵提供动力在膜组件#2壳程内与吸收液逆向流动。每间隔5min取样1次，检测吸收液中$CO_2$的负载量。

热解吸试验条件见表4-70。

表4-70　膜的热解吸试验条件

| 试验变量 | 参数 |
|---|---|
| 解吸富液种类 | MEA，DEA，MDEA，MDEA+PZ |
| 解吸温度/℃ | 25，70，90，110 |
| 解吸富液浓度/（mol·L$^{-1}$） | 0.5，1，2，3 |
| 解吸富液流速/（mL·min$^{-1}$） | 252 |
| 真空度 | 0.095 |
| 气扫流速/（mL·min$^{-1}$） | 5 |
| 解吸富液体积/mL | 1000 |
| 解吸时间/min | 20 |

## 4.9.2　PTFE中空纤维膜结构对$CO_2$气体的传质性能影响

### 4.9.2.1　膜壁厚对$CO_2$气体的传质性能影响

膜壁厚是膜结构的一个重要参数，膜壁厚与$CO_2$气体脱除率存在负相关的关系。图4-103所示为M1、M4、M5膜壁厚（M1膜0.55mm，M4膜0.4mm，M5膜0.75mm）对$CO_2$气体脱除率的影响。由图可知，随着膜壁厚的增加，从0.4mm增大到0.75mm时，$CO_2$气体脱除率明显下降。当热再生温度为110℃时，$CO_2$气体脱除率

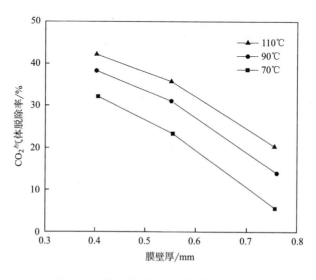

图4-103　膜壁厚对$CO_2$气体脱除率的影响

从42.16%下降到20.36%，这是由于膜壁厚的增加，使气体通过膜孔的路径以及时间变长，使膜丝对气体吸收的传质阻力增大。

图4-104所示为M1、M4、M5膜壁厚对$CO_2$气体传质速率的影响。由图可知，随着膜壁厚的增加，$CO_2$气体传质速率明显下降。当热再生温度为110℃时，$CO_2$气体传质速率从3.9733mol/（$m^2 \cdot h$）下降到0.9903 mol/（$m^2 \cdot h$），这是因为，随着膜壁厚的增加，使得气体通过膜进入吸收液的传质阻力增大，故$CO_2$气体传质速率减小。

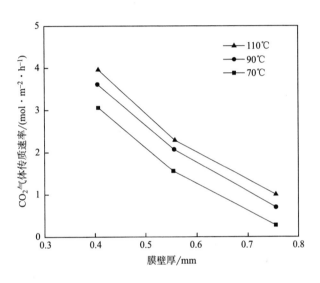

图4-104　膜壁厚对$CO_2$气体传质速率的影响

#### 4.9.2.2　膜孔径对$CO_2$气体的传质性能影响

膜孔径也是PTFE中空纤维膜结构中一个重要参数，膜孔径大小与$CO_2$气体脱除率呈正相关的关系。图4-105所示为M3、M4膜的孔径（M3膜孔径0.3μm，M4膜孔径0.22μm）对$CO_2$气体脱除率的影响。由图可知，不同温度下，当膜的孔径变小时，$CO_2$气体脱除率都呈现不同程度的下降。这是因为，膜的孔径变小，使通过膜孔进入吸收液的膜孔面积缩小，加大了气体传质的阻力，从而使$CO_2$气体脱除率减小。

图4-106所示为M3、M4膜的孔径对$CO_2$气体传质速率的影响。由图可知随着膜的孔径减小，$CO_2$气体传质速率下降。当热再生温度为110℃时，传质速率从4.4767mol/（$m^2 \cdot h$）下降到3.9733 mol/（$m^2 \cdot h$）。这是因为，膜的孔径变小，使通过膜孔进入吸收液的膜孔面积缩小，加大了气体传质的阻力，使$CO_2$气体传质速

率减小。

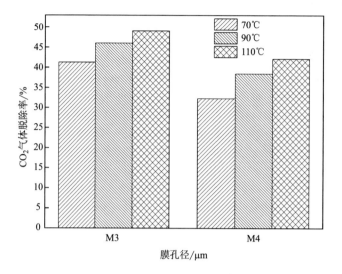

图4-105　膜孔径对$CO_2$气体脱除率的影响

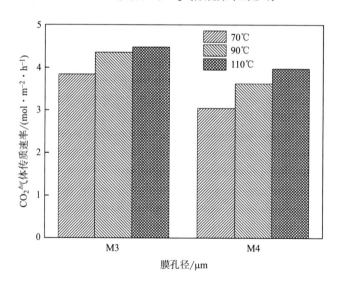

图4-106　膜孔径对$CO_2$气体传质速率的影响

### 4.9.3　膜吸收工艺参数对去除$CO_2$气体传质性能的影响

#### 4.9.3.1　气体流量对去除$CO_2$气体传质性能的影响

以0.75mol/L MDEA和0.25mol/L PZ的混合液为吸收液，吸收液流速为195mL/min

条件下，探究$CO_2$/空气混合气体流量对膜吸收过程$CO_2$气体脱除率和传质速率的影响。如图4-107所示，随着$CO_2$/空气混合气体流量的增大，$CO_2$气体的脱除率逐渐减小，当温度为110℃时，气体流量从$0.025m^3$/h提高到$0.3m^3$/h，$CO_2$气体脱除率从80.57%下降到了26.42%，这是由于进气流量的加快，使得气体在膜内停留的时间变短，更多的气体还未被吸收就排出了膜组件外。

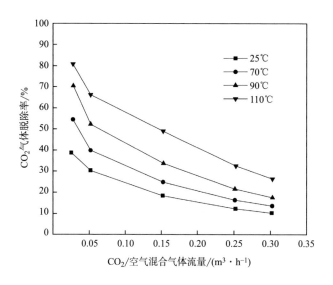

图4-107　$CO_2$/空气混合气体流量对$CO_2$气体脱除率的影响

如图4-108所示，随着进气流量的加大，传质速率随之增加。由于进气流量的增加，气相流速加快，使得膜外侧的气相边界层变薄，并且使膜两侧的压力差增大，增大了其传质推动力，$CO_2$气体传质速率增大。但当气体流量从$0.25m^3$/h提高到$0.3m^3$/h时，传质速率增大趋势明显放缓，在110℃下，传质速率从$5.07mol/（m^2 \cdot h）$增加到$5.12mol/（m^2 \cdot h）$，只增加了0.98%，这是由于MDEA与$CO_2$反应主要受液膜控制，气体流量对传质速率的影响较小。在加快气体流速的同时，气体在膜接触器内停留的时间大大缩短，降低了$CO_2$气体通过膜丝与吸收液接触的几率，没有足够的时间通过膜扩散到膜内侧的吸收液中与之反应，说明气液接触时间与$CO_2$脱除率有关系。在较低的气体流速下，吸收液不同，热再生温度之间传质速率相差较小，这是由于进气总量较小，吸收液可以充分吸收$CO_2$气体，热再生解吸的影响较小。随着气体流速增加，不同温度条件下传质速率的差异越来越明显。在较高温度下，由于吸收液能够不断地吸收—解吸循环，使传质速率明显提升。

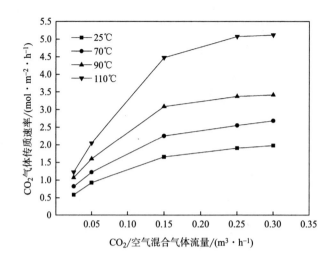

图4-108　$CO_2$/空气混合气体流速对$CO_2$气体传质速率的影响

### 4.9.3.2　吸收液流速对去除$CO_2$气体传质性能的影响

在以0.75mol/L MDEA和0.25mol/L PZ的混合液为吸收液、$CO_2$/空气混合气体流量为0.15$m^3$/h条件下，探究吸收液流速对膜吸收过程$CO_2$气体脱除率和传质速率的影响。如图4-109所示，吸收液流速在85～250mL/min时，$CO_2$气体脱除率明显增加，在110℃下，$CO_2$气体脱除率从34.78%增加到52.06%，但在250～560mL/min之间，脱除效率明显放缓，在110℃下，$CO_2$气体脱除率只增加了3.1%。由图4-110可知，吸收液流速从250mL/min增至560mL/min，传质速率从4.83mol/（$m^2$·h）增至

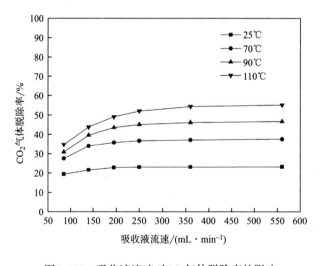

图4-109　吸收液流速对$CO_2$气体脱除率的影响

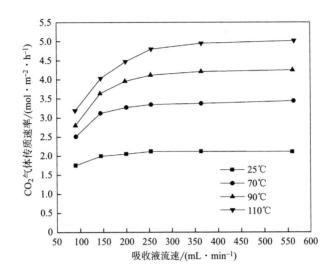

图4-110　吸收液流速对$CO_2$气体传质速率的影响

5.01mol/（$m^2 \cdot h$）仅增加了3.72%。这可能是由于MDEA与$CO_2$的反应生成了不稳定的碳酸氢盐，反应主要受液膜控制。在吸收液流速较慢的情况下，MDEA中的有效成分与$CO_2$接触较少，膜两侧的$CO_2$浓度差较小。随着吸收液流速的增加，两相的$CO_2$浓度差增大，脱除率也随之明显上升。在实验条件下吸收液流速达到560mL/min时，液相一侧对膜接触器的压力增大，$CO_2$气体通过膜的阻力增大，从而影响其传质推动力，使得脱除率和传质速率增幅明显放缓。而在25℃下，$CO_2$气体传质阻力主要来自吸收液负载$CO_2$饱和，无法快速循环吸收$CO_2$气体，所以在不同吸收液流速下，均保持较低的脱除率及传质速率。

### 4.9.3.3　吸收液热再生温度对去除$CO_2$气体传质性能的影响

在以0.75mol/L MDEA和0.25mol/L PZ的混合液为吸收液，吸收液流速为195mL/min，$CO_2$/空气混合气体流量为0.15$m^3$/h条件下，探究吸收液热再生温度对膜吸收过程$CO_2$气体脱除率和传质速率的影响。如图4-111所示，$CO_2$气体脱除率以及传质速率都随着温度的升高而增大。当吸收液热再生温度增加时，MDEA在与$CO_2$气体反应后经过热再生装置，使得更多的MDEA解吸出$CO_2$气体，从而使MDEA对$CO_2$气体吸收的负载能力加大，能够更快地吸收新的$CO_2$气体。与25℃时相比，在110℃时其传质速率是25℃的145.6%，可见，热再生温度可明显提高膜吸收效率。但从图4-111中也可看出，热再生温度从110℃上升到130℃时，其传质速率从4.48mol/（$m^2 \cdot h$）增至4.57mol/（$m^2 \cdot h$），仅增加2.01%。可见热再生温度在110～130℃之间，MDEA对$CO_2$气体的解吸能力变化不明显，对$CO_2$气体吸收速率的影响变小。

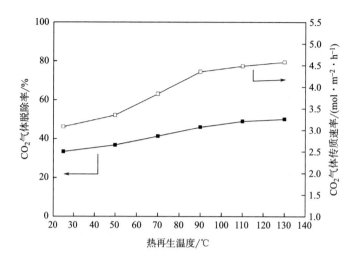

图4-111　吸收液热再生温度对$CO_2$气体脱除率和传质速率的影响

### 4.9.3.4　吸收液的组成对去除$CO_2$气体传质性能的影响

$CO_2$/空气混合气体流量为$0.15m^3/h$，吸收液流速为$195mL/min$，吸收液热再生温度为$110℃$，在保持吸收液MDEA与PZ总浓度为$1mol/L$的情况下，改变MDEA与PZ之间的浓度，分别为（$0.25mol/L$ MDEA+$0.75mol/L$ PZ）、（$0.50mol/L$ MDEA+$0.50mol/L$ PZ）、（$0.75mol/L$ MDEA+$0.25mol/L$ PZ），MDEA与PZ的物质的量组成比例分别为$1:3$、$1:1$、$3:1$。研究不同的吸收液组成对$CO_2$气体传质速率及脱除率的影响。由图4-112可知，随着MDEA比重的增加，$CO_2$气体的脱除率与传质速率

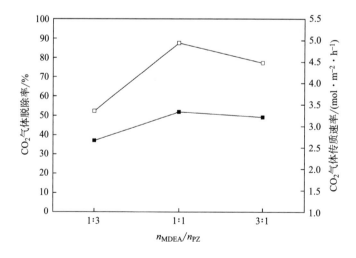

图4-112　吸收液不同组成对$CO_2$气体脱除率和传质速率的影响

呈现先增大后减小的变化趋势。虽然MDEA与$CO_2$气体发生化学反应的速率较慢，反应后生成不稳定的碳酸氢盐，但是MDEA 除化学吸收外还具有物理吸收的特点，溶液热再生容易，极少发生分解，损耗较少。而PZ的吸收速率以及吸收容量比MDEA更大，能够吸收更多的$CO_2$气体进行热再生解吸，所以，在MDEA中加入PZ可以大大加快$CO_2$气体的吸收速率。在吸收液不同组成实验中发现，MDEA与PZ的物质的量比为1：3时，其传质速率与物质的量组成比例为1：1和3：1相比要小得多，可能是在热再生的过程中$CO_2$气体较难从混合吸收液中解吸。在MDEA与PE物质的量比为3：1时，限制传质速率的主要因素可能是吸收液与$CO_2$反应速率。MDEA与PZ的物质的量比接近1：1时，$CO_2$脱除率与传质效率要优于其他组成。

### 4.9.3.5 吸收液浓度对去除$CO_2$气体传质性能的影响

以MDEA与PZ物质的量的比为3：1作为为吸收液，吸收液流速为195mL/min，$CO_2$/空气混合气体流量在0.15m³/h条件下，探究了不同吸收液浓度对膜吸收过程中$CO_2$气体脱除率和传质速率的影响。由图4-113和图4-114可知，不同浓度的吸收液对$CO_2$气体脱除率和传质速率的影响趋势一致。吸收液浓度在0.5mol/L至2mol/L内，$CO_2$气体脱除率和传质速率随吸收液浓度的增大有明显的提高，在110℃下，$CO_2$的脱除率从32.12%增大到69.53%，增加了116.5%。这是因为吸收反应的主要区域是液相边界层，在吸收液浓度增大的同时，使液相边界层的有效成分逐渐增加，从而使吸收$CO_2$的负载能力增强。理论上，$CO_2$气体脱除率和传质速率会随吸收液浓

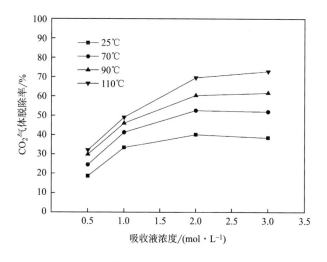

图4-113 吸收液浓度对$CO_2$气体脱除率的影响

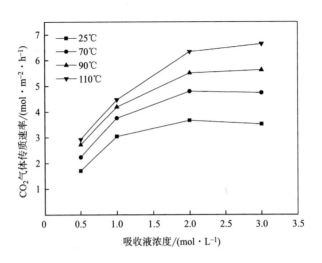

图4-114　吸收液浓度对$CO_2$气体传质速率的影响

度的增加而不断增大，但当吸收液浓度为3mol/L时，在25℃和70℃下，$CO_2$气体脱除率和传质速率均出现下降，这可能是因为，吸收液浓度增加后，其黏度也增加较大，导致在反应过程中降低了各反应产物的扩散速率，从而增大了吸收液吸收的传质阻力。因此，2mol/L至3mol/L之间$CO_2$气体脱除率和传质速率几乎无增长，甚至会下降。

### 4.9.3.6　吸收液种类对去除$CO_2$气体传质性能的影响

以MEA、DEA、MDEA、MDEA+PZ混合溶液为吸收液，吸收液流速为195mL/min，$CO_2$/空气混合气体流量为0.15m³/h，各吸收液浓度均为1mol/L，其中MDEA+PZ的混合溶液两组分物质的量比为1∶1，探究考察不同吸收液对膜吸收过程中$CO_2$气体脱除率和传质速率的影响。由图4-115和图4-116可知，3种单一吸收液的吸收效率分别为MEA>DEA>MDEA，这是由于MEA和DEA作为伯胺和仲胺，结构简单，在与$CO_2$反应的过程中可以水解出氨基甲酸盐和氢离子，从而使氢离子与另一个伯胺分子结合形成氨基盐，再和氢氧根离子反应重新生成伯胺，从而加强了与$CO_2$的反应速率。而MDEA作为叔胺，在反应过程中无法水解生成氢离子，只能与$CO_2$反应形成碳酸氢盐的形式，所以叔胺与$CO_2$的反应速率明显要小于伯胺和仲胺，虽然在较高温度下，MDEA解吸能力较强，但整体反应速率受吸收速率影响，导致$CO_2$气体脱除率及传质速率均较小。而在MDEA中加入PZ可以大大促进MDEA与$CO_2$的反应速率，并且能够提供较大的吸收容量，有利于其在高温状态下的解吸。

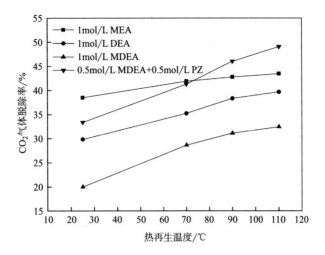

图4-115　不同吸收液对$CO_2$气体脱除率的影响

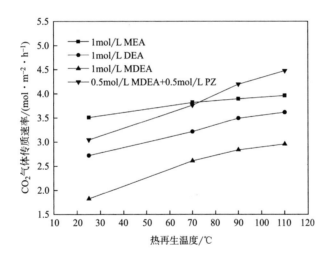

图4-116　不同吸收液对$CO_2$气体传质速率的影响

## 4.9.4　热再生工艺参数对吸收剂再生性能的影响

### 4.9.4.1　解吸富液种类对$CO_2$气体热解吸的影响

图4-117所示为4种不同饱和$CO_2$富液以1mol/L的浓度（其中MDEA+PZ混合溶液的物质的量组成比为1：1）在110℃下进行解吸，考察对$CO_2$气体解吸性能的影响。由图可知，三种单一解吸富液的解吸率大小关系是MDEA>DEA>MEA。这是因为伯胺（MEA）、仲胺（DEA）的结构中氨基上含有H原子，在反应中生成了氨基

甲酸盐，而叔胺（MDEA）不含H原子，在与$CO_2$气体反应中生成了不稳定的碳酸氢盐，在高温下容易发生分解。而MEA（PKa=9.5）的碱度比DEA（PKa=8.9）更高，所以MEA所形成的氨基甲酸盐与DEA相比更难通过水解反应生成碳酸氢盐。因此，MEA的解吸率要低于DEA。MDEA+PZ的混合溶液的解吸性能介于MDEA与DEA之间，在0~10min内，MDEA+PZ的解吸能力较高，这是因为MDEA具有较强的解吸性能，之后由于MDEA的$CO_2$负荷减小，随着时间的延长解吸性能明显减慢。

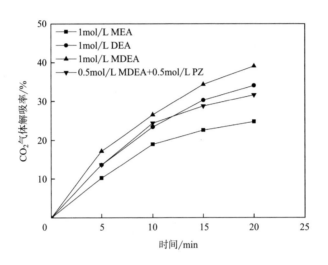

图4-117　解吸富液种类对$CO_2$气体解吸率的影响

### 4.9.4.2　解吸富液温度对$CO_2$气体热解吸的影响

图4-118所示为0.5mol/L MDEA和0.5mol/L PZ混合饱和$CO_2$富液在不同温度下进行解吸实验，考察其对$CO_2$气体解吸性能的影响。由图可知，在温度25℃下进行解吸，20min时$CO_2$解吸率仅6.45%，远远低于其他温度下的解吸效率。MDEA+PZ的解吸在温度110℃下，20min时的解吸率为31.65%，而在130℃下，相同时间的解吸率为32.45%，解吸率仅提高了2.53%，解吸性能明显变缓，这是因为，在110℃附近已达到所生成的碳酸氢盐的分解温度。因此，MDEA+PZ混合溶液的解吸效率在110℃附近最佳。

### 4.9.4.3　解吸富液浓度对$CO_2$气体热解吸的影响

图4-119所示为物质的量比为1∶1的MDEA与PZ混合饱和$CO_2$富液在110℃下进行解吸实验，考察不同浓度的解吸富液对$CO_2$气体解吸性能的影响。由图可知，MDEA+PZ混合溶液的解吸率随着浓度的增加而不断增大。在2mol/L下，20min时

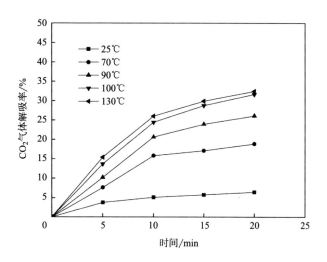

图4-118　解吸富液温度对$CO_2$气体解吸率的影响

的$CO_2$气体解吸率为40.1%；在3mol/L下，20min时的解吸率为42.58%，仅增加了2.48%，而且在3mol/L下，10min至20min的解吸率也仅增加3.02%，这是因为随着浓度的增加，MDEA的黏度迅速增大，在碳酸氢盐分解过程中降低了各反应产物的扩散速率，随着反应时间的延长，$CO_2$气体解吸速率明显减缓。

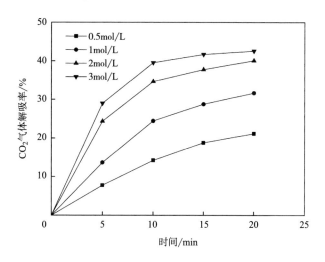

图4-119　解吸富液浓度对$CO_2$气体解吸率的影响

# 参考文献

［1］郭玉海，朱海霖，王峰，等．聚四氟乙烯滤膜的发展及应用［J］．纺织学报，2015，36（9）：149-153.

［2］郝新敏，杨元，黄斌香．聚四氟乙烯微孔膜及纤维［M］．北京：化学工业出版社，2011.

［3］钱知勉，包永忠．氟塑料加工与应用［M］．北京：化学工业出版社，2010：97-145.

［4］金王勇．PTFE中空纤维膜的研制及其在膜蒸馏中的应用研究［D］．杭州：浙江理工大学，2012.

［5］张娇娇．PTFE中空纤维膜用于膜蒸馏处理印染反渗透浓水的研究［D］．杭州：浙江理工大学，2013.

［6］丁闫宝．基于PTFE平板膜的膜蒸馏技术处理垃圾渗滤液的研究［D］．杭州：浙江理工大学，2015.

［7］岳程．基于PTFE疏水微孔膜的渗透蒸馏用于茶多酚的浓缩［D］．杭州：浙江理工大学，2013.

［8］刘加云．基于PTFE中空纤维膜的膜蒸馏技术处理高盐溶液的研究［D］．杭州：浙江理工大学，2013.

［9］王红杰．基于PTFE中空纤维膜的真空膜蒸馏脱盐研究［D］．杭州：浙江理工大学，2013.

［10］靳辉．基于聚四氟乙烯中空纤维膜的空气间隙式膜蒸馏研究［D］．杭州：浙江理工大学，2015.

［11］乔稳．基于聚四氟乙烯中空纤维膜的太阳能膜蒸馏海水淡化器研究［D］．杭州：浙江理工大学，2015.

［12］代百会．基于PTFE中空纤维膜的膜吸收脱氨研究［D］．杭州：浙江理工大学，2015.

［13］王昆．基于PTFE中空纤维膜的真空膜蒸馏技术再生$CO_2$吸收剂的研究［D］．杭州：浙江理工大学，2015.

［14］沈奕骏．基于PTFE中空纤维膜的膜吸收法去除$CO_2$的研究［D］．杭州：浙江理工大学，2015.

［15］陈欢林，朱长乐．膜蒸馏与渗透蒸馏［J］．水处理技术，1990，16（6）：409-413.

［16］吕小龙．膜过程探讨［J］．膜科学与技术，2010，30（3）：1-10.

［17］唐娜，陈明玉，袁建军. 海水淡化浓盐水真空膜蒸馏研究［J］. 膜科学与技术，2007，27（6）：93-96.

［18］李楠，孙文策，张财红，等. 海水淡化剩余浓盐水灌注太阳池研究［J］. 大连理工大学学报，2011，51（6）：788-792.

［19］张华鹏，朱海霖，郭玉海，等. 聚四氟乙烯中空纤维膜的制备［J］. 膜科学与技术，2013，33（1）：17-21.

［20］金王勇. PTFE中空纤维膜的研制及其在膜蒸馏中的应用研究［D］. 杭州：浙江理工大学，2012：15-20.

［21］ZHU H L，WANG H J，WANG F，et al.Preparation and properties of PTFE hollow fiber membranes for desalination through vacuum membrane distillation［J］. Journal of Membrane Science，2013，446：145-153.

［22］KHRAISHEH M，BENYAHIA F，ADHAM S.Industrial case studies in the petrochemical and gas industry in qatar for the utilization of industrial waste heat for the production of fresh water by membrane desalination［J］. Desalination & Water Treatment，2013，51（7/8/9）：1769-1775.

［23］郭智，张新妙，章晨林，等. 膜蒸馏过程强化及优化技术研究进展［J］. 化工进展，2016，35（4）：981-987.

［24］GONZÁLEZ D，AMIGO J，SUÁREZ F.Membrane distillation：perspectives for sustainable and improved desalination［J］. Renewable and Sustainable Energy Reviews，2017（80）：238-259.

［25］GOSTOLI C. Thermal effects in osmotic distillation［J］. Journal of Membrane Science，1999，163（1）：75-91.

［26］刘安军，李娜，汤亚东，等. 直接接触式膜蒸馏不同操作温度下的能耗分析研究［J］. 高校化学工程学报，2011，25（4）：565-571.

［27］王学松. 现代膜技术及其应用指南［M］. 北京：化学工业出版社，2005.

［28］刘殿忠，赵之平，马方伟，等. 膜蒸馏过程传递机理研究进展：气隙式膜蒸馏［J］. 膜科学与技术，2009，29（3）：88-92.

［29］M KHAYET，P GODINO，J I MENGUAL. Nature of flow on sweeping gas membrane distillation［J］. Journal of Central South University technology，2000，170（2）：243-255.

［30］M GRYTA，K KARAKULSKI.The application of membrane distillation for the concentration of oil-water emulsions［J］. Desalination，1999，121：22-29.

［31］钟世安，李宇萍，周春山，等. 减压膜蒸馏法处理多酚类制药废水的研究［J］. 工业水处理，2003，23（4）：44-46.

［32］R A JOHNSON，R H VALKS，M S LEFEBVRE.Osmotic distillation：a low temperature

concentration technique [J]. Australian Journal of Biotechnology, 1989, 3 (3):
206-217.

[33] 戴海平，王建臣，林刚. 渗透蒸馏的传递过程及应用 [J]. 水处理技术，1995, 2
（1）: 7-10.

[34] 高以恒，叶凌碧. 膜分离技术基础 [M]. 北京: 科学技术出版社，1989: 5-25.

[35] 潘仲巍，陈兴国，胡之德. 膜分离新法: 渗透蒸馏 [J]. 兰州大学学报（自然科学
版），2002, 38 (1): 62-71.

[36] K B PETROTOS, H N LAZARIDES.Osmotic concentration of liquid foods [J]. Journal
of Food Engineering, 2001, 49 (2-3): 201-206.

[37] JANAJREH I, KADI K E, HASHAIKEH R, et al.Numerical investigation of air gap
membrane distillation (AGMD): seeking optimal performance [J]. Desalination,
2017, 424: 122-130.

[38] 朱霞. 低温多效海水淡化系统实验研究 [D]. 大连: 大连理工大学，2012:
16-17.

[39] 唐建军，周康根. 减压式膜蒸馏及其易挥发性有机物分离的研究现状 [J]. 水处理
技术，2002, 28 (2): 67-70.

[40] 刘羊九，王云山，韩吉田，等. 膜蒸馏技术研究及应用进展 [J], 化工进展，
2018, 37 (10): 3726-3736

[41] RAO G, HIIBEL S R, ACHILLI A, et al.Factors contributing to flux improvement in
vacuum-enhanced direct contact membrane distillation [J]. Desalination, 2015, 367:
197-205.

[42] FRANCIS L, GHAFFOUR N, ALSAADI A A, et al.Material gap membrane distillation:
a new design for water vapor flux enhancement [J]. Journal of Membrane Science,
2013, 448 (50): 240-247.

[43] 王奔，秦英杰，王彬，等. 多效膜蒸馏过程用于海水和浓海水的深度浓缩 [J]. 化
工进展，2013, 32 (9): 2233-2241.

[44] LI X, QIN Y, LIU R, et al.Study on concentration of aqueous sulfuric acid solution by
multiple-effect membrane distillation [J]. Desalination, 2012, 307 (25): 34-41.

[45] ZHANG Y, PENG Y, JI S, et al.Numerical modeling and economic evaluation of two
multi-effect vacuum membrane distillation (ME-VMD) processes [J]. Desalination,
2017, 419 (Supplement C): 39-48.

[46] MOHAMED E S, BOUTIKOS P, MATHIOULAKIS E, et al.Experimental evaluation of
the performance and energy efficiency of a vacuum multi-effect membrane distillation system
[J]. Desalination, 2017, 408: 70-80.

[47] KOSCHIKOWSKI J, WIEGHAUS M, ROMMEL M, et al.Experimental investigations

on solar driven stand-alone membrane distillation systems for remote areas ［J］. Desalination, 2009, 248（1）: 125-131.

［48］谢继红, 陈东, 刘荣辉, 等. 光热型太阳能热泵膜蒸馏装置: 中国, 105749752A ［P］. 2016-07-13.

［49］LOUTATIDOU S, ARAFAT H A.Techno-economic analysis of MED and RO desalination powered by low-enthalpy geothermal energy ［J］. Desalination, 2015, 365: 277-292.

［50］NOOROLLAHI Y, TAGHIPOOR S, SAJADI B.Geothermal sea water desalination system （GSWDS）using abandoned oil/gas wells ［J］. Geothermics, 2017, 67: 66-75.

［51］AMAYA-VÍAS D, NEBOT E, LÓPEZ-RAMÍREZ J A.Comparative studies of different membrane distillation configurations and membranes for potential use on board cruise vessels ［J］. Desalination, 2018, 429（Supplement C）: 44-51.

［52］DOW N, GRAY S, LI J D, et al.Pilot trial of membrane distillation driven by low grade waste heat: membrane fouling and energy assessment ［J］. Desalination, 2016, 391: 30-42.

［53］THOMAS N, MAVUKKANDY M O, LOUTATIDOU S, et al.Membrane distillation research & implementation: lessons from the past five decades ［J］. Separation & Purification Technology, 2017, 189: 108-127.

［54］秦英杰, 王奔, 王彬, 等. 多效膜蒸馏过程用于海水和浓海水的深度浓缩 ［J］. 化工进展, 2013, 32（9）: 2233-2241.

［55］王宏涛. 真空膜蒸馏海水淡化试验研究 ［D］. 天津: 天津大学, 2008.

［56］QU DAN, WANG JUN, HOU DEYIN, et al. Experimental study of arsenic removal by direct contact membrane distillation ［J］. J. Haz. Mat, 2009, 163: 874-879.

［57］张娇娇, 朱海霖, 郭玉海, 等. 基于膜蒸馏技术的PTFE中空纤维膜处理印染反渗透浓水 ［J］. 水处理技术, 2014, 40（3）: 75-79.

［58］马玖彤, 张凤君, 吴浩宇. 膜蒸馏法处理甲醇水溶液的研究 ［J］. 水处理技术, 2003（1）: 19-21.

［59］刘东, 武春瑞, 吕晓龙. 减压式膜蒸馏法浓缩反渗透浓水试验研究 ［J］. 水处理技术, 2009, 35（5）: 60-63.

［60］Findly M E.Vaporization through porous membranes ［J］. Industrial Engineering Chemistry Process Design and Development, 1967, 6（2）: 226-230.

［61］李晓君, 秦英杰, 刘荣玲, 等. 利用多效膜蒸馏技术浓缩硫酸和磷酸水溶液 ［J］. 化学工业与工程, 2013, 30（4）: 55-62.

［62］TOMASZEWSKA M.Concentration of the extraction fluid from sulphuric acid treatment of phosphogypsum by membrane distillation ［J］. Journal of Membrane Science, 1993,

78：277‐282.

［63］T MOHAMMADI，O BAKHTEYARI.Concentration of L‐lysine monohydroloride（L‐lysine‐HCl）syrup using vacuum membrane distillation［J］. Desalination，2006，200（1-3）：591-594.

［64］申龙，高瑞昶. 膜蒸馏技术最新研究应用进展［J］. 化工进展，2013，33（2）：289-298

［65］COJOCARU C，KHAYET M.Sweeping gas membrane distillation of sucrose aqueous solutions：Response surface modeling and optimization［J］. Separation and Purification Technology，2011，81（1）：12-24.

［66］KUJAWSKI W，SOBOLEWSKA A，JARZYNKA K，et a1.Application of osmotic membrane distillation process in red grape juice concentration［J］. Journal of Food Engineering，2013，116（4）：801-808

［67］QI Z，CUSSLER E L.Microporous hollow fibers for gas absorption：I. Mass transfer in theliquid［J］. Journal of membrane science，1985，23（3）：321-332.

［68］QI Z，CUSSLER E L. Microporous hollow fibers for gas absorption：II. Mass transfer across themembrane［J］. Journal of Membrane Science，1985，23（3）：333-345.

［69］张卫风，俞光明，方梦祥. 温室气体$CO_2$的回收技术［J］. 能源与环境，2006（3）：26-28.

［70］AHMAD A L，SUNARTI A R，LEE K T.$CO_2$ removal using membrane gas absorption［J］. International Journal of Greenhouse Gas Control，2010，4（3）：495-498.

［71］DINDORE V Y，et al.Membrane‐solvent selection for $CO_2$ removal using membrane gas‐liquid contactors［J］. Sep.Purif.Technol，2004，40（2）：133-145.

［72］KREULEN H，SMOLDERS C A，VERSTEEG G R，et al.Microporous hollow fiber membranes as gas‐liquid contactors.Part 2.Mass transfer with chemical reaction［J］. J.Membr.Sci.，1993，78（3）：217-238.

［73］KUMAR P S，HOGENDOOM J A，FERON RH M，et al.New absorption liquids for the removal of $CO_2$ from dilute gas streams using membrane contactors［J］. Chem.Eng.Sci.，2002，57（9）：1639-1651.

［74］HOFF K A，SVENDSEN H F.$CO_2$ absorption with membrane contactors vs packed absorbers‐challenges and opportunities in post combustion capture and natural gas sweetening［J］. Energy Procedia，2013（37）：952-960.

［75］张卫风，王秋华，方梦祥，等. 膜吸收法分离烟气二氧化碳的研究进展［J］. 化工进展，2008，27（5）：635-639.

［76］王秋华，张卫风，方梦祥，等. 我国膜吸收法分离烟气中$CO_2$的研究进展［J］. 环境科学与技术，2009，32（7）：68-74.

［77］LI J，CHEN B，Review of $CO_2$ absorption using chemical solvents in hollow fiber membrane contactors ［J］. Sep.Purif.Technol，2005，41（2）：109-122.

［78］LU J G，ZHENG Y F，CHENG M D.Wetting mechanism in mass transfer process of hydrophobic membrane gas absorption ［J］. J.Membr.Sci.，2008，308（1）：180-190.

［79］KREULEN H，SMOLDERS C A，VERSTEEG G F，et al.Determination of mass transfer rates in wetted and non-wetted microporous membranes ［J］，Chem.Eng.Sci.，1993，48（11）：2093-2102.

［80］王建黎，徐又一. 膜接触从混合气中脱氨性能的研究［J］. 环境化学，2001，20（6）：589-594.

［81］KLAASSEN R，FERON P H M，JANSEN A E.Flue gas treatment with membrane gas absorption ［J］. International Joint Power Generation Conference，1998（2）：309-316.

［82］WANG D，LI K，TEO W K.Removal of $H_2S$ from air using asymmetric hollow fiber membrane contactor［C］. //International Symposium on Membrane Technology and Environmental Protection.Beijing，2000：145.

［83］JANSEN A E，FORON P H M，HANEMAAIJER J H，et al.Apparatus and method for performing membrane gas liquid absorption at elevated pressure［P］. 1998-11-19.

［84］MAJUMDAR S，HAUMIK D B，SIRKAR K K，et al.Pilot scale demonstration of membrane-based absorption stripping process for removal and recovery of volatile organic com pound ［J］. Environmental Progress，2001，20（1）：27-35.

［85］CHEN H L，ZHOU Z J，et al.Study on $CO_2$ removal from air by hollow-fiber membrane contactor［C］. //International and Environmental Protection.Beijing，2000：146-151.

［86］朱宝库，陈炜，等. 膜接触分离混合气中的$CO_2$的研究［J］. 环境科学，2003，24（5）：35-38.

［87］秦向东，温铁军，等. 脱除与浓缩$CO_2$的膜分离技术［J］. 膜科学与技术，1998，18（6）：7-13.

［88］岳丽红，陈宝智. 供气条件对小球藻固定$CO_2$的影响［J］. 安全与环境学报，2001，1（5）：50-51.

［89］ELENA G，GUILLERMO Z，SARA M，et al.Experimental evaluation of two pilot-scale membrane distillation modules used for solar desalination ［J］. J.Membr.Sci.，2012，409-410（1）：264-275.

［90］JEAN-PIERRE M，STEPHANIE，CORINNE C.Vacuum membrane distillation of seawater reverse osmosis brines ［J］. Water Research，2010，44（18）：5260-5273.